新编21世纪高等职业教育精品教材

装备制造类

电机与电气控制技术

主　编◎岳东海
副主编◎赵　茜　辛改芳
主　审◎朱　江

中国人民大学出版社
·北京·

图书在版编目（CIP）数据

电机与电气控制技术/岳东海主编. -- 北京：中国人民大学出版社，2025. 1. --（新编 21 世纪高等职业教育精品教材）. -- ISBN 978-7-300-33587-2

Ⅰ. TM3；TM921. 5

中国国家版本馆 CIP 数据核字第 2025UW1993 号

新编 21 世纪高等职业教育精品教材 · 装备制造类

电机与电气控制技术

主　编　岳东海

副主编　赵　茜　辛改芳

主　审　朱　江

Dianji yu Dianqi Kongzhi Jishu

出版发行　中国人民大学出版社

社　　址　北京中关村大街 31 号　　**邮政编码**　100080

电　　话　010－62511242（总编室）　　010－62511770（质管部）

010－82501766（邮购部）　　010－62514148（门市部）

010－62515195（发行公司）　　010－62515275（盗版举报）

网　　址　http://www. crup. com. cn

经　　销　新华书店

印　　刷　中煤（北京）印务有限公司

开　　本　787 mm×1092 mm　1/16　　**版　　次**　2025 年 1 月第 1 版

印　　张　17. 25　　**印　　次**　2025 年 1 月第 1 次印刷

字　　数　405 000　　**定　　价**　52. 00 元

前 言

本书在编写时结合了江苏省精品在线开放课程“电机与电气控制技术”的教学经验，本着工学结合、项目引导、“教学做”一体化的原则，由学校、企业、行业专家组成教材编写团队进行开发。

本书共分为 5 个项目，项目中每个任务都配有知识导图，帮助学生了解任务的知识框架、知识点和技能点。通过项目实施的方式验证理论的正确性，强化对学生职业技能的培养与训练，锻炼和培养学生分析、解决生产实践过程中的电机及电气问题的能力，使学生能够构建简单电气控制系统。本书配有“知识微课堂”二维码和“知识拓展”二维码，学生可通过扫描二维码获取更多学习资源。“知识微课堂”是相关知识点的微视频讲解或原理动画展示，“知识拓展”以文本形式介绍新知识或实际应用案例。

《国家职业教育改革实施方案》（国发〔2019〕4 号）指出，职业教育要下大力气抓好人才培养质量水平，强化学生实习实训，倡导使用新型活页式、工作手册式教材。本书配套有活页式实训手册，其中包含有 12 个活页式任务工单，增加了实训教学的灵活性和可操作性。

党的二十大报告指出，教育、科技、人才是全面建设社会主义现代化国家的基础性、战略性支撑。根据国家关于教材建设的指导意见，本书做到专业与德育并行，紧密结合专业内容，提升学生的能力和素养。

本书由常州信息职业技术学院岳东海担任主编并负责全书统稿，赵茜、辛改芳担任副主编。具体编写分工如下：项目 1、项目 2、项目 4 和实训手册（活页式）由岳东海编写，项目 3 由赵茜编写，项目 5 由辛改芳编写。全书由常州信息职业技术学院机电一体化技术专业带头人朱江副教授担任主审。

由于编者学识和水平有限，书中难免存在错漏之处，敬请广大读者批评指正。

编　者

目　录

项目1

三相异步电动机及其继电接触器控制

项目概述

三相异步电动机是一种将电能转换为机械能的动力设备，在机械、冶金、煤炭、石油、化工等工业领域应用十分广泛。绝大部分生产机械都是采用三相异步电动机作为原动机来拖动的。例如，各类机床设备、起重设备、轧钢机、水泵、风机和纺织机械等。

三相异步电动机的工作原理和运行特性是什么？如何利用常用的低压电器实现对三相异步电动机的起动控制？如何实现三相异步电动机的制动和调试控制？通过本项目的学习，读者可以得到答案。

学习目标

知识目标

(1) 掌握三相异步电动机的结构和工作原理。

(2) 掌握常用低压电器的基本结构、工作原理和电气符号。

(3) 掌握三相异步电动机的起动、制动和调速方法。

(4) 了解三相异步电动机的运行特性。

能力目标

(1) 能够正确识读三相异步电动机的铭牌信息。

(2) 能够正确选型常用的低压电器。

(3) 能够正确识读、绘制三相异步电动机的直接起动电气原理图。

(4) 能够根据电气原理图，正确搭接三相异步电动机的正反转控制线路。

素养目标

(1) 在实操中，注意工具使用规范、用电安全和6S操作规范。

(2) 培养团队协作能力、提高工作效率。

任务 1.1 认识交流电动机

知识导图

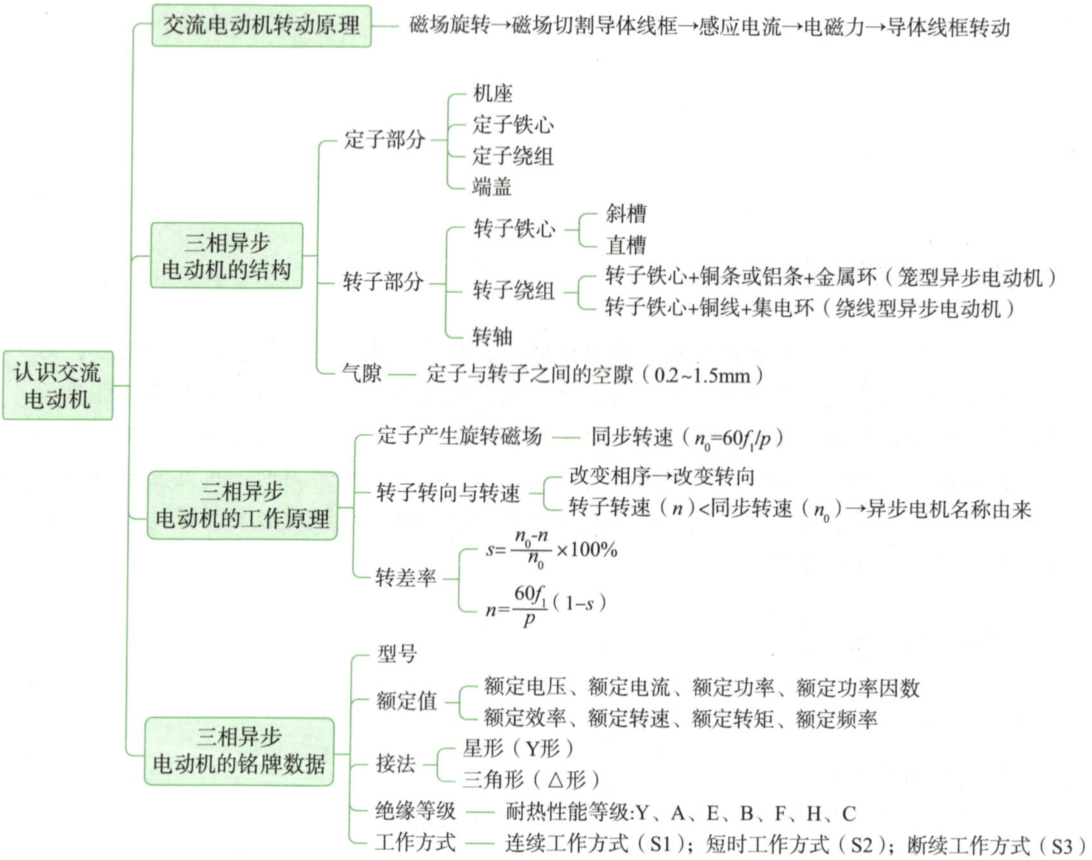

电动机简称电机，是一种电磁机械，它可以实现电能与机械能之间的相互转换。将机械能转换成电能的装置称作发电机；反之，将电能转换为机械能的装置称为电动机。同时，依据供电电源的种类，发电机分为交流发电机和直流发电机两种，电动机分为交流电动机和直流电动机两种，交流电动机又可分为三相交流电动机和单相交流电动机，如图 1－1 所示。

在电动机的发展历史中，直流电动机（DC Motor）是最早将电能转换为机械能的电动机发明，人类最先接触和推广的是直流电，直流电动机也是先于交流电动机产生。后来交流电动机发展较快，交流电动机与直流电动机相比，有许多优点：结构简单、工作可靠、价格低廉、维修方便、效率较高、体积小、重量轻等。与同容量的直流电动机相比，三相异步电动机的重量和价格约为直流电动机的 1/3，所以应用最为广泛。

（a）直流电动机　（b）三相交流电动机　（c）单相交流电动机

图 1-1　直流电动机与交流电动机

交流电动机一般采用三相制，因为三相电动机与单相交流电动机相比，无论是性能指标，还是原材料利用和价格等，均有明显的优越性。同样功率的三相交流电动机比单相交流电动机体积小，重量轻，价格低。单相交流电动机具有结构简单、成本低廉、噪声小、使用方便、运行可靠等优点，因此被广泛用于工业、农业、医疗器械和家用电器等，最常见于电风扇、洗衣机、电冰箱、空调等家用电器中。

1.1.1　交流电动机转动原理

在图 1-2 所示实验中，摇动把手带动磁极转动，介于磁场内的笼型转子跟随磁场而旋转，且方向相同。磁极转动越快，转子也转得越快，反之越慢。磁极停止转动，转子亦很快停止转动。

在图 1-2 所示实验中，转子之所以转动是由于旋转磁场的作用。磁场旋转切割导体线框，产生感应电动势 e，如图 1-3 所示。根据右手定则判定感应电动势 e 的方向，感应电动势 e 为

$$e=Blv \tag{1-1}$$

式中，B 为磁场强度；l 为线框长度；v 为切割速度。

导体线框为闭合回路，进而产生感应电流 i，电流方向如图 1-3 中所标方向。根据左手定则，通电导体线框在磁场中受到力的作用，磁场力 f 的大小为

$$f=Bli \tag{1-2}$$

式中，B 为磁场强度；l 为线框长度；i 为感应电流。

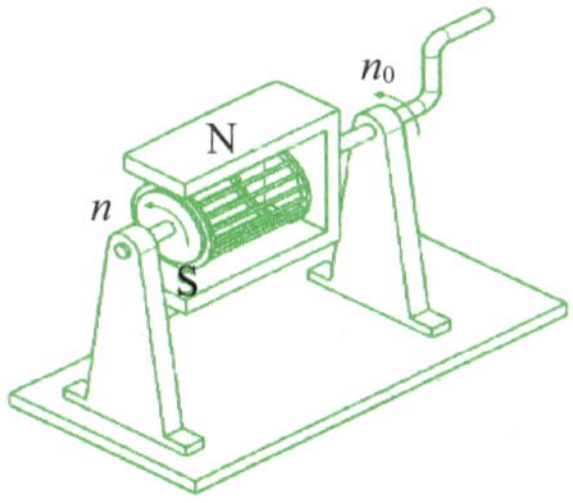

图 1-2　交流电动机转动实验

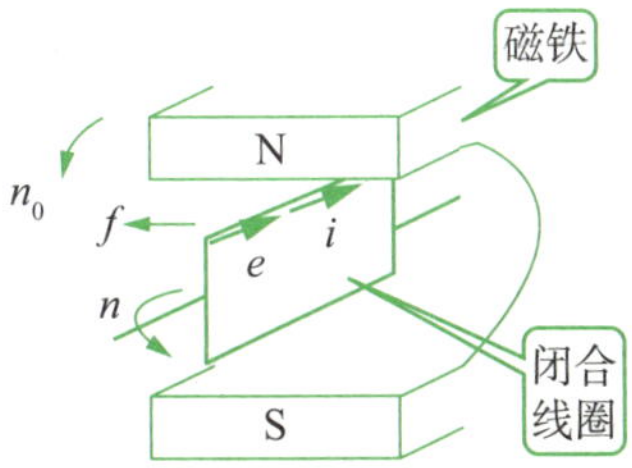

图 1-3　线框转动原理模型

根据左手定则，导体线框上下两边所受磁场力 f 的方向如图 1－4 所示。在两个方向相反磁场力 f 的作用下，产生电磁转矩，推动导体线框以速度 n 转动，且与磁场转动方向与磁场转速 n_0 相同。在图 1－2 所示的实验中，导体线框的转动速度 n 要低于磁场的转动速度 n_0。如果 $n=n_0$，导体线框与旋转磁场无相对运动，即切割速度 $v=0$。导体线框回路中无感应电动势，进而感应电流 $i=0$，整个导体线框无法产生磁场力和电磁转矩，则转动速度 n 应该为 0，这与图 1－2 所示实验结果相矛盾。

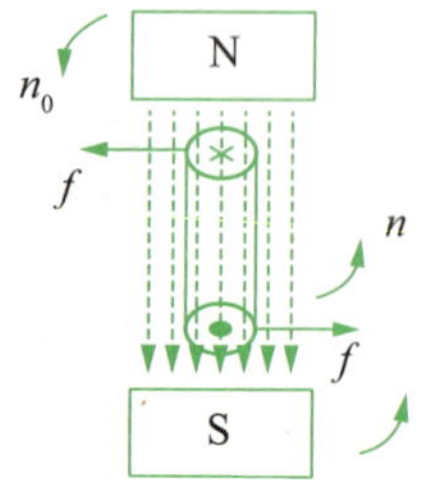

图 1－4　线框受力图

经过上述分析，结合图 1－2 所示的实验，交流电动机能够转动必须通过某种方式产生旋转磁场。这个旋转磁场显然不能通过手摇永久磁铁的方式获得，实际的交流电动机是通过对其定子绕组通入三相对称的交流电，从而产生旋转磁场并驱动其转子转动。

1.1.2　三相异步电动机的结构

按其工作原理的不同，交流电动机可分为同步电动机和异步电动机。按电源相数的不同，异步电动机又可分为单相异步电动机和三相异步电动机两大类。异步电动机由定子和转子两部分组成，其中定子是电动机固定不动的部分，转子是电动机的转动部分。三相异步电动机按其外壳防护方式的不同可分为开启式、防护式、封闭式三大类，以适应不同的工作环境。不同种类的三相异步电动机其结构基本类似，现以常用的封闭式三相异步电动机为例介绍其结构组成。图 1－5 为封闭式三相异步电动机的结构图。

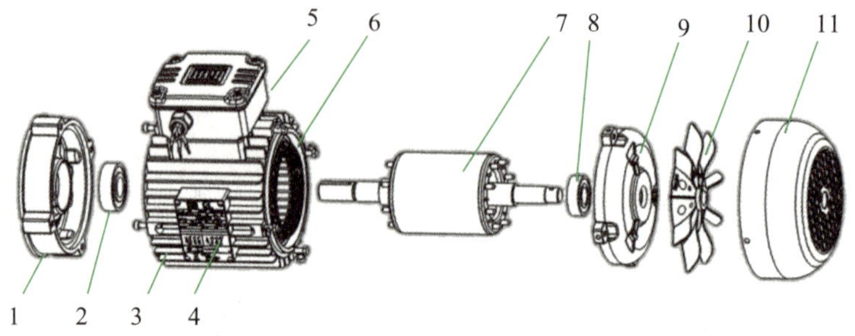

图 1－5　封闭式三相异步电动机的结构图

1—前端盖　2—轴承　3—机座　4—铭牌　5—接线盒　6—定子绕组　7—转子　8—轴承
9—后端盖　10—风扇　11—罩壳

1. 定子部分

定子由机座、定子绕组和端盖等部件组成，如图 1－5 所示。机座是由铸铁或铸钢铸造的外壳，用于固定定子铁心，机座前后两端有端盖，装有轴承，用以支撑旋转的转子轴。定子铁心由相互绝缘的 0.5mm 的硅钢片叠成，铁心内圆周上分布有槽，如图 1－6 所示。槽内用于嵌放定子绕组，如图 1－7 所示。

定子绕组是由嵌在铁心槽内线圈按一定的规律组成，是电动机的电路部分，通入三相交流电，产生旋转磁场。三相异步电动机的三相绕组必须是对称的绕组，即在定子铁心中空间互隔 120°、对称排列、结构完全相同的三组线圈，如图 1－8 所示。三相绕组的首端分别用 U_1、V_1、W_1 表示，其对应的末端分别用 U_2、V_2、W_2 表示。

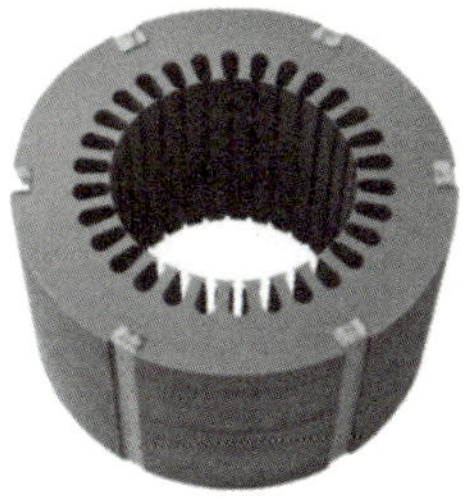

图 1－6　异步电动机定子铁心

图 1－7　嵌入定子绕组的定子

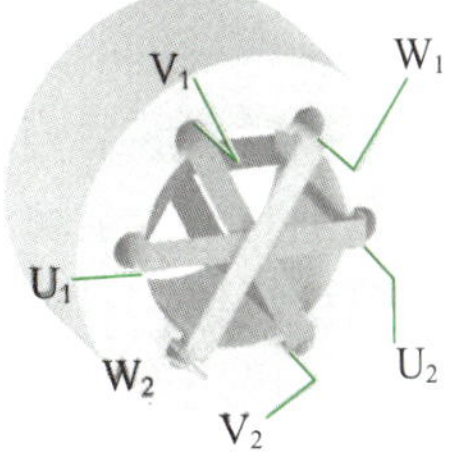

图 1－8　六槽定子铁心线圈缠绕

异步电动机的三相绕组的首端和末端被引出到电动机机座的接线盒里，通过接线盒上六个端头的不同联结，根据需要接成星形（Y 形）或三角形（△形），如图 1－9 所示。

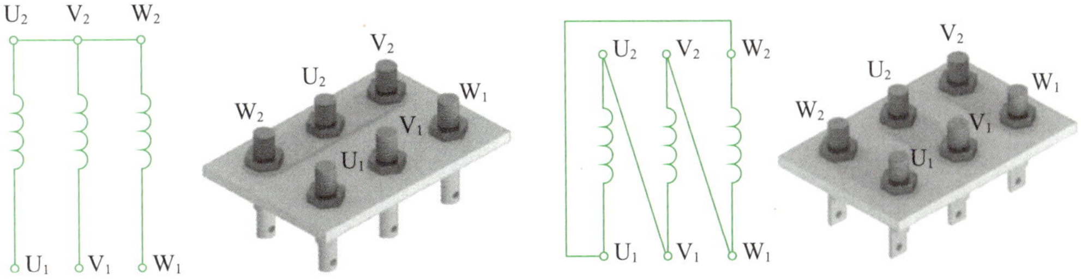

（a）星形联结　　（b）三角形联结

图 1－9　定子三相绕组联结

2. 转子部分

转子是电动机的旋转部分，它的作用是带动其他机械设备旋转，以提供足够的转速和转矩。转子主要由转子铁心、转子绕组、转轴等组成。转子铁心是电动机磁路的一部分，由冲成槽的相互绝缘的硅钢片叠成，如图 1－10 所示。硅钢片外圆冲有均匀分布的槽，通常有斜槽和直槽两种，用来安置转子绕组。

（a）转子硅钢片　　（b）斜槽转子铁心　　（c）直槽转子铁心

图 1－10　异步电动机转子铁心

三相交流异步电动机根据转子绕组形式的不同，一般分为笼型异步电动机和绕线型异步电动机两种。

(1) 笼型异步电动机。

笼型异步电动机的转子线槽一般是斜槽，如图 1－10 (b) 所示，斜槽能够改善起动与调速性能，同时能够适当降低噪声。笼型转子绕组是在每个转子铁心槽内嵌入裸铜条或铝条，两边分别与两个金属环（俗称端环）联结。如果去掉转子铁心，整个绕组犹如一只鼠笼，故名笼型绕组。目前中小型异步电动机的笼型转子多采用铸铝的方法，将转子的铝条、端环和风扇用铝液一次浇铸而成，如图 1－11 (a) 所示。大型异步电动机的笼型转子则用铜条和铜端环焊接而成。如图 1－11 (b) 所示。

(a) 中小型异步电动机的笼型转子

(b) 大型异步电动机的笼型转子

图 1－11　笼型转子绕组形式

(2) 绕线型异步电动机。

如图 1－12 (a) 所示，绕线型异步电动机转子绕组与定子绕组相似，由嵌在转子铁心槽中的三相绕组组成，也是一个对称的三相绕组，由铜线绕制而成，一般接成星形（Y 形），三个出线头接到转轴的三个集电环（滑环）上，再通过电刷与外部的三相可变电阻器连接，构成转子绕组的闭合回路，实现电动机的起动或调速，如图 1－12 (b) 所示。有的绕线型异步电动机装有举刷装置，当电动机起动完成且不需要调速时，通过该装置抬起电刷，使电刷与集电环脱离，同时使三个集电环短路，进而减少电刷的磨损，延长电刷的使用寿命。

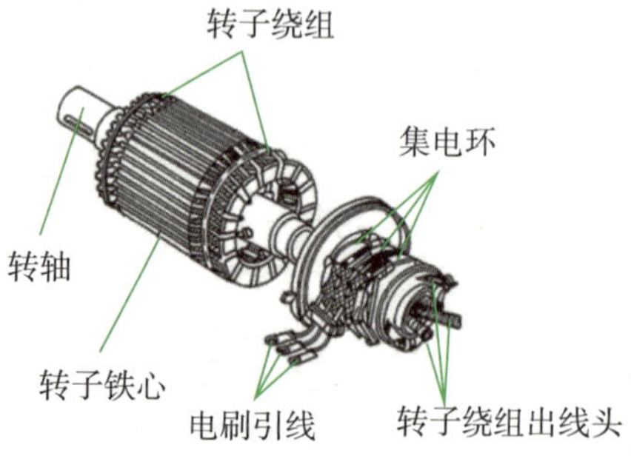

(a) 转子结构

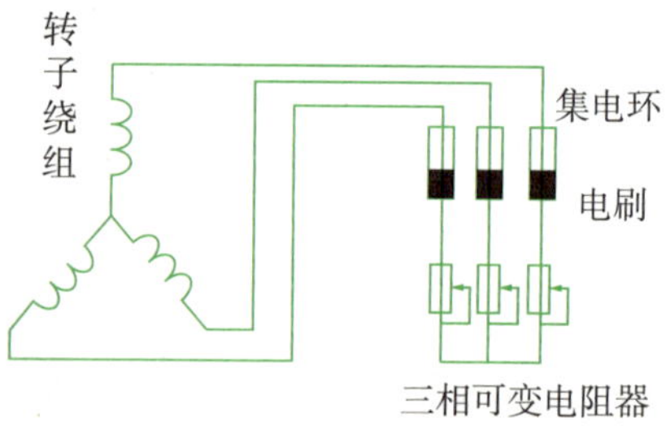

(b) 转子电路

图 1－12　绕线型异步电动机转子

两种类型异步电动机比较，笼型异步电动机结构简单、价格便宜、运行可靠，应用十分广泛，其缺点是起动转矩较小，功率因数较低，转速不易调节，直接起动时起动电流大。绕线型异步电动机通过集电环和电刷，在转子回路中串入外加电阻，有效改善起动性能，起动转矩大且起动电流小，通过可改变外加电阻在一定范围内调速，其缺点是结构复杂，维护较麻烦，运行可靠性较差，价格较贵，主要适用于在起动转矩要求大，以及小范围调速的重型负载起动设备，如起重机、卷扬机、矿井提升机等。

3. 气隙

气隙是电动机转子与定子之间的空隙，是电动机电磁回路的重要部分。气隙必须是均匀的，而且长度值应适当，气隙越大，磁阻越大，产生同样大的磁通，所需的励磁电流也越大，电动机的功率因数也就越低。但气隙过小，将给装配造成困难，运行时定子、转子发生摩擦，而使电动机运行不可靠。中小型异步电动机的气隙一般为 0.2～1.5mm，比直流电动机和同步电动机的气隙小得多。

1.1.3　三相异步电动机的工作原理

旋转磁场是交流电动机转子转动的必要条件，三相异步电动机的定子绕组通入三相交流电后会产生旋转磁场，旋转磁场与转子绕组作用，产生电磁转矩，从而推动转子转动。

1. 旋转磁场的产生

把三相定子绕组接成星形，如图 1 - 9（a）所示，将绕组线圈的末端 U_2、V_2、W_2 连成一点，首端 U_1、V_1、W_1 接通对称的三相对称交流电，如图 1 - 13（a）所示，在定子绕组中将产生三相对称电流，电流的波形如图 1 - 13（b）所示。

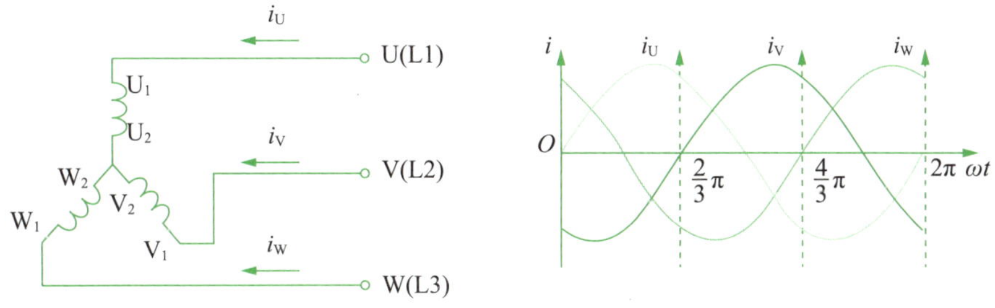

（a）星形联结的定子三相绕组　　（b）电流的波形

图 1 - 13　定子三相绕组及其电流波形图

三相对称电流表达式为

$$\begin{cases} i_U = I_m \sin\omega t \\ i_V = I_m \sin(\omega t - 120°) \\ i_W = I_m \sin(\omega t - 240°) \end{cases} \qquad (1-3)$$

假定电流由线圈的首端流入，末端流出为正，反之则为负。电流流进端用“⊗”表示，流出端用“⊙”表示。以图 1 - 8 所示的六槽定子铁心为例，分别取 $\omega t = 0$、$\frac{2}{3}\pi$、$\frac{4}{3}\pi$、2π 四个时刻所产生的合成磁场，说明三相异步电动机旋转磁场是如何产生的，如

图 1-14 所示。

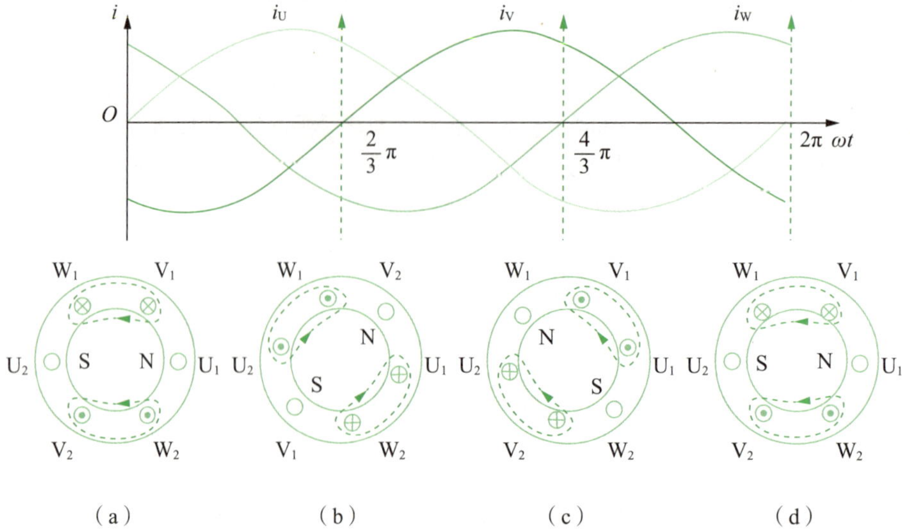

图 1-14　两极三相异步电动机旋转磁场示意图

当 $\omega t=0$ 时，由三相电流的波形可见，电流瞬时值 $i_U=0$，i_W 为负值，i_V 为正值。这表示 U 相无电流，V 相电流是从线圈的末端 V_2 流向首端 V_1，W 相电流是从线圈的首端 W_1 流向末端 W_2，这一时刻由三个线圈电流所产生的合成磁场如图 1-14（a）所示。它在空间形成二极磁场，靠近 U_2 端为 S 极，靠近 U_1 端为 N 极。设此时 N、S 极的轴线（即合成磁场的轴线）为零度。

当 $\omega t=\frac{2}{3}\pi$ 时，由三相电流的波形可见，电流瞬时值 $i_W=0$，i_V 为负值，i_U 为正值。这表示 W 相无电流，U 相电流是从线圈的首端 U_1 流向首端 U_2，V 相电流是从线圈的末端 V_2 流向首端 V_1。其合成磁场如图 1-14（b）所示，也是一个两极磁场，但 N、S 极的轴线在空间顺时针方向转了 120°。

用同样的方法可得出：当 $\omega t=\frac{4}{3}\pi$、$\omega t=2\pi$ 时，合成磁场比前一时刻分别又转过了 120°空间角。由此可见，当电流经过一个周期的变化时，磁场也沿着顺时针方向旋转一周，即在空间旋转的角度为 360°。磁场的磁极 N 和磁极 S 是成对出现的，这里用 p 表示磁极对数。图 1-14 示意图中磁极对数 $p=1$，称为两极异步电动机。由此可见，当磁极对数 $p=1$ 时，三相交流电源变化 1 个周期，磁场旋转 1 周。

上述电动机的定子绕组每相只有一组线圈，分别是 U_1U_2、V_1V_2 和 W_1W_2，放置在定子铁心的 6 个槽中，如图 1-14 所示。若每相绕组由两个线圈串联组成，则定子铁心需要 12 个槽，每个线圈在空间相隔 60°，如图 1-15 所示。U 相绕组由 U_1U_2 与 $U_1'U_2'$ 串联，V 相绕组由 V_1V_2 与 $V_1'V_2'$ 串联，W 相绕组由 W_1W_2 与 $W_1'W_2'$ 串联。每个绕组的两个串联线圈的首端在空间相隔 180°，例如 U 相的 U_1 与 U_1'，而各相绕组的首端（U_1、V_1、W_1 端）之间在空间相隔 60°。

当定子绕组通入三相交流电时，将产生具有两对（四极）的旋转磁场，如图 1-16 所示。

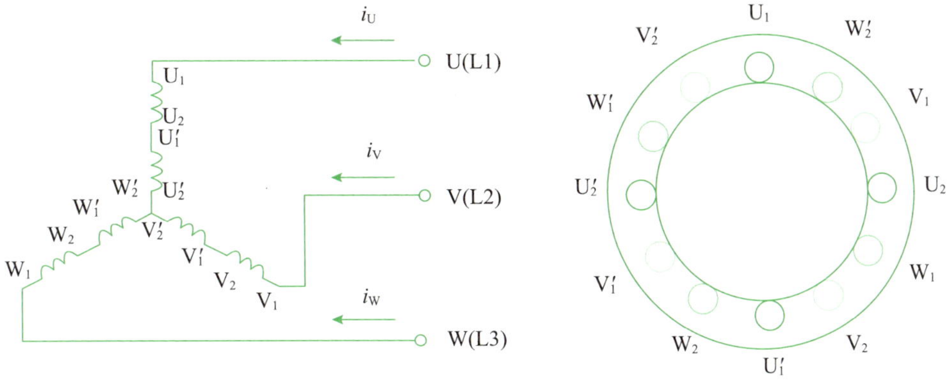

（a）接线图　　　　（b）绕组布置图

图 1－15　四极定子绕组接线图与布置图

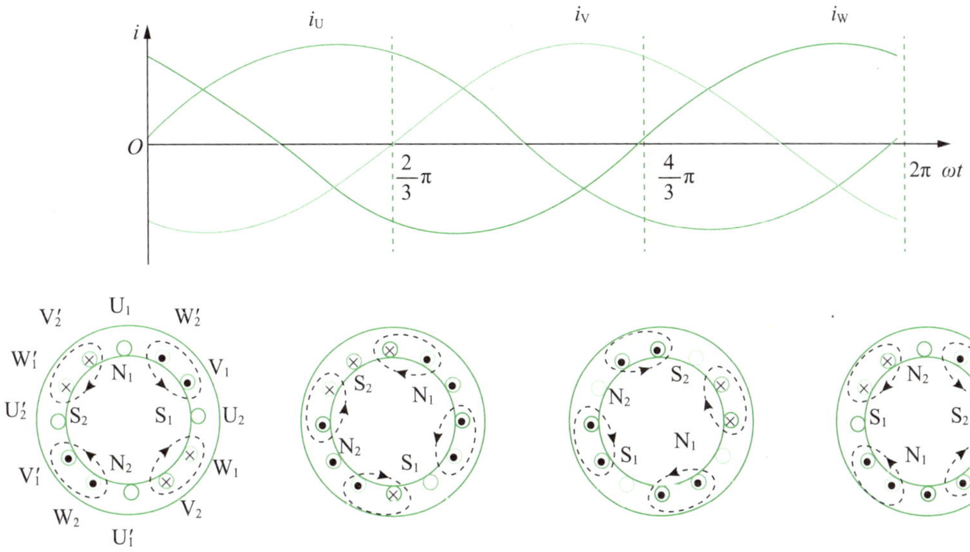

（a）　　（b）　　（c）　　（d）

图 1－16　四极三相异步电动机旋转磁场示意图

当交流电变化一个周期时，合成磁场在定子空间内顺时针旋转 180°。对比图 1－14 所示的两极异步电动机可知，磁极对数越多，磁场的旋转速度越低。若正弦交流电的频率为 f_1，则每分钟电流的变化为 $60f_1$ 次，磁极对数为 p，则磁场的旋转速度为

$$n_0=\frac{60f_1}{p} \tag{1-4}$$

式中，n_0 为磁场旋转速度（r/min），也称同步转速。由式（1－4）可知，同步转速 n_0 取决于电源频率 f_1 和磁极对数 p。我国三相交流电的工业频率为 50Hz，则同步转速 $n_0=\frac{3\,000}{p}$（r/min），这时异步电动机同步转速 n_0 与磁极对数 p 的关系见表 1－1。

表 1-1 三相异步电动机同步转速

磁极对数 p	1	2	3	4	5
同步转速 n_0/(r/min)	3 000	1 500	1 000	750	600

2. 转子的转向与转速

经过上述分析可知，电动机的转子跟随旋转磁场转动，且与磁场的旋转方向一致。因此若想改变三相异步电动机转子的转向，只需改变磁场的旋转方向。如图 1-14 和图 1-16 所示的例子中，三相电源通入定子绕组的电流顺序为 $i_U—i_V—i_W$，磁场的旋转方向为顺时针方向。如果改变通入定子绕组电流的相序，将其改为 $i_U—i_W—i_V$ 相序，即 U 相通电不变，将通入 V 相和 W 相的电流进行互换，则磁场旋转方向将为逆时针方向，实现转子的转向。实际应用中只需对调三相异步电动机三根通电导线中任意两根，即可改变电动机的转向。

三相异步电动机的转子跟随磁场旋转，在无外力影响的情况下，转子转速 n 总是小于同步转速 n_0，即 $n<n_0$，这也是“异步”电动机名称的由来。由于转子中电流非外部电源供给（直流电动机转子中电流为外部电源供给），而是由电磁感应产生的，因此这类电动机也称为感应电动机。

知识微课堂

转速与转差率

3. 转差率

定子磁场旋转速度 n_0 与转子旋转速度 n 之差与定子磁场旋转速度 n_0 之比，称为异步电动机的转差率，即

$$s=\frac{n_0-n}{n_0}\times 100\% \tag{1-5}$$

式中，s 称为转差率。

在三相异步电动机通电起动瞬间，磁场也瞬间旋转，但转子旋转速度 $n=0$，根据式 (1-5)，可得转差率 $s=1$。当转子转速接近同步转速（空载运行）时，$n\approx n_0$，此时 $s\approx 0$。由此可见，三相异步电动机正常运行时其转差率 s 在 0～1 变化。三相异步电动机额定运行时的转差率称为额定转差率，一般用 s_N 表示。三相异步电动机额定运行的转差率数值很小，一般在 0.02～0.06 之间。所以三相异步电动机额定运行转速 n_N 略小于同步转速 n_0。

由式 (1-4) 和式 (1-5) 推出三相异步电动机转速 n 为

$$n=\frac{60f_1}{p}(1-s) \tag{1-6}$$

1.1.4 三相异步电动机的铭牌数据

知识微课堂

三相异步电动机的铭牌数据

三相异步电动机出厂时，其机座上都固定着一块铭牌，如图 1-17 所示，主要标注电动机的型号和主要技术数据，供选择和使用时参考。下面以图 1-17 所示的三相电动机为例来说明铭牌数据的含义。

三相异步电动机		
型号Y132M-4	功率7.5kW	频率50Hz
电压380V	电流15.4A	接法△
转速1440 r/min	绝缘等级B	工作方式:连续
功率因数0.85	效率(%)87	
年　月	编号	××电机厂

图 1－17　三相异步电动机铭牌

1. 型号

异步电动机型号一般用汉语拼音的大写字母和阿拉伯数字的组合来表示。图 1－17 中电动机的型号为 Y132M－4，含义如下。

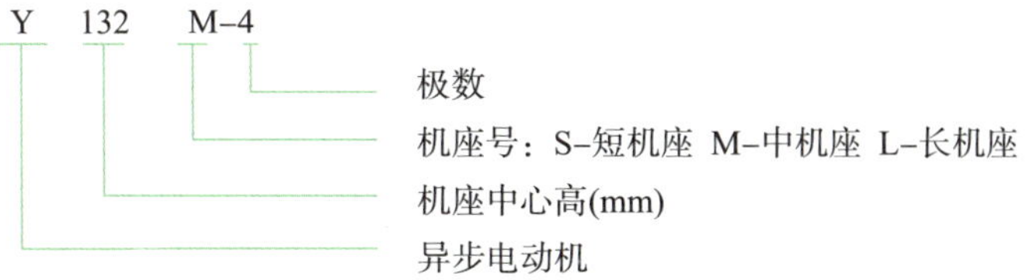

中心高越大，电动机容量越大，在同一中心高下，机座长则铁心长，容量大。

2. 额定电压

额定电压 U_N 指电动机在额定工作状态时，加在定子绕组上规定使用的线电压。单位为 V 或 kV。

3. 额定电流

额定电流 I_N 指电动机在额定工作状态时，定子绕组上的线电流。单位为 A 或 kA。

4. 额定功率因数

额定功率因数 $\cos\varphi_N$ 指电动机在额定工作状态时，电动机定子侧有功功率对视在功率的比值。

5. 额定效率

额定效率 η_N 指电动机在额定工作状态时，电动机转子轴的输出功率对电动机输入功率的比值。

6. 额定功率

额定功率 P_N 指电动机在额定工作状态时，电动机转子轴输出的机械功率，单位为 W 或 kW。对于三相异步电动机而言，其额定功率为

$$P_N=\sqrt{3}I_NU_N\cos\varphi_N\eta_N \tag{1-7}$$

图 1－17 所示的铭牌数据中，电动机的额定功率为 7.5kW，可以利用式（1－7）进行验证。

$$P_N=\sqrt{3}\times15.4\times380\times0.85\times0.87\approx7\ 495.5\text{W}\approx7.5\text{kW}$$

7. 额定转速

额定转速 n_N 指电动机额定工作状态时，电动机转子轴的转动速度。单位为 r/min。

8. 额定转矩

额定转矩 T_N 指电动机额定工作状态时，电动机转子轴的输出转矩。单位为 N·m。电动机的额定转矩为

$$T_N=9\ 550\frac{P_N}{n_N} \tag{1-8}$$

注意： 式中额定功率 P_N 单位是千瓦（kW），额定转速 n_N 的单位是 r/min。图 1－17 所示的铭牌中未标明该型号电动机的额定转矩，可通过式（1－8）计算获得。

$$T_N=9\ 550\times\frac{7.5}{1\ 440}\text{N}\cdot\text{m}=49.7\text{N}\cdot\text{m}$$

9. 额定频率

额定频率 f_N 指电动机额定工作状态时，电动机定子绕组上的允许电源频率，国产异步电动机的额定频率为 50Hz。

10. 接法

接法是指三相异步电动机定子绕组的连接方式，有星形（Y 形）或三角形（△形）连接两种方式，使用时应按照铭牌规定接法进行连接。如铭牌上标明 380V/220V，Y/△接法，现场三相电源电压为 380V 时，定子绕组引线接成 Y 形；现场三相电源电压为 220V 时，定子绕组引线接成△形。

11. 绝缘等级

绝缘等级是指电动机定子绕组所用绝缘材料的耐热等级。绝缘材料按耐热性能可分为 7 个等级，见表 1－2。采用何种绝缘等级的材料，决定于电动机的最高允许温度，如环境温度规定为 40℃，电动机的温升为 90℃，则最高允许温度为 130℃，这就需要采用 B 级的绝缘材料。国产电动机使用的绝缘材料等级一般为 B、F、H、C 这 4 个等级。

表 1－2 绝缘材料耐热性能等级

耐热性能等级	Y	A	E	B	F	H	C
最高允许温度/℃	90	105	120	130	155	180	大于 180

12. 工作方式（工作制）

电动机工作时，其温升不仅决定于负载的大小，而且与负载的持续时间有关系。为了适应不同负载的需要，制造电动机时，按负载持续时间和先后顺序的不同，把电动机分成不同的工作方式（工作制）。常用的电动机的工作方式（工作制）有以下三种。

（1）连续工作方式（S1）。

连续工作方式是指电动机的工作时间较长，且足以使电动机达到热稳定，也称为长期工作方式，如水泵、风机、纺织机械和机床主轴等需要长时间运行的生产机械，应选择连续工作制的电动机。

（2）短时工作方式（S2）。

短时工作方式是指电动机的工作时间较短，停歇时间较长，工作时电动机温度达不到稳定值。停歇后电动机的温度等于环境温度。我国规定的短时工作方式的时间标准为 15、30、60、90min 等几种。

（3）断续工作方式（S3）。

断续工作方式是指电动机的工作与停歇交替进行，即周期工作制，一般规定周期小于 10min。每个周期内电动机的工作时间在周期内的占比称为负载持续率。我国规定的标准负载持续率有 15％、25％、40％及 60％四种。例如起重机、电梯等机械应采用该种工作方式的电动机。

任务 1.2　三相异步电动机的运行特性

知识导图

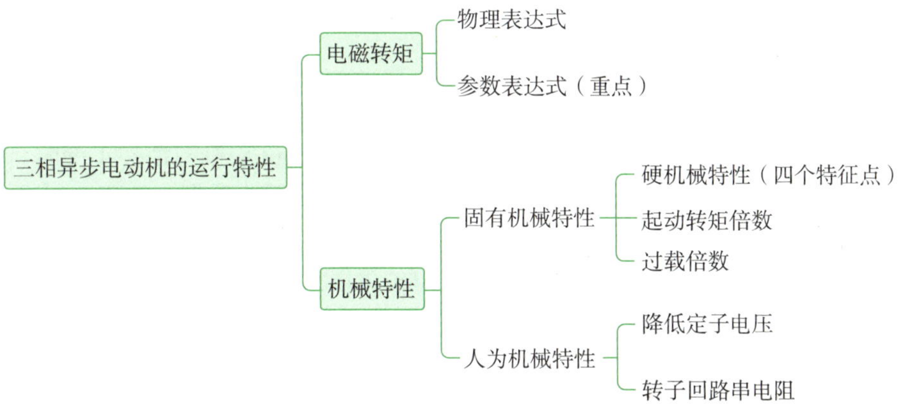

三相异步电动机通电后产生的旋转磁场的速度即同步转速 n。是固定的，但是电动机带不同负载时，其转差率、转矩、功率因数、电流、效率等参数均有所不同。为提高三相异步电动机的效能，需要掌握分析异步电动机运行特性的方法。

1.2.1 三相异步电动机的电磁转矩

根据三相异步电动机的工作原理，转子绕组产生电磁力，该力与电动机绕组铁心半径之积形成电磁转矩，在电磁转矩的作用下电动机转子开始转动。因此，电磁转矩是衡量三相异步电动机带负载能力的一个重要指标。

1. 电磁转矩的物理表达式

由于电动机的转子是通过旋转磁场与转子绕组之间的电磁感应作用而带动的，因此电磁转矩必然与旋转磁场的磁通量和转子绕组的感应电流的乘积有关，它还受到转子绕组功率因数的影响。根据理论分析，电磁转矩 T 可用式（1-9）确定，即

$$T=C_{\mathrm{T}}\Phi_{\mathrm{m}}I_2\cos\varphi_2 \tag{1-9}$$

式中，T 为电磁转矩；C_{T} 为异步电动机的转矩常数，它与电动机的结构有关；Φ_{m} 为旋转磁场的每极磁通量；I_2 为转子电流的有效值；$\cos\varphi_2$ 为转子电路的功率因数。

电动机正常运行时，电源电压为额定值，则电动机内部气隙的主磁通基本不变，这时电动机的电磁转矩与转子电流的有效值 I_2 和转子电路的功率因数 $\cos\varphi_2$ 的乘积成正比。

2. 电磁转矩的参数表达式

式（1-9）中没有反映电磁转矩的一些外部条件，如电源电压、转子转速以及转子电路参数之间的关系，对使用者来说，应用上式不够方便。为了直接反映这些因素对电磁转矩的影响，可以对上式进一步推导（过程略），得出电磁转矩的参数表达式为

$$T=\mathrm{K}\frac{U_1{}^2}{f_1}\times\frac{sR_2}{R_2^2+(sX_{20})^2} \tag{1-10}$$

式中，K 是与电动机结构有关的常数；R_2 是转子电阻；X_{20} 是电动机转速为零时转子的感抗；U_1 是定子绕组的相电压有效值；f_1 是电动机定子电源的频率；s 是异步电动机的转差率。

由上式可知，电磁转矩与定子每相电压的平方成正比，电源电压的波动对转矩影响较大。同时，电磁转矩还受到转子电阻的影响。当 U_1、f_1 及电动机的结构不变时，电磁转矩 T 仅与转差率 s 有关，式（1-10）也称为 $T-s$ 曲线方程。根据该方程绘制 T 与 s 的关系曲线，如图 1-18 所示。

在 s 的不同区间内，电动机的呈现出 3 种不同的工作状态，分别是电动状态（$0<s\leqslant1$）、电磁制动状态（$s>1$）和发电状态（$s<0$）。

（1）电动状态（$0<s\leqslant1$）。

异步电动机正常运行时多处于电动状态，电动机通电起动瞬间，旋转磁场即刻出现，转子还未转动（$n=0$），此时电动机的转差率 $s=1$，随着电动机转子的转动，转子转速由零增加到额定转速，这时转差率 s 由 1 减小至额定转差率。故此电动状态下电动机的转差率变化范围是 $0<s\leqslant1$。

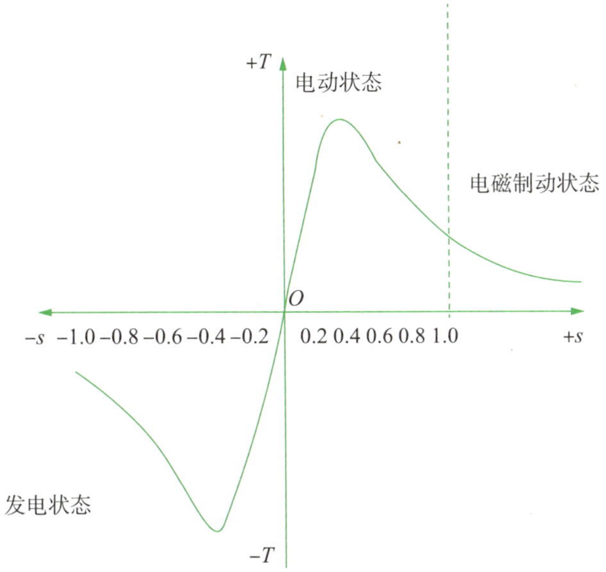

图 1-18　三相异步电动机的 $T-s$ 曲线

（2）电磁制动状态（$s>1$）。

当电动机旋转磁场的转向与电动机转子旋转方向相反时，转差率 $s>1$，即电磁转矩的方向与转子的运行方向相反，电动机处于电磁制动状态。

（3）发电状态（$s<0$）。

电动机的转子在外力的作用下，转子转速超过磁场转速（$n>n_0$）时，转差率 $s<0$，此时电动机处于发电运行状态。

1.2.2　三相异步电动机的机械特性

知识微课堂

三相异步电动机的机械特性

三相异步电动机的机械特性是指在电动机电磁转矩 T 与转速 n 或转差率 s 之间的关系，即 $n=f(T)$ 或 $s=f(T)$。下面分析电动状态时，电动机的机械特性。

1. 固有机械特性分析

固有机械特性是指异步电动机在额定电压和额定频率下，用规定的接线方式，定子和转子电路中不串联任何电阻或电抗时，电磁转矩 T 与转速 n 或转差率 s 之间的关系。

根据式（1-10）可直接绘制出异步电动机的固有机械特性曲线，即 $T=f(s)$ 曲线，如图 1-19（a）所示。由于转速 $n=(1-s)n_0$，可将 $T=f(s)$ 曲线变换成 $n=f(T)$ 曲线，如图 1-19（b）所示。

在实际应用中，通常是用 $n=f(T)$ 曲线来分析电动机的机械特性，这里我们主要分析 $n=f(T)$ 曲线上的四个特征点，如图 1-19（b）所示。

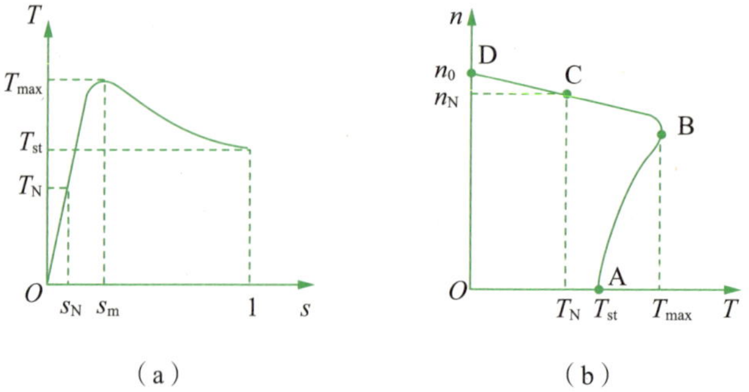

图 1－19　固有机械特性曲线

起动点 A： 起动点是电动机对应的转速 $n=0$，$s=1$，对应的转矩称为起动转矩 T_{st}，也称作堵转转矩。在实际应用中，电动机的起动转矩 T_{st} 应该大于负载转矩 T_L，即 $T_{st}>T_L$。否则电动机将无法起动，电动机处于堵转状态，定子绕组电流最大，达到额定电流的 4～7 倍，使得电动机发热，甚至烧毁。电动机一旦出现堵转现象，应立即切断电源。

最大转矩点 B： 最大转矩 T_{max} 是电动机能够提供的极限转矩，此时电动机所对应的转差率称为临界转差率 s_m，如图 1－19（a）所示。电动机运行过程中的负载转矩 T_L 不允许超过最大转矩，否则电动机的转速会降低，直至出现堵转现象，使得电动机出现过热，甚至烧毁。如果电动机在运行过程中出现堵转现象，则应必须立刻切断电源。

额定运行点 C： 额定运行点是电动机在额定电压下，以额定转速 n_N 运行，输出额定功率时，转子轴上输出的转矩，被称为额定转矩 T_N，此时异步电动机对应的转差率称为额定转差率 s_N，如图 1－19（a）所示。为防止电动机出现过热而烧毁，一般不允许电动机长期处于过载运行状态，但是允许其短时过载运行。

同步转速点 D： 同步转速点也称电动机的理想空载点，即电动机的转速 n 与同步转速 n_0 相同。此时，$n=n_0$，$s=0$，$T=0$。异步电动机在实际工作过程中，即使是空载运行，但是由于存在空载转矩，在没有外界转矩辅助的情况下，异步电动机也不可能达到同步转速点。

这里把图 1－19（b）所示 DB 段曲线称为线性区，也称为稳定工作区，电动机正常工作时都位于该区域。BA 段曲线称为非线性区，也称为不稳定工作区。从图 1－19（b）还可以看出，DB 段较为平坦，也就是说当负载转矩变化时，电动机的变化不大，这种特性称为电动机的硬机械特性。具有硬机械特性的三相异步电动机适用于一般的金属切削机床。

电动机能够正常起动运行还需要具备一定的起动能力和短时过载能力，与之相关有两个参数，分别是起动转矩倍数 K_m 和过载倍数 λ_m。

（1）起动转矩倍数 K_m。

起动转矩 T_{st} 与额定转矩 T_N 的比值，称为起动转矩倍数，用 K_m 表示，即

$$K_m=\frac{T_{st}}{T_N} \tag{1-11}$$

起动转矩倍数是异步电动机的重要选型参数之一，它反映了电动机起动能力的大小，

一般规定电动机的起动条件是起动转矩 T_{st} 大于 1.1 倍的负载转矩 T_L，即 $T_{st} \geqslant 1.1T_L$。国标规定，一般异步电动机的起动转矩倍数 $K_m = 1.0 \sim 2.2$，对冶金、起重等要求起动转矩大的场合，要求 $K_m = 2.8 \sim 4.0$。

（2）过载倍数 λ_m。

三相异步电动机的短时过载能力用电动机的最大转矩与额定转矩之比来表示，称为过载倍数或过载系数 λ_m，即

$$\lambda_m = \frac{T_{max}}{T_N} \tag{1-12}$$

一般三相异步电动机的过载系数 $\lambda_m = 1.8 \sim 2.5$，特殊用途（如起重、冶金）的三相异步电动机的过载系数 λ_m 可以达到 3.3～3.4 或更大。

实际电动机手册的参数列表中会给出“堵转转矩”和“堵转电流”两个参数，在数值上“堵转转矩”与起动转矩相等，“堵转电流”与起动电流相等。电动机起动瞬间由于转子有惯性，不能及时转动，这时转子是静止的，起动电流也称作“堵转电流”，产生的转子转矩称作“堵转转矩”。某品牌 YE2 系列四极三相异步电动机说明书中提供的主要参数见表 1-3。

表 1-3　YE2 系列四极三相异步电动机主要参数

型号	额定功率（kW）	额定电流（A）	额定转速（r/min）	额定效率（%）	功率因数	T_{st}/T_N	I_{st}/I_N	T_{max}/T_N
同步转速 1 500r/min								
YE2-80M2-4	0.75	2.0	1 390	79.6	0.76	2.2	6.0	2.4
YE2-112M2-4	4	8.8	1 440	83.6	0.82	2.2	7.0	2.4
YE2-132M2-4	7.5	15.6	1 440	87.7	0.84	2.2	7.0	2.3
YE2-180M2-4	18.5	36.1	1 470	91.6	0.86	2.2	7.0	2.3

表 1-3 中，型号 YE2-132M-4 所在行中，堵转转矩与额定转矩之比为 2.2，即起动转矩倍数 K_m 为 2.2；最大转矩与额定转矩之比为 2.3，即过载倍数 λ_m 为 2.3。二者是衡量电动机性能的两个重要指标。

2. 人为机械特性分析

人为改变电动机的某个参数后所得到的机械特性，称为人为机械特性，如改变定子电压、改变电源频率、改变转子回路电阻或电抗等。分析电动机的人为机械特性，是为了获取人们所需的拖动性能，例如获得所需的转速或转矩。这里介绍两种常见的人为机械特性，分别是降低定子电压和转子回路串电阻的人为机械特性。

（1）降低定子电压的人为机械特性。

由式（1-10）可知，异步电动机电磁转矩 T 与定子电压 U_1 的平方成正比，理论上可以通过增加或降低电压的方式而改变电动机的机械特性。但是电动机额定运行时其内部磁路已经饱和，即使在一定程度上适当增加定子电压，电动机内部的主磁通量也不会增

加，另外定子电压超过额定电压过多也会导致电动机发热烧毁。因此，这里只是讨论降低定子电压的人为机械特性。当定子电压 U_1 降低时，电磁转矩 T 与 U_1 的平方成正比减小，包括最大转矩 T_{max} 和起动转矩 T_{st}。同步转速 n_0 和临界转差率 s_m 与定子电压 U_1 无关而保持不变。得到 U_1 降低时的人为机械特性如图 1－20 所示。

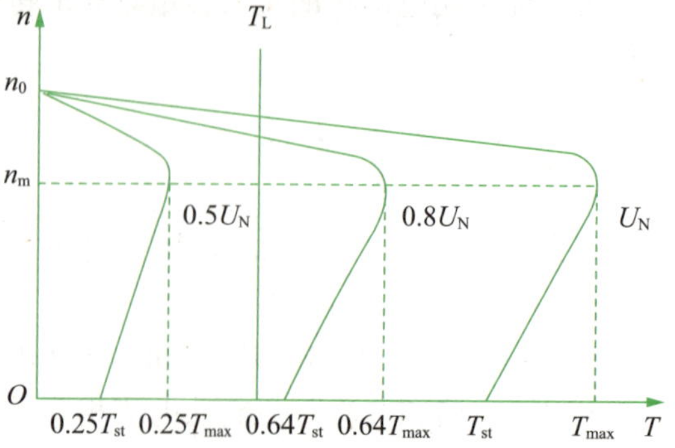

图 1－20　降低定子电压时的人为机械特性

由图 1－20 可知，降低定子电压后的人为机械特性，其线性区的斜率变大，即机械特性变软。降压后对应的最大转矩和起动转矩变小，说明电动机的起动能力和过载能力显著下降。当电动机在额定负载下运行时，定子电压 U_1 下降，电动机的转子转速 n 也会随之下降，而同步转速 n_0 不变，转差率 s 增大，即转子与磁场的相对速度增加，导致转子电流增大，引起定子电流增大，导致电动机过载。如果电动机定子电压过低，会出现最大转矩 T_{max} 低于负载转矩 T_L 的情况，导致电动机堵转。

三相异步电动机的工作原理与变压器类似，都是建立在迈克斯韦（Maxwell）的电磁感应的理论基础上的。变压器的一次、二次线圈是固定的，而三相异步电动机是一次线圈（定子绕组）固定，二次线圈（转子）旋转的。当三相异步电动机转子（相当于变压器二次线圈）电流增大时，定子绕组线圈（相当于变压器一次线圈）电流也将随之增加。

（2）转子回路串电阻的人为机械特性。

对于绕线型三相异步电动机，对其转子绕组可以串接三相对称电阻 R，仅改变了转子回路电阻 R_2，所得到的人为特性，称为转子回路串电阻的人为机械特性，如图 1－21 所示。

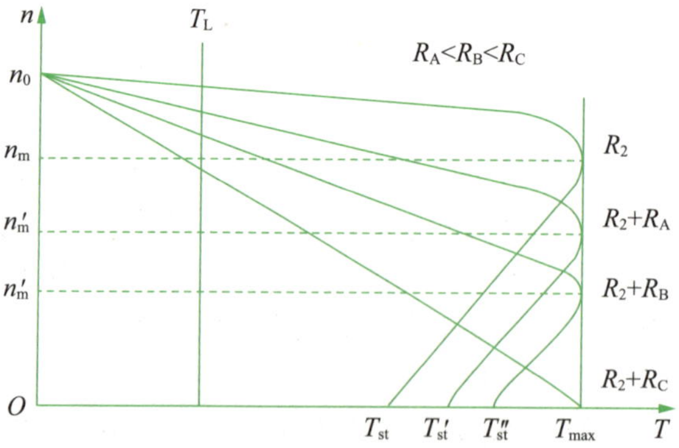

图 1－21　转子回路串电阻的人为机械特性

由图 1－21 可知，转子回路串电阻的人为机械特性，其线性区的斜率变大，即机械特性变软。转子回路串电阻后，同步转速 n_0 未发生改变；在转子转速 $n>0$ 的情况下，随着转子电阻的增加，起动转矩 T_{st} 也随之增加，最大转矩 T_{max} 不变，获得最大转矩时所对应的转速 n_m 减小，即临界转差率 s_m 增加。

由图 1－21 可知，绕线型三相异步电动机转子回路串电阻后，在一定范围内能提高起动转矩，从而改善异步电动机的起动性能，适用于需要重载起动的场合。但是其线性区的斜率变大，即机械特性也是变软，负载增加时转速下降较快。

任务 1.3　认识常用低压电器

知识导图

- 认识常用低压电器
  - 低压电器的概念与分类
  - 认识常用的手动电器
    - 刀开关
      - 胶盖刀开关
      - 铁壳刀开关
    - 万能转换开关
    - 按钮开关
      - 常开
      - 常闭
      - 复合
    - 行程开关
  - 认识常用的自动电器
    - 交流接触器
      - 结构与工作原理
      - 主要技术参数
      - 铭牌信息
    - 电流继电器
    - 电压继电器 — 电子式电压继电器（重点）
    - 中间继电器
    - 时间继电器 — 通电延时型、断电延时型
    - 速度继电器 — 动作转速140r/min，复位转速100r/min
    - 熔断器
      - 熔体与熔断器的额定电流
      - 熔断器的典型产品型号：RT、RL、RS等
    - 热继电器
      - 接插安装和独立安装两种
      - 热惯性
    - 低压断路器
      - 低压断路器的四段保护
      - 脱扣特性曲线（A、B、C、D、K型曲线）
      - 塑壳断路器
      - 小型断路器
      - 漏电断路器
      - 万能式低压断路器（知识拓展）

三相异步电动机运行控制主要包括起动控制、制动控制、调速控制、正反转控制、顺序控制等。上述控制可以通过两种方式实现，一是通过低压电器构建的继电器接触器控制系统，二是通过变频器方式。继电器接触器控制系统由若干低压电器通过导线连接而成，以三相异步电动机为控制对象，实现电动机的起动、制动、调速和正反转等控制，以实现生产机械各种生产工艺的要求。常用的低压电器中，“继电器”和“接触器”是最重要的两类电器，故此命名为继电器接触器控制系统。

1.3.1 低压电器的概念与分类

控制电器是一种能根据外界的信号和要求，手动或自动地接通、断开电路，以实现对电路或非电对象的切换、控制、保护、检测、变换和调节的元件或设备。控制电器按其工作电压的高低，以交流 1 200V、直流 1 500V 为界，可划分为高压控制电器（简称高压电器）和低压控制电器（简称低压电器）两大类。低压电器种类多，广泛应用在工业、农业、交通、国防、新能源发电、电信等领域。随着科学技术的不断发展，低压电器正向着智能化、小型化、模块化、组合化和零部件通用化的方向发展。

低压电器种类繁多，工作原理各不相同，因此分类方法有很多种。

1. 按动作方式分类

低压电器按其动作方式可分为手动控制电器和自动控制电器两类。手动控制电器是依靠外力直接操作来进行切换的电器，如刀开关、按钮等。自动控制电器是依靠指令或物理量变化而自动动作的电器，如接触器、继电器等。

2. 按用途分类

低压电器按其用途可分为低压控制电器和低压保护电器两类。低压控制电器要在低压配电系统及动力设备中起控制作用，控制电路的接通、分断以及电动机的各种运行状态，如刀开关、按钮、接触器等。低压保护电器在低压配电系统及动力设备中起保护作用，保护电源、线路和电动机，使它们不至于在短路状态和过载状态下运行，如熔断器、热继电器等。有些电器既有控制作用，又有保护作用，如行程开关既可控制行程，又能作为极限位置的保护；断路器既能控制电路的通断，又能起短路、过载、欠压等保护作用。

3. 按有无触头分类

低压电器按其有无触头可分为有触头电器和无触头电器两类。有触头电器是利用触头的闭合与断开实现电路的通断，如接触器、行程开关等。无触头电器是利用晶体管或晶闸管的传导与截止实现电路的通断，如固态继电器、接近开关等。目前有触头电器仍占多数，随着电力电子技术的发展，无触头电器的应用会日趋广泛。

4. 按工作原理分类

低压电器按其工作原理可分为电磁式电器和非电量控制电器两类。电磁式电器是依据电磁感应原理来工作的电器，如接触器、各类电磁式继电器等。非电量控制电器是靠外力或某种非电量的变化而动作的电器，如刀开关、行程开关、速度继电器和压力继电器等。

1.3.2　认识常用的手动电器

手动电器是依靠外力直接操作来进行切换的电器，最具代表性的是各种刀开关、组合开关按钮、断路器等。

1. 刀开关

刀开关又称闸刀开关或隔离开关，通过动触头——闸刀，与其底座上的静触头——刀夹座相锲合（或分离），以接通（或分断）电路的一种开关。刀开关是一种结构最简单且应用最广泛的低压电器，常用来作为电源的引入开关或隔离开关，也可用于小容量的三相异步电动机不频繁地起动或停止的控制。

刀开关按照极数可以分为单极刀开关、双极刀开关、三极刀开关和四极刀开关；按照转换方式可以分为单投式刀开关、双投式刀开关；按操作方式可分为手柄直接操作式开关和杠杆式刀开关；按其构造的不同可分为胶盖刀开关和铁壳刀开关。

（1）胶盖刀开关。

胶盖刀开关又称开启式负荷开关，常见的外形实物图如图 1 - 22 所示。

（a）HK系列刀开关　（b）HD系列刀开关　（c）HS系列刀开关

图 1 - 22　开启式负荷开关

以 HD11 系列四极刀开关为例，其外形与结构如图 1 - 23 所示，主要由绝缘底座、动触头、静触头、手柄、胶盖、进线座和出线座等部分组成。

胶盖的作用是可以保证操作人员不会触及带电部分，并且分断电路时产生的电弧也不会飞出胶盖外面而灼伤操作人员，因此操作前必须将胶盖固定好后再操作。

胶盖刀开关应垂直安装在控制屏或开关板上使用，且手柄要向上，不允许倒装或平装。倒装时，手柄由于自身重力可能会自动下滑而引起合闸误操作，引发生产事故或人身伤害事故。接线时，电源进线和出线不能接反，上接线端应接电源进线，负载则接在下接线端，便于更换熔丝。刀开关的电气符号如图 1 - 24 所示，低压电气符号由图形符号和文字符号两部分组成。刀开关的文字符号用“QS”表示。

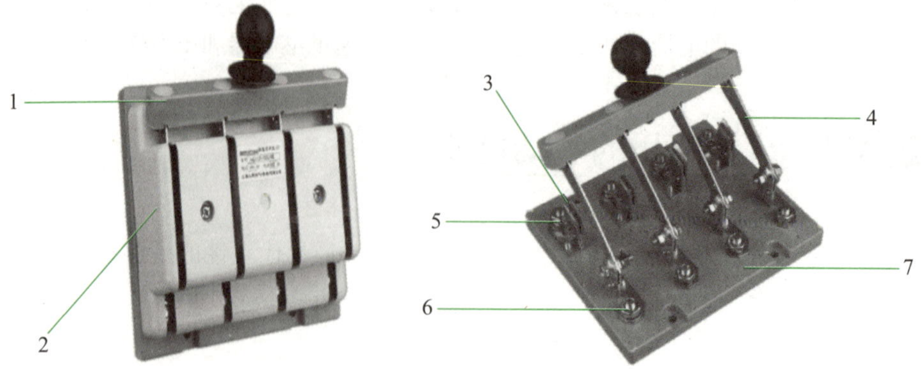

图 1-23　HD11 系列刀开关外形与结构

1—手柄　2—胶盖　3—静触头　4—动触头　5—进线座　6—出线座　7—绝缘底座

（a）单极　（b）双极　（c）三极　（d）带熔断器刀开关

图 1-24　刀开关图形符号和文字符号

（2）铁壳刀开关。

铁壳刀开关又称封闭式负荷开关，简称负荷开关。它主要由触头、熔断器、灭弧罩、操作机构和外壳组成，采用侧面手柄操作，操作机构与外壳之间装有机械联锁装置，保证在外壳打开时不能合闸，而手柄处于合闸位置时也不能打开外壳，以防止发生触电事故。图 1-25 为 HH 系列封闭式负荷开关的外形与结构图。

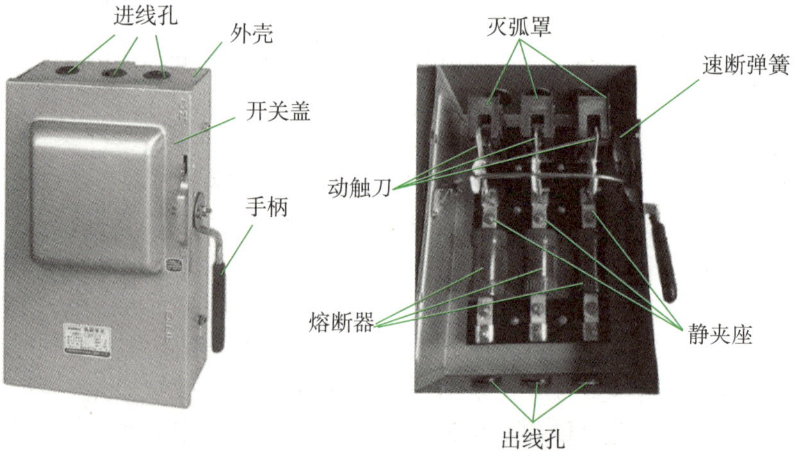

图 1-25　HH 系列封闭式负荷开关外形与结构

(3) 刀开关的选型。

刀开关选择时应考虑以下两个方面。

刀开关结构形式的选择：应根据刀开关的作用和装置的安装形式来选择是否带灭弧装置，若分断负载电流时，应选择带灭弧装置的刀开关。根据装置的安装形式来选择是否是正面、背面或侧面操作形式，是直接操作还是杠杆传动，是板前接线还是板后接线的结构形式。

刀开关的额定电流的选择：一般应等于或大于所分断电路中各个负载额定电流的总和。对于电动机负载，应考虑其起动电流（可达到电动机额定电流的 5～7 倍，甚至更大），选用额定电流大一级的刀开关。若再考虑电路出现的短路电流，应选用额定电流更大一级的刀开关。负载为三相异步电动机，胶盖刀开关的额定电流可取电动机额定电流的 3 倍以上。铁壳刀开关额定电流可取电动机额定电流的 2 倍以上。

铁壳刀开关适用于交流电压至 660V，额定电流至 630A 的电路；胶盖刀开关适用于交流电压至 380V 或 220V，额定电流至 60A 的电路。

2. 万能转换开关

万能转换开关是由多组相同结构的触点组件叠装而成的多回路控制电器。它具有寿命长、使用可靠、结构简单等优点。在操作不太频繁的情况下，可适用于 5kW 以下小容量电动机的起动、正反转及调速等。

万能转换开关的结构原理如图 1-26 (a) 所示，主要由动触点、静触点、转轴、手柄、定位机构及外壳等部分组成。其动触点、静触点分别叠装于数层绝缘垫板之间，各自附有连接线路的接线柱。当将手柄转动到不同的挡位时，转轴带着凸轮随之转动，当凸轮的凹口对齐触杆时，触杆在触点弹簧的作用下进入凹口内，并带动动触点动作，对应的触头接通，另一些触头断开，从而实现对电路的接通、断开控制。

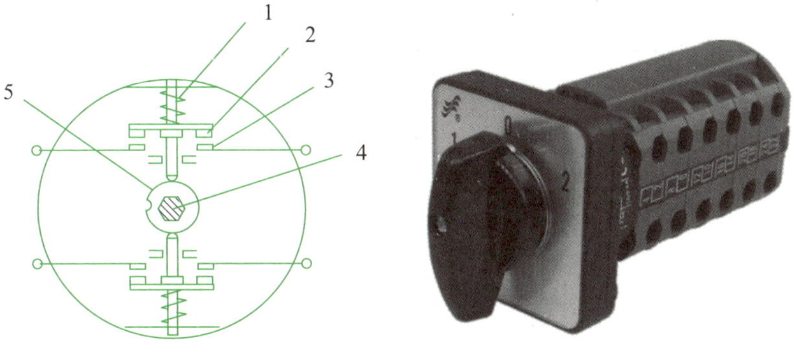

(a) 结构原理图　　(b) 实物图

图 1-26　万能转换开关

1—触点弹簧　2—动触点　3—静触点　4—转轴　5—凸轮

万能转换开关手柄的操作方式有自复式和定位式两种：旋转手柄到某一位置，若是自复式手柄，手松开后会自动返回原位；若是定位式手柄，则保持在该位置上。手柄的旋转角度一般有 30°、60°、45°、90°、180°等，因型号不同而有所差异。

万能转换开关的电气符号与触点分合表（定位特征表）如图 1－27 所示，其文字符号为“SA”。

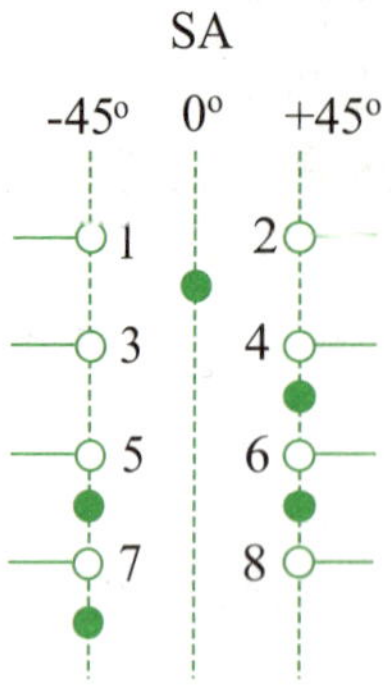

（a）电气符号

触点	−45°	0°	+45°
1–2		×	
3–4			×
5–6	×		×
7–8	×		

（b）触点分合表

图 1－27 万能转换开关的表示方法

图 1－27（a）触点下方虚线上的黑点表示当手柄处于该位置时，该对触点闭合；如果虚线上没有黑点，则表示该位置上触点处于断开状态。在如图 1－27（b）所示的触点分合表中，“×”表示操作手柄处于该位置时触点处于闭合状态，若表中是空的，表示该对触点处于断开状态。

万能转换开关适用性广，国内现有 LW2、LW4、LW5、LW6、LW8、LW12、LW15、LW16、LW26、LW30、LW39、CA10、HZ5、HZ10、HZ12 等系列产品。万能转换开关派生产品有挂锁型开关和暗锁型开关（63A 及以下），可用作重要设备的电源切断开关，防止误操作以及控制非授权人员的操作。

以 LW26－10/3 型号万能转换开关为例，说明如何用万能转换开关实现三相异步电动机正反转控制，其触点分合表如图 1－28 所示，接线原理图如图 1－29 所示。

触点	1	0	2
1–2	×		
3–4			×
5–6	×		
7–8			×
9–10	×		
11–12			×

图 1－28 触点分合表

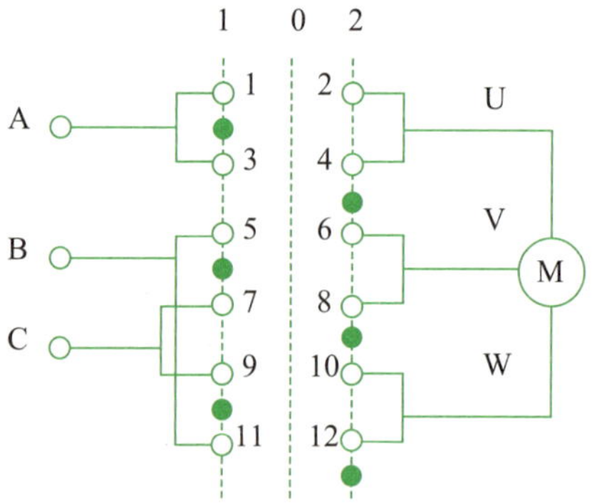

图 1－29 接线原理图

由三相异步电动机的工作原理可知，任意调换两根电源线的相序即可实现电动机的正反转。由图 1－28 所示触点分合表及图 1－29 所示的接线原理图可知，当万能转换开关手柄处于“0”号位置时，6 对触点均未接通，电源线 A 相、B 相、C 相与电动机端引线 U、V、W 未接通，电动机处于停止状态。当手柄处于“1”号位置时，1－2、5－6、9－10 三对触点接通，此时电源线 A 相、B 相和 C 相分别与电动机端引线 U、V、W 接通，电动机正转运行。当手柄处于“2”号位置时，3 - 4、7 - 8、11 - 12 三对触点接通，此时电源线 A 相、B 相和 C 相分别与电动机端引线 U、W、V 接通，与手柄处于“1”号位置时对比，电动机的供电相序发生了改变，实现电动机的反转运行。采用万能转换开关实现电动机正反转，当现场出现停电故障时，需把开关转到“0”号位置，防止突然来电时，电动机自行起动而发生意外事故。

3. 按钮开关

按钮开关又称按钮，是一种手动且一般可以自动复位的低压电器。按钮通常用于控制电路中，发出起动或停止指令，以控制电磁起动器、接触器、继电器等电器线圈电流的接通和断开，进而接通或断开主电路。

（1）结构与工作原理。

按钮一般由按钮帽、复位弹簧、静触点、动触点和外壳等组成，结构原理如图 1 - 30 所示。当按钮帽被按下时，动触点向下运动，动断静触点先断开，再与动合静触点闭合，松开按钮帽后，在复位弹簧的作用下，动断静触点和动合静触点复位。动断静触点也称常闭触点，动合静触点也称常开触点。

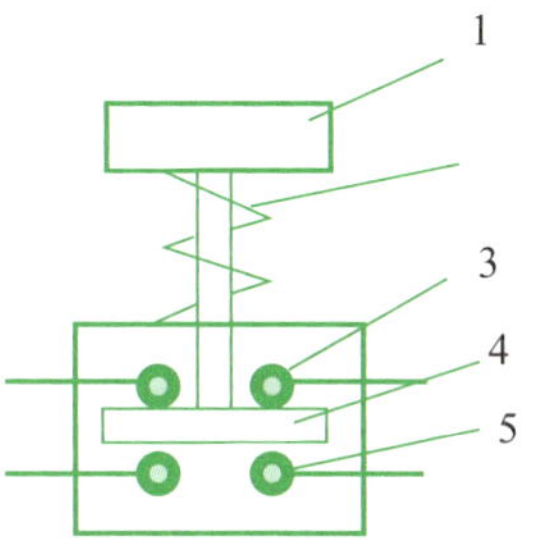

图 1 - 30　按钮结构原理图

1—按钮帽　2—复位弹簧　3　动断静触点　4—动触点　5—动合静触点

（2）种类与电气符号。

按钮的种类很多，按组合按钮开关的结构种类，可分为普通揿钮式、蘑菇头式、自锁式、自复位式、旋柄式、带指示灯式、带灯符号式及钥匙式等。

在实际的使用中，为了防止误操作，通常在按钮上做出不同的标记或涂以不同的颜色加以区分，其颜色有红、黄、蓝、白、黑、绿等。一般红色表示“停止”或“危险”；绿色表示“起动”或“接通”。急停按钮必须用红色蘑菇头按钮。常见的按钮实物图如图 1 - 31 所示。

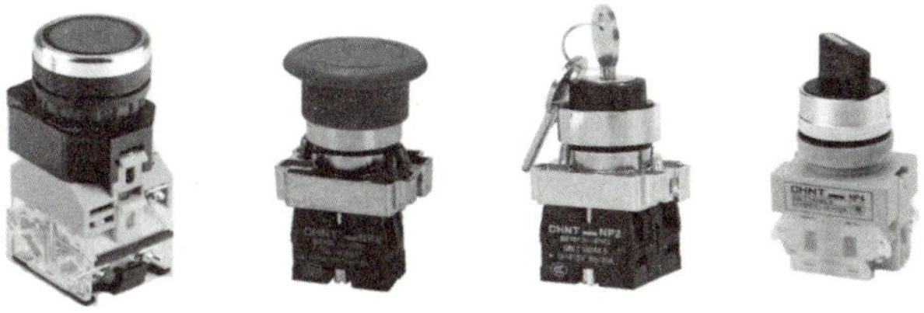

图 1 - 31　常见的按钮实物图

按钮的文字符号为“SB”，普通按钮、急停按钮、自锁式按钮的图形符号分别如图 1－32、图 1－33 和图 1－34 所示。

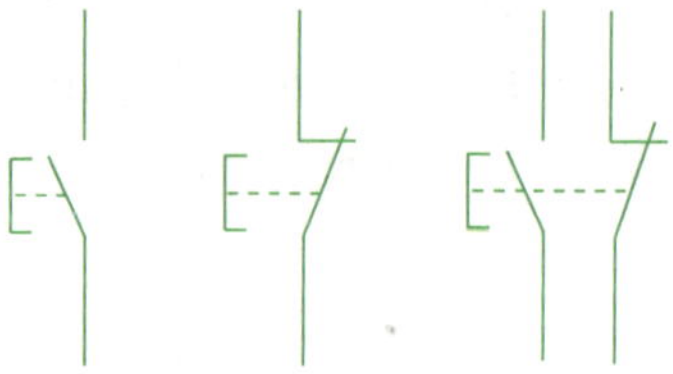

图 1－32　普通按钮

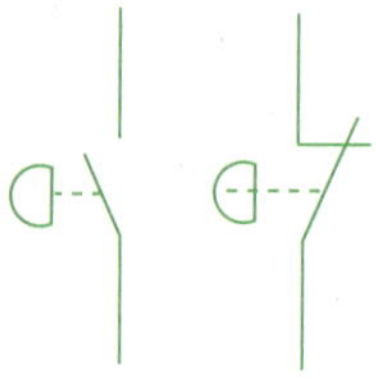

图 1－33　急停按钮

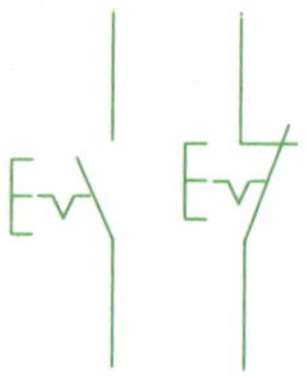

图 1－34　自锁式按钮

4. 行程开关

行程开关也称位置开关或限位开关，利用生产机械运动部件的碰撞使其触头动作来实现接通或分断控制电路，达到一定的控制目的。行程开关用以限制机械运动的位置或行程，使运动机械按一定位置或行程自动停止、反向运动、变速运动或自动往返运动等，从而将机械信号转换为电信号。按结构形式，行程开关可分为直动式、滚轮式和微动式三种。

直动式行程开关的动作原理同按钮类似，外界运动部件上的撞块碰压顶杆使其触头动作致使运动部件离开后，在复位弹簧作用下，其触点自动复位。直动式行程开关的外形图与结构原理图如图 1－35 所示。

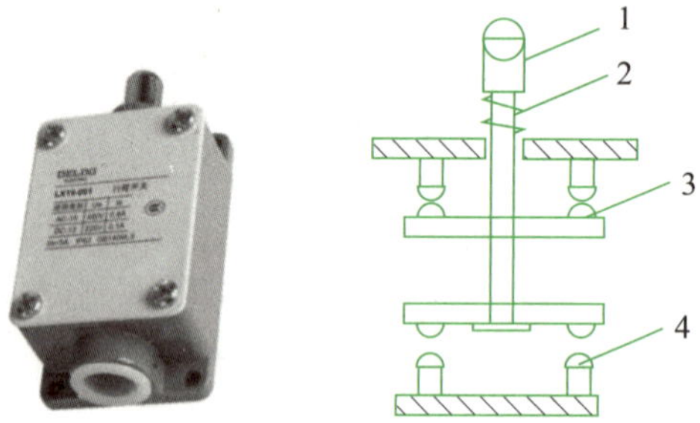

（a）外形图　　（b）结构原理图

图 1－35　直动式行程开关

1—顶杆　2—复位弹簧　3—常闭触点　4—常开触点

直动式行程开关的优点是结构简单、成本较低，缺点是触头的分合速度取决于撞块移动的速度。若撞块移动速度太慢，则触点就不能瞬时切断电路，使电弧在触点上停留时间过长，易烧蚀触点。因此，这种开关不宜用在撞块移动速度小于 0.4m/min 的场合。

滚轮式行程开关一般有两种形式，分别是单轮自动复位式和双轮旋非复位式。当运动机械的挡铁（撞块）压到行程开关的滚轮上时，传动杠连同转轴一同转动，使凸轮推动撞块，当撞块碰压到一定位置时，推动微动开关快速动作。当滚轮上的挡铁移开后，单轮自动复位式行程开关在复位弹簧作用下复位。双轮旋非复位式行程开关的摆杆上部是 V 字形的，其上装有两个滚轮，内部无复位弹簧，因此双轮旋非复位式行程开关不能自动复原，它是依靠运动机械反向移动时，挡铁碰撞另一滚轮将其复原。滚轮式行程开关的实物外形如图 1－36 所示。滚轮式行程开关的优点是触点的通断速度不受撞块运动速度的影响，动作快，分断电流大；缺点是结构复杂，体积大，价格较贵。

（a）单轮自动复位式　　（b）双轮旋非复位式

图 1－36　滚轮式行程开关

微动式行程开关简称微动开关，常见外形如图 1－37 所示。其工作原理：当推杆被压下时，弹簧片发生变形，储存能量并产生位移，当达到预定的临界点时，弹簧片连同动触点产生瞬时跳跃，从而导致电路的接通、分断或转换。同样，减小操作力时，弹簧片释放能量并产生反向位移，当通过另一临界点时，弹簧片向相反方向跳跃。采用瞬动机构可以使开关触点的接触速度不受推杆压下速度的影响，可以减轻电弧对触点的烧蚀，提高触点动作的准确性。

图 1－37　微动开关

微动开关的体积小、动作灵敏、适合在小型机构中使用，但由于推杆所允许的极限行程很小，以及开关的结构强度不高，因此在使用时必须对推杆的最大行程在机构上加以限制，以免压坏开关。

1.3.3　认识常用的自动电器

自动电器是按照指令、信号或某个物理量的变化而自动动作的电器，如接触器、中间继电器、时间继电器、速度继电器、热继电器、熔断器等。

1. 接触器

接触器（MC）用来接通或断开电动机或其他设备主电路的自动电器，也可用于其他电力负载，如电热器、电焊机等。接触器具有欠压保护、零压保护功能，接触器与其他低压电器组合，常用于电动机的控制与保护。

接触器按控制线圈的电流性质分为交流接触器和直流接触器；按灭弧介质分为空气电磁式接触器、油浸式接触器和真空接触器。其中空气电磁式交流接触器和空气电磁式直流接触器应用最为广泛，简称为交流接触器和直流接触器，实物图如图 1-38 所示。

（a）CJX2系列交流接触器　　（b）NC1系列直流接触器

图 1-38　空气电磁式接触器

（1）交流接触器的结构与工作原理。

交流接触器结构简图如图 1-39 所示。主要由电磁机构、触点系统、灭弧装置、释放弹簧及底座等部分构成。

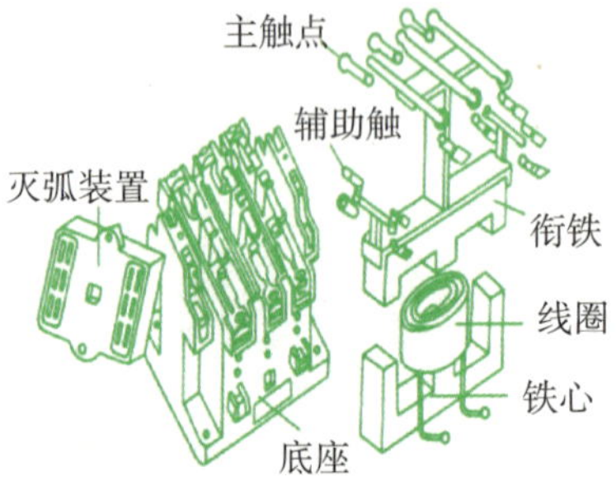

图 1-39　交流接触器结构简图

知识微课堂

接触器结构原理的动画展示

电磁机构由线圈、铁心和衔铁三部分组成，如图 1-40 所示。

铁心　　线圈　　衔铁　　电磁机构

图 1-40　电磁机构

1）电磁机构。电磁机构中线圈通电后，线圈电流会产生磁场，产生的磁场使铁心产生电磁吸力吸引衔铁，并带动接触器触点动作。当线圈断电时，电磁吸力消失，衔铁在释放弹簧的作用下释放，使触点复原。电磁机构中的铁心是由相互绝缘的硅钢片堆叠而成的，以减少交变磁场在铁心中产生涡流和磁滞损耗，防止铁心过热。同时在铁心上嵌入短路环，其目的是减少衔铁与铁心吸合时产生的震动与噪声。

电磁机构中的线圈电压在其额定值的 85％～105％时，能够可靠工作。线圈电压过高或过低都会造成线圈过热而烧毁。线圈电压过高时，阻抗不变，线圈因电流显著增加而烧毁。线圈电压过低时，衔铁无法被吸牢，衔铁与铁心之间的气隙过大，线圈的阻抗降低很多，线圈电流亦会增加十几倍，导致线圈过热而烧毁。

2）触头系统。触头系统由用于通断主电路的主触点和用于控制电路的辅助触点组成，通常是三组主触点和一至两组常开、常闭辅助触点，它们是连在衔铁上一起互相联动的，主触点一般是常开触点，而辅助触点常有一对常开触点或常闭触点。当接触器线圈通电后，衔铁带动触点动作，实现常开触点闭合、常闭触点断开。

3）灭弧装置。灭弧装置用来熄灭触点断开时产生的电弧，以减少电弧对触点的损伤，延长触点的使用寿命。为了迅速熄灭断开时的电弧，接触器（触点额定电流 20A 以上）一般都装有灭弧装置，交流接触器通常采用纵缝灭弧装置灭弧。

（2）接触器的主要技术参数。

接触器的主要技术参数有额定工作电压、额定工作电流、约定发热电流、线圈额定工作电压、接通与分断能力、使用类别、额定操作频率、机械寿命和电气寿命等。

1）额定工作电压。接触器额定工作电压是指在规定条件下，接触器主触点正常工作时的电压值。一般直流接触器额定工作电压有 110V、220V、440V、660V；交流接触器额定工作电压有 110V、220V、380V、500V、660V。在选型接触器时，其额定工作电压应大于或等于负载电压。

2）额定工作电流。接触器额定工作电流是指主触点正常工作时通过的电流值。一般接触器中常用的额定工作电流等级有 5A、10A、20A、40A、60A、100A、150A、250A、400A 和 600A。

3）约定发热电流。约定发热电流指在规定条件下试验时，电流在 8h 工作制下，各部分温升不超过极限时接触器主触点所承载的最大电流。

4）线圈额定工作电压。线圈额定工作电压指接触器电磁吸引线圈正常工作时的电压值。常用的交流线圈额定工作电压有 36V、110V、220V 和 380V；直流线圈额定工作电压有 24V、48V、220V 和 440V。

5）接通与分断能力。接触器的接通与分断能力是指主触点在规定条件下能够进行可靠接通和分断的电流值。在该电流值下，接通能力是指触点在闭合时不会引起触点熔焊，分断能力是指触点断开时能可靠灭弧的能力。一般情况下，主触点的接通和分断能力与接触器的使用类别有关。

6）使用类别。接触器用于不同负载时，其对主触头的通断能力要求不同，按不同使用条件来选用相应使用类别的接触器便能满足其要求。使用类别和主触点的接通与分断能力的关系，见表 1－4。

表 1－4　使用类别和主触点的接通与分断能力的关系

接触器种类	使用类别	控制对象	接通与分断能力
交流接触器	AC－1	无感或微感负载、电阻炉和钨丝灯	允许接通与分断额定电流

续表

接触器种类	使用类别	控制对象	接通与分断能力
交流接触器	AC-2	绕线型电动机的起动和运转中的分断控制	允许接通与分断 4 倍额定电流
	AC-3	笼型电动机的起动和运转中的分断控制	允许接通 6 倍额定电流，分断额定电流
	AC-4	笼型电动机的起动、反接制动、正反和点动控制	允许接通与分断 6 倍额定电流
直流接触器	DC-1	无感或微感负载、电阻炉和钨丝灯	允许接通与分断额定电流
	DC-3	并励电动机的起动、反接制动、正反和点动控制	允许接通与分断 4 倍额定电流
	DC-5	串励电动机的起动、反接制动、正反和点动控制	

7）额定操作频率。指接触器在每小时内允许的最高操作次数，一般为 300 次/小时、600 次/小时和 1 200 次/小时。

8）机械寿命和电气寿命。机械寿命是指接触器在需要修理或更换机构零件前所能承受的无载操作次数。电气寿命是在规定的正常工作条件下，接触器不需修理或更换的有载操作次数。接触器的机械寿命通常能够达数百万次以上，电气寿命一般不应小于机械寿命的 1/20。

部分 CJX2 系列接触器的主要参数和技术性能见表 1-5。

表 1-5 部分 CJX2 系列接触器的主要参数和技术性能

型号			CJX2-09	CJX2-18	CJX2-25	CJX2-32	CJX2-50
额定工作电流（A）	380/400V	AC-3	9	18	25	32	50
		AC-4	3.5	7.7	8.5	12	24
	660/690V	AC-3	6.6	12	18	21	39
		AC-4	1.5	3.8	4.4	7.5	12
约定发热电流（Ith）			20	32	40	50	80
额定绝缘电压（Ui）			690	690	690	690	690
可控三相鼠笼电动机（AC-3）功率（kW）		220/230V	2.2	4	5.5	7.5	15
		380/400V	4	7.5	11	15	22
		660/690V	5.5	10	15	18.5	37
电气寿命（万次）		AC-3	100	100	100	80	60
		AC-4	20	20	20	20	15
机械寿命（万次）			1 000	1 000	1 000	800	800

续表

型号			CJX2 - 09	CJX2 - 18	CJX2 - 25	CJX2 - 32	CJX2 - 50
交流线圈频率	50Hz	吸合（VA）	70	70	110	110	300
		吸合（VA）	9.0	9.5	14.0	14.0	57.0
		功率（W）	1.8～2.7	3～4	3～4	3～4	6～10
动作范围			吸合电压：85%Us～110%Us；释放电压 20%Us～75%Us				
辅助触点基本参数			AC - 15：Ie=0.95A，Ue=380/400V DC - 13：Ie=0.15A，Ue=220/250V Ith=5A “AC - 15”是指控制交流电磁铁负载，“DC - 13”是指控制直流电磁铁负载				

（3）接触器的型号与铭牌

接触器的型号众多，以 CJX2 系列交流接触器为例，其含义如下。

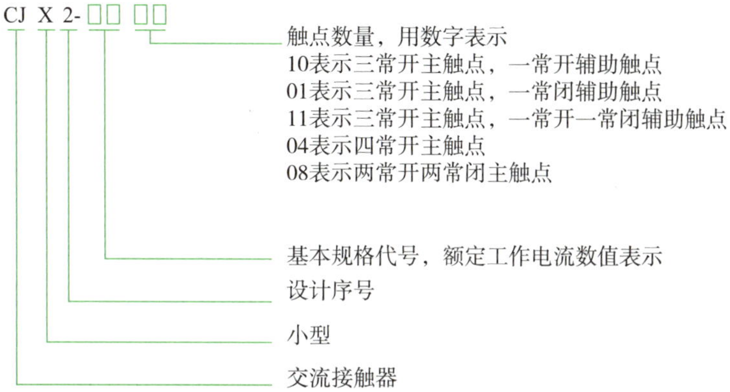

接触器的侧面或正面印有铭牌，其上标注有型号、额定值等信息。CJX2 - 09 系列交流接触器铭牌见表 1 - 6。

表 1 - 6　CJX2 - 09 系列交流接触器的铭牌

CJX2 - 09		
CCC		
Ui Ith	690V 20A	
Ue	AC - 3	
	Ie	Pe
220/230	9	2.2
380/400	9	4
660/690	6.6	5.5

续表

VAC	A	kW
GB/T 14048.4 IEC/EN 60947-4-1		
×××有限公司		

表格中相关信息含义为："CJX2-09"表示交流接触器型号；"Ui"表示额定绝缘工作电压；"Ith"表示约定发热电流；"Ue"表示额定工作电压；"Ie"和"Pe"表示不同额定工作电压对应的额定工作电流和额定功率；"AC-3"表示交流接触器的使用类别；"GB/T 14048.4"表示国家标准；"IEC/EN 60947-4-1"表示生产规范标准。

（4）直流接触器。

直流接触器的组成及工作原理与交流接触器相似。直流接触器的线圈通的是直流电，其铁心中不会产生涡流和磁滞损耗，铁心不会发热，故铁心用整块电工软钢制成，无须安装短路环。线圈的匝数较多，通常将线圈绕制成长而薄的圆筒状，线圈电阻较大。

直流接触器的主触点通常做成单极或双极的，其主触点流过的通常是直流电，产生的是直流电弧。与交流电弧相比，直流电弧较难熄灭，因此直流接触器一般采用灭弧能力较强的磁吹灭弧装置进行灭弧。

直流接触器线圈为直流电，线圈电阻较大，与交流接触器线圈相比，其起动电流较小，不会产生铁心猛烈撞击的现象，因而它的寿命长，适用于频繁动作的场合。

（5）接触器的选用原则。

1）接触器种类与极数选择。三相交流系统中一般选择三极交流接触器，如果需要控制中性线，则选择四极交流接触器，单相交流系统选用三极交流接触器并联使用。直流系统选用单极或两极直流接触器。

2）接触器额定工作电压要大于或等于负载的额定电压，额定工作电流大于或等于1.3倍负载的额定电流。

3）接触器线圈的额定电压由所接控制电路的电压决定。

4）接触器的使用类别要根据负载的工作任务来选择，选择原则可参照表1-4。

5）根据系统控制要求确定常开、常闭辅助触点的数量。

接触器的文字符号为KM，其图形符号如图1-41所示。

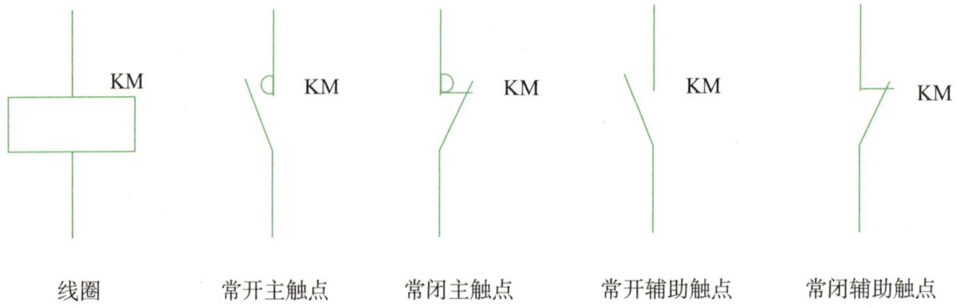

图1-41　接触器的图形符号

2. 继电器

继电器用于自动控制系统中，其作用是保护电路或传递和转换信号。继电器具有结构简单、体积小、反应灵敏、工作可靠等特点，因而应用广泛。

继电器的种类很多，按输入信号可分为电压继电器、电流继电器、时间继电器、速度继电器和热继电器；按用途可以分为控制继电器、保护继电器等；按动作原理可分为电磁式继电器、感应式继电器、电动式继电器、电子式继电器和机械式继电器，其中电磁式继电器应用最为广泛。

电磁式继电器和接触器的工作原理相似，由电磁机构、触头系统、释放弹簧及底座等几部分构成。与接触器不同的是，电磁式继电器主要用于接通或断开控制电路。电磁式继电器的触点数量相对较多，但触点容量较小（通常 5A 以下），故无须专门的灭弧装置。常用的电磁式继电器有电流继电器、电压继电器和中间继电器。

（1）电流继电器。

电流继电器的控制信号为电流，根据电流的大小决定触点的动作。有过电流（简称过流）继电器和欠电流（简称欠流）继电器两种。对于过电流继电器，当监视电流值超过设定值（整定值）时，过电流继电器产生吸合动作，其所带的触点动作。对于欠电流继电器，当监视电流值为负载额定值时，欠电流继电器触点动作，监视电流低于设定值（整定值）时，触点复位，所以一般将欠电流继电器的常开触点串接在保护电路中，常用于直流电动机的弱磁保护。

常用的过电流继电器有 JL14、JL15 系列，该系列继电器为电磁式的。电子式电流继电器因其功能丰富，参数设定方便，被广泛应用在电动机运行保护环节。电流继电器的实物图如图 1－42 所示。

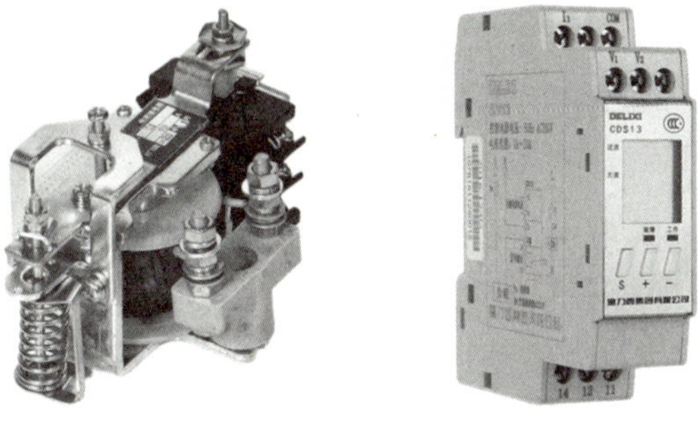

（a）JL14 系列电流继电器　　（b）电子式电流继电器

图 1－42　电流继电器实物图

（2）电压继电器。

电压继电器的控制信号为电压，其线圈与保护电路并联，有过电压（简称过压）继电器和欠电压（简称欠压）继电器两种类型。对于过电压继电器，当线圈电压超过整定值时，例如整定值设置为 $1.1U_N$，所带的触点立即动作。对于欠电压继电器，当线圈电压低于整定值时，例如整定值为 $0.2U_N$，所带的触点立即复位。与过电压继电器不同，当电路正常时，欠电压继电器线圈处于吸合状态。目前应用比较广泛的是电子式电压继电器，例如能够实现三相异步电动机过电压、欠电压和断错相保护的电子式电压继电器，如图 1－43 所示。

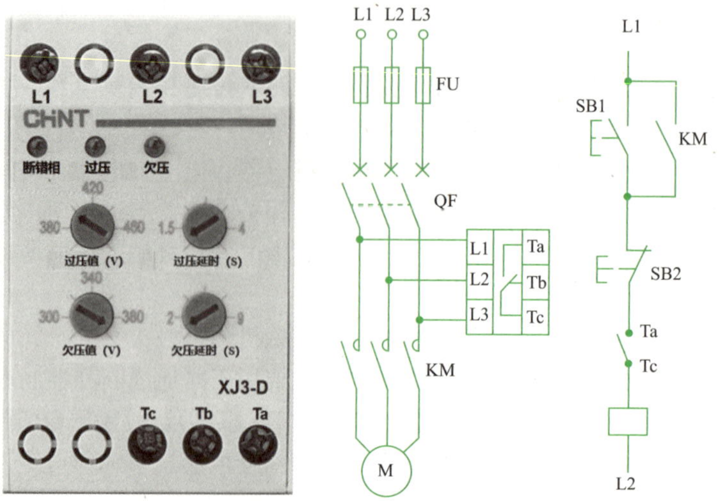

（a）XJ3-D 型电压继电器　　　　（b）接线原理图

图 1-43　电子式电压继电器及其接线原理图

电流继电器的文字符号为 KA，电压继电器的文字符号为 KV，图形符号如图 1-44 所示。

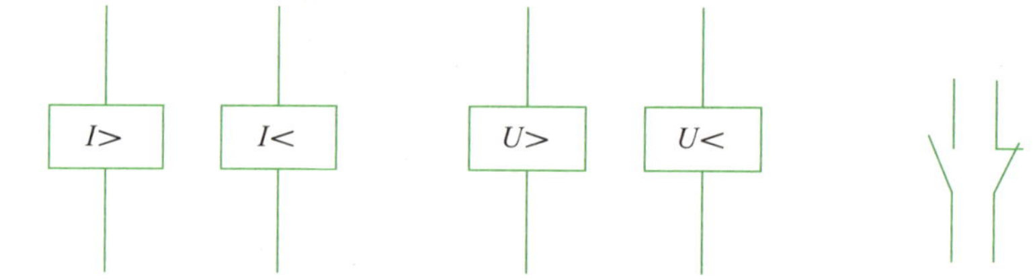

过电流继电器　欠电流继电器　　过电压继电器　欠电压继电器

（a）线圈　　　　（b）触点

图 1-44　电压继电器和电流继电器图形符号

（3）中间继电器。

中间继电器本质上是电压继电器，是用来传输或转换控制信号的中间元件，其线圈只有通电或断电两种状态。中间继电器的结构和工作原理与接触器基本相同，与接触器的主要区别是中间继电器触点数目较多，无主触点和辅助触点之分，各对触点允许通过的电流大小是相同的。

常用的中间继电器型号有 JZ7 系列和 JZX 系列，文字符号为 KA，实物图和图形符号如图 1-45 所示。其中 JZX 系列为小型中间继电器，一般配置有指示灯，线圈电压为交流的，指示灯为红色，线圈电压为直流的，指示灯为绿色。选用中间继电器时，主要考虑线圈电压等级及类别、触点数目和触点容量。

中间继电器的主要用途如下。

1）增加触点的数量，实现多条线路的同时控制。例如将接触器的常开触点和中间继电器的线圈串联，实现接触器辅助触点数量的扩展，接线示意图如图 1-46 所示。

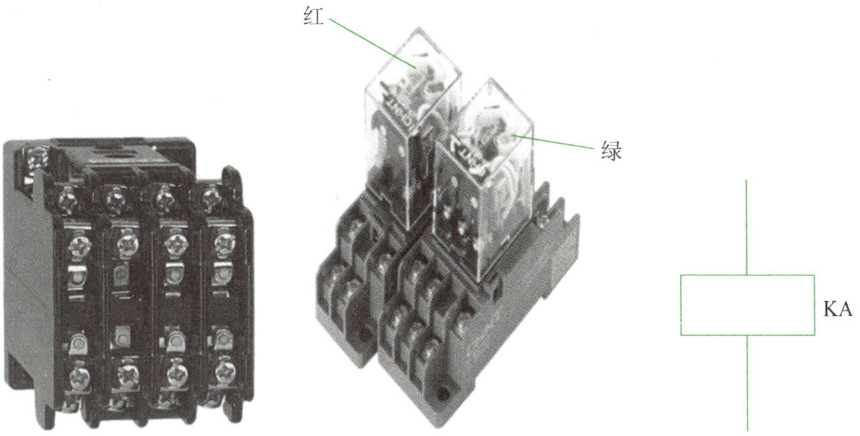

（a）JZ7 系列中间继电器　（b）JZX 系列中间继电器　（c）图形符号

图 1-45　中间继电器实物图和图形符号

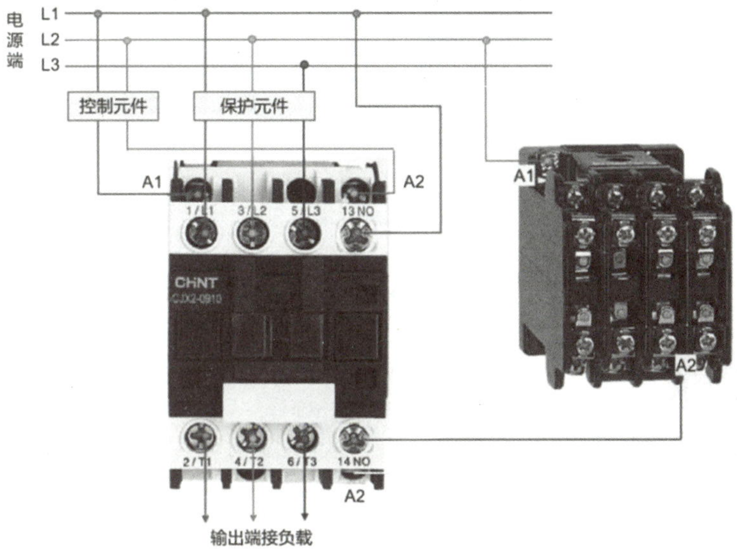

图 1-46　触点数量扩展案例

2）增加触点的容量。例如在控制线路中，通过中间继电器来控制其他负载，达到扩大触点容量的目的。如图 1-47 所示的案例中，控制器要控制接触器的动作，但其输出触点容量相对较小，无法驱动接触器线圈。以小型中间继电器为中间元件，其触点的额定电流（I_2）大于线圈的额定电流（I_1），相当于扩大了控制器触点容量，进而实现控制器对接触器的控制。

知识微课堂

中间继电器

（4）时间继电器。

时间继电器是一种当线圈通电或断电后，其触点经过一段时间才能闭合或断开的继电器，应用在需要对动作进行时间控制的电路中。时间继电器延时方式有两种，分别是通电延时和断电延时。通电延时是线圈通电后触点延时动作，线圈断电时触点瞬时复原。断电延时是线圈通电时触点瞬时动作，线圈断电时延时复原。按其工作原理的不同，时间继电器可分为空气阻尼式时间继电器、电动式时间继电器、电磁式时间继电器、电子式时间继电器等。随着电子技术的发展，电子式时间继电器因其适用范围广、延时精度高、调节方便、寿命长等一系列优点，已成为主流产品。常用时间继电器的实物外形如图 1-48 所示。

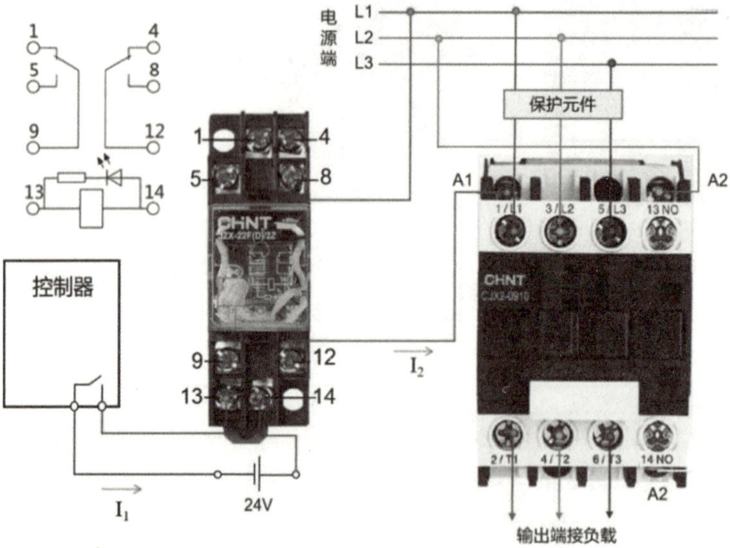

图 1-47　触点容量增加案例

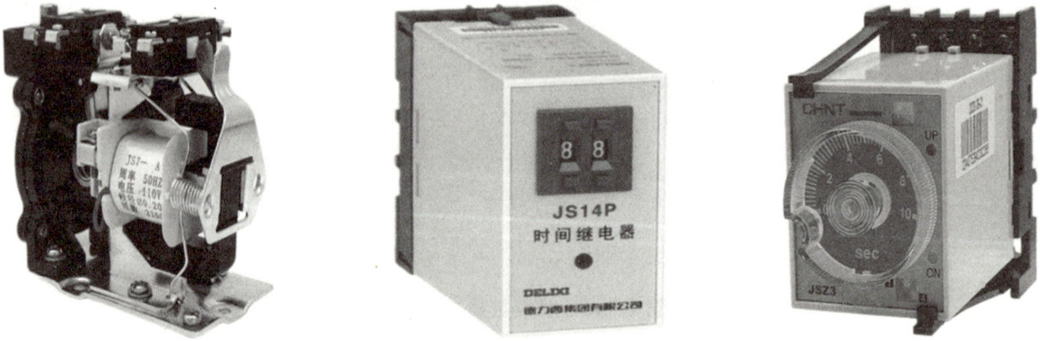

（a）JS7 系列空气阻尼式时间继电器　（b）JS14 系列电子式时间继电器　（c）JSZ3 系列电子式时间继电器

图 1-48　时间继电器的实物外形

时间继电器的文字符号为 KT，其图形符号如图 1-49 所示。

时间继电器的触点图形符号比较容易混淆，判别的原则是半圆开口方向是触点延时动作的指向。

JSZ3 系列时间继电器的主要参数和技术性能见表 1-7。

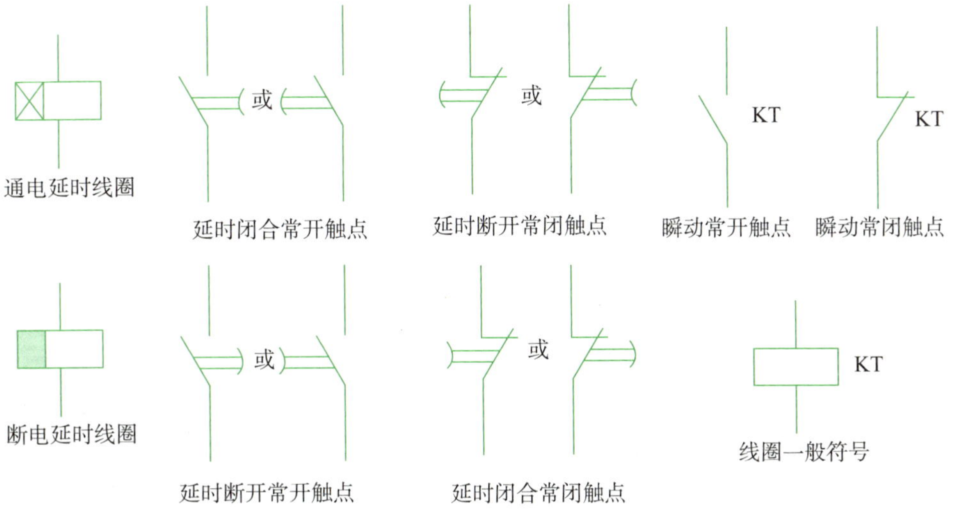

图 1-49　时间继电器的图形符号

表 1-7　JSZ3 系列时间继电器的主要参数与技术性能

型号	JSZ3A	JSZ3C	JSZ3F	JSZ3K	JSZ3Y	JSZ3R
工作方式	通电延时	通电延时带瞬动触点	断电延时	信号断开延时	星-三角起动延时	往复（循环）延时
延时范围	A：(0.05～0.5)s/5s/30s/3min B：(0.1～1)s/10s/60s/6min C：(0.5～5)s/50s/5min/30min D：(1～10)s/100s/10min/60min E：(5～50)s/10min/60min/6h F：(0.25～2)min/20min/2h/12h G：(0.4～4)min/40min/4h/24h		(0.1～1)s (0.5～5)s (1～10)s (2.5～30)s (5～60)s (10～120)s (15～180)s	(0.1～1)s (0.5～5)s (1～10)s (2.5～30)s (5～60)s (10～120)s (15～180)s	(0.1～1)s (0.5～5)s (1～10)s (2.5～30)s (5～60)s (10～120)s (15～180)s	(0.5～6)s/60s (1～10)s/10min (2.5～30)s/30min (5～60)s/60min
工作电压	AC50Hz：24V，36V，110V，127V，220V，380V DC：24V		AC50Hz：36V，110V，127V，220V，380V DC：24V	AC50Hz：110V，220V，380V DC：24V	AC50Hz：110V，220V，380V DC：24V	AC50Hz：110V，220V，380V DC：24V
延时精度	≤10%		≤10%	≤10%	≤10%	≤10%
触点数量	延时 2 转换或延时 1 转换 瞬时 1 转换		延时 2 转换或延时 1 转换	延时 1 转换	延时星-三角 1 转换	延时 1 转换
触点容量	Ue/Ie：AC-15 AC240V/0.75A，AC415V/0.47A；DC-13 220V/0.27A；Ith=5A					
电气寿命	1×10^5					
机械寿命	1×10^6					

续表

安装方式	面板式、导轨式、装置式
环境温度	−5℃～+40℃
配用底座	面板式：FM8858、CZS085；导轨式（装置式）：CZS08X - E

时间继电器的选用依据：线圈工作电压类别和等级、工作方式、触点容量、延时范围、延时精度以及安装方式等。

知识微课堂

时间继电器

时间继电器的侧面一般印有铭牌，其上标注有型号、额定值和接线图等信息。JSZ3C 时间继电器铭牌，见表 1 - 8。其中，"AC - 15"是指控制交流电磁铁负载，"DC - 13"是指控制直流电磁铁负载。在接线示意图中，端子 1 - 3 - 4 构成 1 组瞬时转换，端子 8 - 5 - 6 构成 1 组延时转换。延时范围与表 1 - 7"延时范围"中的"C"选型一致。

表 1 - 8　JSZ3C 时间继电器铭牌

JSZ3C - C			
GB/T　14048.5 Ue：50Hz AC220V　Ith：5A			
Ue/Ie	AC - 15		DC - 13
Ue	240V	415V	220V
Ie	0.75A	0.47A	0.27A
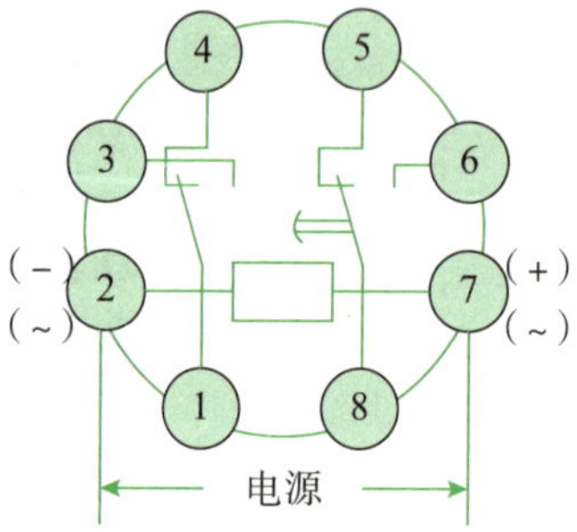		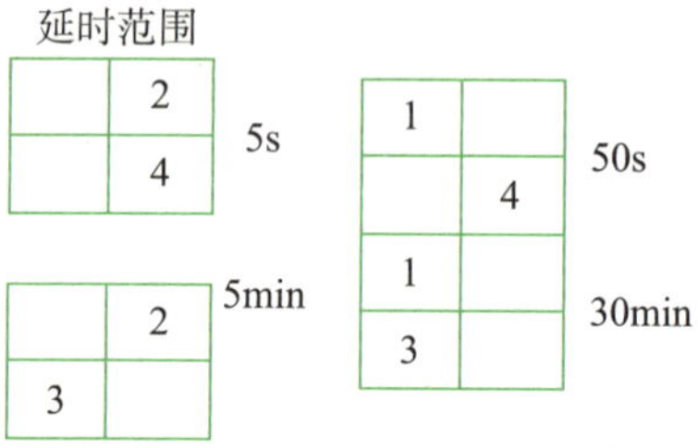	

（5）速度继电器。

速度继电器是依据速度大小实现其触点动作的继电器，常与接触器配合实现三相笼型异步电动机的反接制动，故又称为反接制动继电器。

速度继电器的结构原理如图 1 - 50（a）所示，主要由定子、转子和触点三部分组成。转子是一块永久磁铁，固定在转轴上。定子是由硅钢片叠制而成的空心圆环，圆环内嵌有笼型绕组，速度继电器的定子并非固定，这点和电动机的定子有所区别。速度继电器有两对转换触点，分别用于电动机两个转动方向的反接制动。

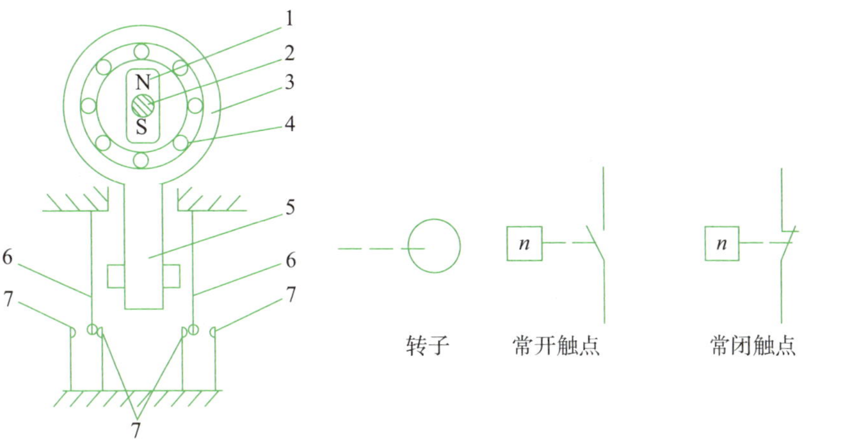

（a）原理示意图　　（b）图形符号

图 1－50　速度继电器原理图与图形符号

1—转子　2—转轴　3—定子　4—笼型绕组　5—定子摆杆　6—弹簧片（动触点）　7—静触点

转轴和需要进行反接制动的电动机转子连接，当电动机转动时，速度继电器的转子随之转动，进而产生旋转的磁场。定子中绕组切割磁场产生感应电动势和感应电流，在旋转磁场的作用下产生电磁转矩，推动定子及定子摆杆沿着转子方向转动。当转动到一定角度后，定子摆杆触动弹簧片，使继电器的常闭触点断开，常开触点闭合。当电动机转速降至低速时，电磁转矩下降，定子摆杆在弹簧力矩作用下回到原始位置，相应的触点也复位。

一般速度继电器触点的动作速度为 140 转/分钟，复位速度为 100 转/分钟。速度继电器的文字符号为 KS，图形符号如图 1－50（b）所示。

常用的速度继电器有 JY1 型和 JFZ0 型两种，其中 JY1 型的工作范围是 700～3 600r/min，JFZ0 型的工作范围是 300～3 600r/min。触点额定电流为 2A，额定电压为 380V。

3. 熔断器

熔断器是指当电流超过规定值时，以本身产生的热量使熔体熔断，从而分断电路的一种电器。熔断器广泛应用于高低压配电系统、控制系统和用电设备中，是应用最普遍的保护器件之一。

（1）结构原理。

熔断器主要由熔断器芯和熔断器底座组成。熔断器芯简称熔芯，是由熔体和熔管两部分组成的。熔体是熔断器的核心部分，常做成丝状或片状，其材料多为铅锡合金、锌、银和铜等。熔管用于放置熔体，同时兼有灭弧作用，一般由陶瓷或硬质纤维制成。为加速灭弧能力，提高熔体的分断能力，有的熔断器熔管内被装入填料，填料成分多为石英砂。熔断器底座是用来放置熔芯的，同一电流规格的底座可以装入若干电流规格的熔芯。

使用时，将熔体串联于被保护电路中，当被保护电路的电流超过规定值，并经过规定时间后，由熔体自身产生的热量熔断熔体，使电路断开，从而起到保护的作用。RT36 型熔断器实物如图 1－51 所示。

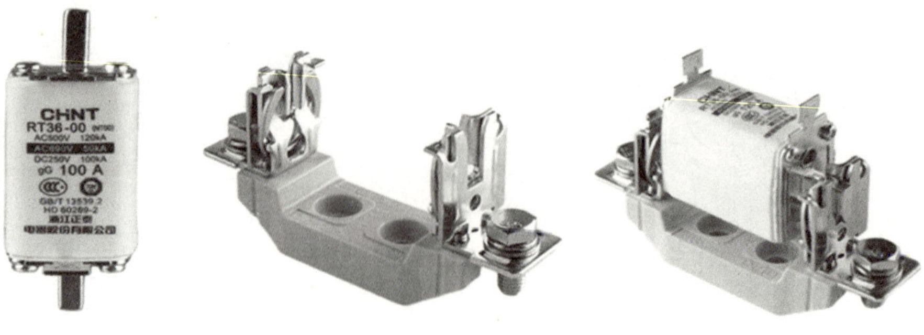

（a）熔芯　　（b）底座　　（c）组合体

图 1－51　RT36 型熔断器实物

（2）典型产品与符号。

熔断器典型产品有 RC 系列插入式熔断器、RL 系列螺旋式熔断器、RM 系列无填料封闭式熔断器、RT 系列有填料封闭式熔断器、RS 系列快速熔断器和 RZ 系列自复式熔断器六种。RL1－15 型和 RT28－32 型熔断器外形如图 1－52 所示。

（a）RL1–15 熔芯　　（b）RL1–15 底座　　（c）RT28–32 熔芯　　（d）RT28–32 底座

图 1－52　RL1－15 型和 RT28－32 型熔断器实物

熔断器的型号含义及图文符号如图 1－53 所示。

（3）主要技术参数。

1）额定电压：保证熔断器能长期正常工作的电压，若实际工作电压超过其额定电压，熔体熔断时可能会发生电弧无法熄灭的危险。

2）熔体额定电流：在规定工作条件下，长期流过熔体而熔体不熔断的最大电流值。

3）熔断器额定电流：指的是用于放置熔体的底座能够安全地连续运行的允许电流。该额定电流应大于所放熔芯的额定电流，一种电流规格的底座可装入若干电流规格的熔芯。

4）极限分断电流：在规定工作条件下，能够可靠切断电路的最大短路电流。

（4）熔断器的选用。

1）类型：根据负载情况和短路电流大小选择其类型。

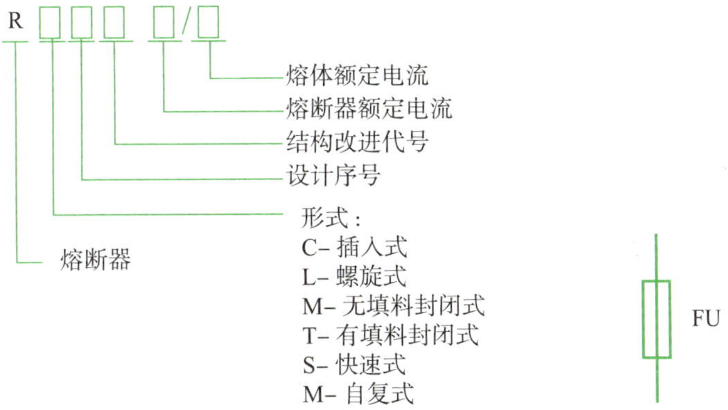

（a）型号含义　　　　（b）图文符号

图 1-53　熔断器型号与图文符号

2）额定电压：熔断器的额定电压应大于或等于线路的额定电压。

3）熔芯额定电流：熔芯的额定电流大小与负载的性质有关系，对于平稳无冲击电流的负载，只需按照负载额定电流的大小确定熔芯的额定电流。对于电动机负载，要考虑到起动电流的冲击，既要起到短路保护的作用，又要保证电动机的正常起动。通常情况下，单台电动机短路保护时，熔芯的额定电流＝1.5～2.5 倍电动机的额定电流。多台共用一个熔断器时，熔芯的额定电流＝1.5～2.5 倍容量最大的一台电动机的额定电流＋其余各台电动机的额定电流总和。

熔芯中熔体的熔断电流不等于其额定电流，一般熔体的熔断电流为额定电流的 2 倍，所以当通过熔体的电流超过额定电流时，熔体不一定立即熔断，而是超过得越多，熔断得越快。当通过熔体的电流为额定电流的 1.45 倍时，熔断的时间不超过 5min；当通过熔芯的电流为额定电流的 2 倍（即等于熔断电流）时，熔断的时间不超过 1min。

4）熔断器额定电流：熔芯的额定电流确定后，熔断器额定电流大于或等于熔芯的额定电流。

5）极限分断电流：极限分断电流要大于电路中可能出现的最大短路电流。

此外，供电系统从总电源到各支路，再到细小支路，原则上每一级都设有熔断器。这些熔断器是串联关系，前一级熔体额定电流必须大于后一级熔体额定电流，避免越级断电，造成不必要的损失。

4. 热继电器

热继电器的工作原理是流入热元件的电流产生热量，使有不同膨胀系数的双金属片发生形变，推动机构并带动其触点动作。由于双金属片具有热惯性，热继电器只能用于电动机的长期过载保护，无法实现短时过载或短路保护。

（1）结构原理。

热继电器主要由热元件、双金属片和触点组成，如图 1-54 所示。热元件由发热电阻丝制成。双金属片由两种热膨胀系数不同的金属制成，当双金属片受热时，会出现弯曲变形。使用时，把热元件串接于电动机的主电路中，而把常闭触点串接于电动机的控制电路中。

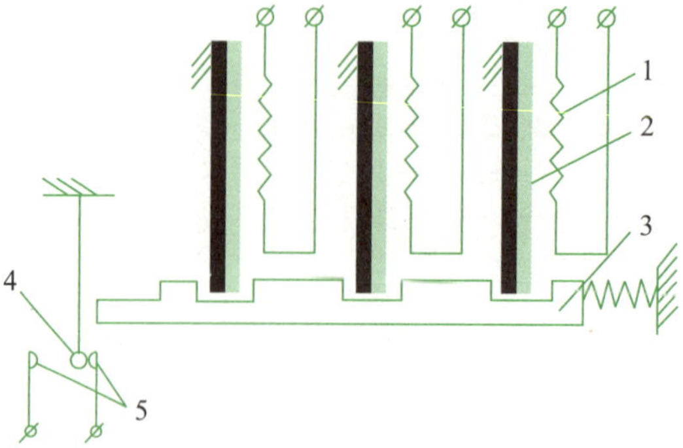

图 1－54　热继电器结构原理示意图

1—电阻丝　2—双金属片　3—导板　4—动触点　5—静触点

当电动机正常运行时，热元件产生的热量虽能使双金属片弯曲，但不足以使热继电器的触点动作。当电动机过载时，双金属片弯曲位移增大，推动导板使常闭触点断开，从而切断电动机控制电路以起保护作用。热继电器动作后一般不能自动复位，要等双金属片冷却后再按下复位按钮复位。

热继电器的文字符号为 FR，其图形符号如图 1－55 所示。

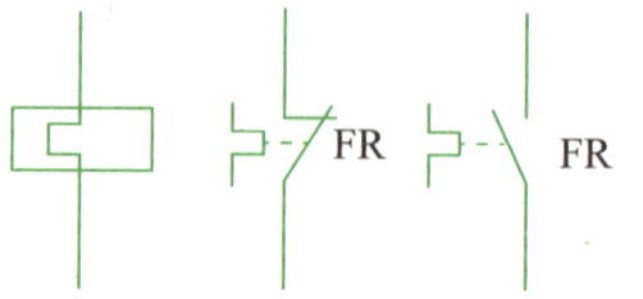

热元件　常闭触点　常开触点

图 1－55　热继电器的图形符号

（2）典型产品。

常用的热继电器有 JR28、JR36、NR2 和 NR4 系列。以 NR4 系列为例，适用于交流 50Hz/60Hz、电压（690～1 000）V，电流（0.1～180）A 的长期工作或间断长期工作的交流电动机的过载与断相保护。热继电器还具有温度补偿、动作指示、自动与手动复位、停止等功能，产品性能稳定可靠。热继电器的安装方式通常有两种，分别是接插安装式和独立安装式，不同安装方式的热继电器实物如图 1－56 所示。热继电器通常与接触器配合使用，尤其是接插安装式热继电器。

（a）NR2-36 接插安装式　（b）NR4-63 独立安装式　（c）JR36-20 独立安装式

图 1－56　不同安装方式的热继电器实物图

(3) 断相保护。

三相异步电动机在正常运行时，若发生一相断路，则电动机处于断相运行状态。此时电动机定子绕组相电流会增大，转速要下降甚至会堵转，导致电动机损坏，因此需要对其进行断相保护。对于星形接法的三相异步电动机，利用普通的热继电器就能实现断相保护。因为当星形接法的三相异步电动机一相断路时，另外两相电流会增加很多，普通的热继电器能够起到保护的作用。三角形接法的三相异步电动机出现断相时，可能会出现线电流正好等于额定电流的现象（58%额定负载运行时），电动机进线串接的热元件因流过额定线电流，热继电器不动作（热继电器按电动机的额定电流进行整定）。三角形接法电动机必须采用带有断相保护的热继电器进行过载保护。目前多数热继电器都具有断相保护功能。

(4) 热继电器的选用。

继电器主要用于电动机的过载保护，选用前须了解电动机工作环境、起动电流、负载性质和允许过载能力等，可遵循以下原则。

1）热继电器的整定电流是指保护电动机的动作电流，在此电流值时运行一段时间后继电器动作，使主回路断开，以达到保护电动机的目的。一般整定到电动机额定电流的 0.95～1.05 倍，或者令热继电器整定电流的中值等于电动机的额定电流，然后进行调整。对于过载能力较差的电动机，整定到电动机额定电流的 0.6～0.8 倍。当发热元件中通过的电流超过整定电流值的 20%时，热继电器会在 20 分钟内动作；当超过整定值的 30%时，热继电器会在 3 分钟内动作。热继电器的整定电流大小可通过整定电流旋钮来改变，如图 1-57 所示。

图 1-57　热继电器的整定电流调节

2）对于三角形接法的电动机，应选用带有断相保护功能的热继电器。

3）对于反复短时工作制的电动机，应考虑热继电器允许的工作频率；对于频繁正反转和频繁通断的电动机，不宜采用热继电器进行过载保护，而应使用埋入电动机绕组的温度继电器或热敏电阻来保护。

同一型号的继电器的电流的整定范围是不同的，以 NR4-25 型号继电器为例，其最大的整定电流为 25A，如图 1-57 所示，2 个热继电器的整定范围分别是 16～25A 和 5～8A。

5. 低压断路器

低压断路器又称自动空气开关或自动空气断路器，简称断路器。它是一种既有手动开关作用，又能自动进行失压、欠压、过载和短路保护的电器。它可用来分配电能、不频繁地起动异步电动机，可对电源线路及电动机等实行保护，当它们发生严重的过载、短路及欠压等故障时能自动切断电路。

常用的低压断路器有塑壳式（装置式）断路器，小型断路器（微型断路器）和漏电保护断路器三种，实物外形如图 1 - 58 所示。

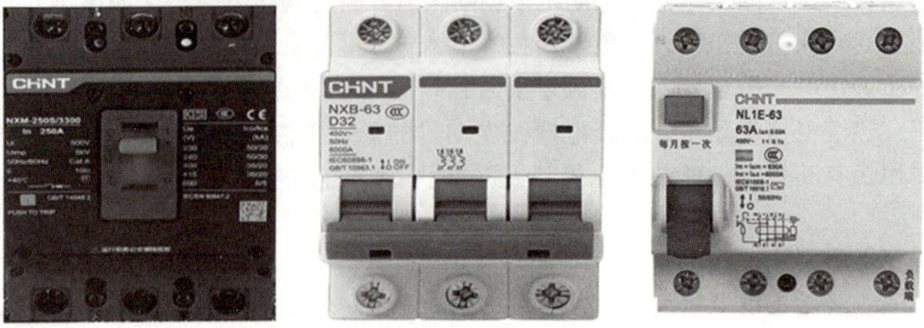

（a）塑壳断路器　（b）小型断路器　（c）漏电保护断路器

图 1 - 58　常用低压断路器实物图

（1）结构原理。

低压断路器的结构如图 1 - 59 所示。

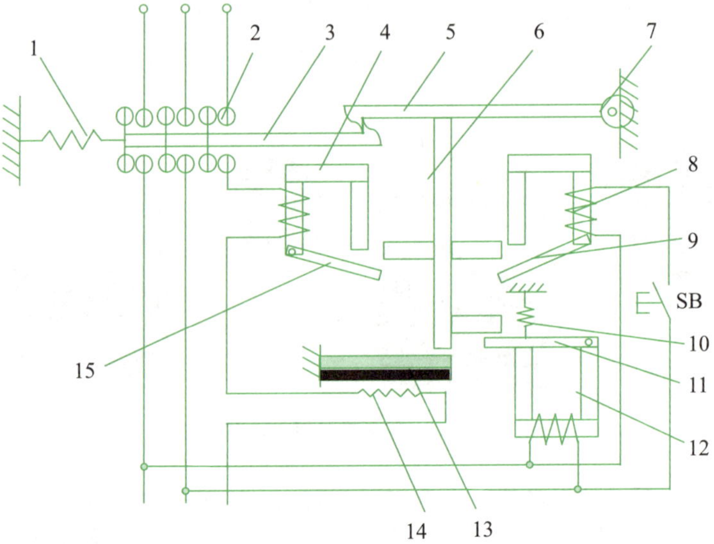

图 1 - 59　低压断路器结构

1—分闸弹簧　2—主触点　3—传动杆　4—过流脱扣器　5—锁扣　6—顶杆　7—转轴
8—分励脱扣器　9、11、15—衔铁　10—弹簧　12—欠压、失压脱扣器　13—双金属片　14—热元件

在正常情况下，通过操作手动或电动操作机构将断路器闭合，此时传动杆被锁扣钩住，保持主触点的闭合状态，同时分闸弹簧被拉伸。当电路发生短路、过载、欠压或失压故障时，对应的脱扣器动作，顶杆将锁扣顶开，在分闸弹簧作用下主触点断开。脱扣器共计有四种，分别是过流脱扣器（也称电磁脱扣器）、热脱扣器、失欠压脱扣器和分励脱扣器。

过流脱扣器的线圈与主电路串联，当发生过流或短路时，衔铁向上吸合，推动顶杆向上运动，将锁扣顶开，实现主触点断开。

热脱扣器相当于一个没有触点的热继电器，热元件串接在主电路中。当电路发生过载时，双金属片向上弯曲，推动顶杆向上运动，将锁扣顶开，实现主触点断开。

欠压、失压脱扣器的线圈和电源并联，在电路电压正常的情况下，欠压、失压脱扣器的衔铁处于吸合状态。当电路出现欠压或失压时，脱扣器产生的电磁力减弱或消失，衔铁在弹簧作用下推动顶杆向上运动，将锁扣顶开，实现主触点断开。

分励脱扣器用于实现断路器的远程断开操作，其线圈与电源并联。当按钮（SB）闭合时，分励脱扣器的衔铁向上吸合，推动顶杆向上运动，将锁扣顶开，实现主触点断开。分励脱扣器线圈电源可以来自断路器主触点，此时断路器断开后分励脱扣器的电源也断开。分励脱扣器线圈电源也可以是独立电源，根据现场情况进行选择。

需要说明的是，并不是每种断路器都具备上述4种脱扣器，常用的断路器通常只具备过流脱扣器和热脱扣器，实现过流、短路和过载保护。

小型断路器的脱扣器附件是外置的，塑壳断路器的脱扣器附件是内置的，如图1－60所示。

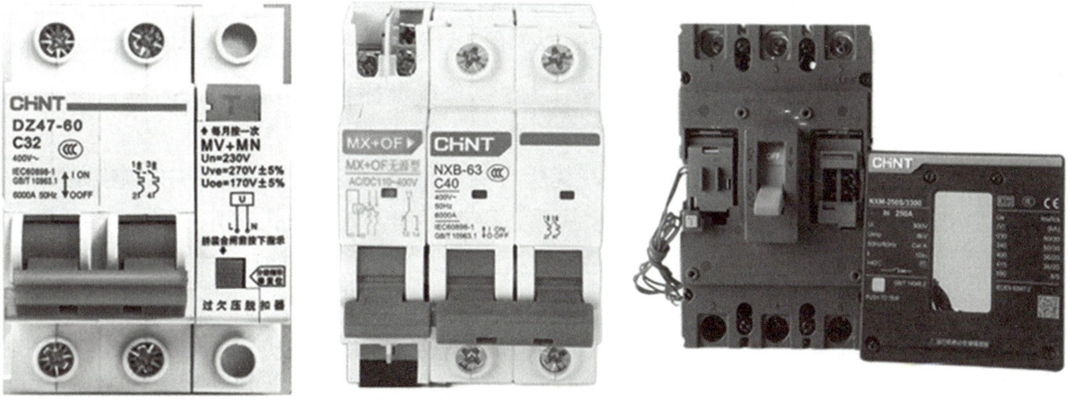

（a）欠压、失压脱扣器组合　　（b）分励脱扣器组合　　（c）附件内置脱扣器组合

图1－60　断路器与脱扣器的组合

（2）主要技术参数。

1）额定工作电压：一般用“Ue”表示，指在规定条件下，保证断路器正常工作的工作电压值。

2）额定绝缘电压：一般用“Ui”表示，指在规定条件下，用来度量断路器及其部件的不同电位部分的绝缘强度，电气间隙和爬电距离的标准电压值。

3）额定冲击耐受电压：一般用“Uimp”表示，指在规定条件下，断路器能够耐受而不击穿的具有规定形状和极性的冲击电压峰值。

4）额定工作电流：一般用“In”表示，指在规定条件下，脱扣器允许长期通过的电流。

5）短路瞬时脱扣电流：一般用“Ii”表示，线路电流达到或超过此值时，断路器立即（无延时）脱扣。

6）短路短延时脱扣电流：一般用“Isd”表示，线路电流达到或超过此值时，断路器延时脱扣。

7）过载长延时脱扣电流：一般用“Ir”表示，指热脱扣器的动作电流。（固定式）Ir＝In；（可调式）Ir＝（0.6～1.0）In。

8）壳架等级额定电流：一般用“lnm”表示，指基本尺寸相同的框架和塑料外壳中能装的最大脱扣器的额定电流。

9）分断能力：指在规定条件下，断路器所能接通和分断短路电流的能力。

与断路器分断能力相关的两个参数分别为额定极限短路分断电流（Icu）和额定运行短路分断电流（Ics）。Icu 是断路器规定的试验电压及其他规定条件下的极限短路分断电流，不考虑断路器继续承载它的额定电流。Ics 是断路器规定的试验电压及其他规定条件下的极限短路分断电流，断路器应有继续承载它的额定电流的能力。由于 Ics 试验要比 Icu 严酷，为此标准规定 Ics 的值可以为 Icu 的 50％、60％、75％和 100％。

（3）低压断路器的四段保护。

低压断路器的四段保护包括：瞬时保护（短路瞬时保护）、长延时保护（热过载保护）、短延时保护（短路短延时保护）和接地故障保护（含漏电保护）。具有瞬时保护和长延时保护的二段保护断路器称为 A 类（Cat A）断路器，具有瞬时保护、长延时保护和短延时保护三段保护或者全部四项保护都具备的断路器称为 B 类（Cat B）断路器。小型断路器和热磁式塑壳断路器属于 A 类断路器，电子式塑壳断路器属于 B 类断路器。

（4）塑壳断路器。

塑壳断路器也被称为装置式断路器，其所有的零件都密封于塑料外壳中，辅助触点，欠电压脱扣器以及分励脱扣器等多采用模块化、手动操作，大容量的欠电压脱扣器可选择电动分合。依据脱扣器的类型，塑壳断路器分为热磁式和电子式两种，一般热磁式塑壳断路器为非选择性断路器，仅有过载长延时及短路瞬时两种保护功能（A 类），电子式塑壳断路器有过载长延时、短路短延时、短路瞬时和接地故障四种保护功能（B 类）。常用的塑壳断路器型号有 NM1 系列、NXM 系列和 DZ10 系列热磁式塑壳断路器，以及 NXMS 系列和 NSX 系列电子式塑壳断路器。如图 1－61 所示为热磁式塑壳断路器铭牌，其中“Cat A”表示 A 类断路器，只能实现二段保护。

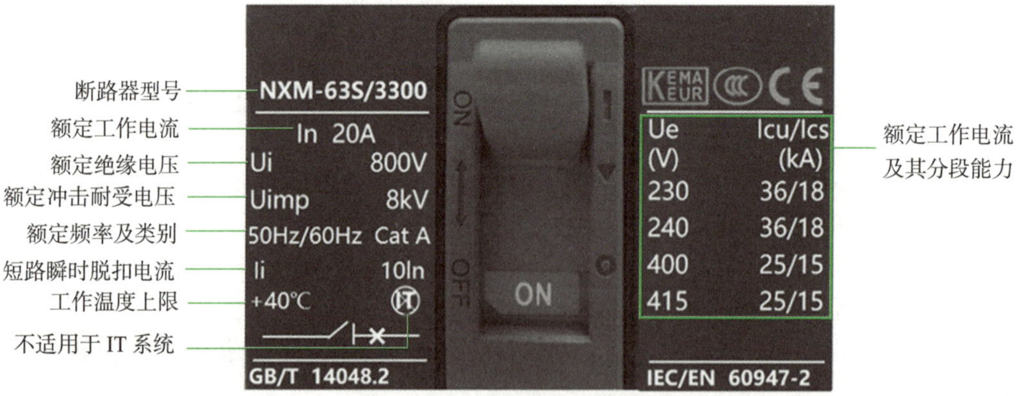

图 1－61 热磁式塑壳断路器铭牌

（5）小型断路器。

小型断路器（MCB），又称微型断路器。小型断路器实际上也是塑壳断路器的一种，因其体积很小常把它另列。小型断路器只能实现短路瞬时保护和长延时过载保护二段保护功能，属于A类断路器。小型断路器内部结构如图1-62所示，短路瞬时保护由电磁脱扣器实现，长延时过载保护由双金属片式热脱扣器实现。

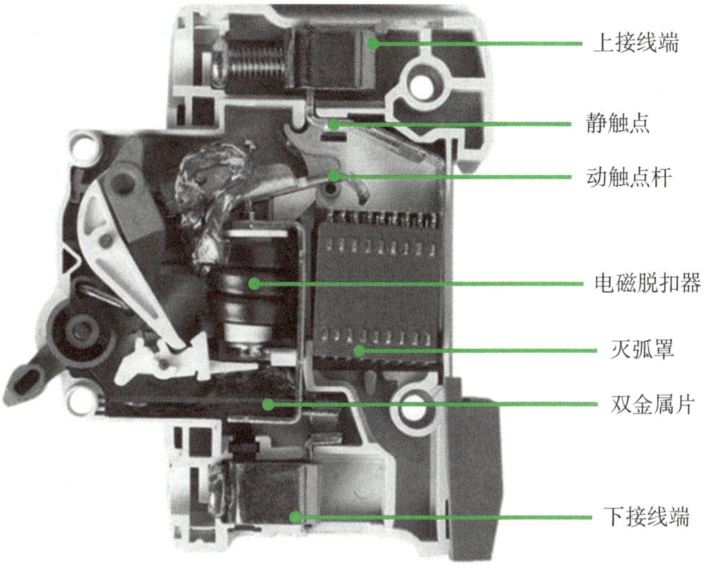

图1-62　小型断路器内部结构

小型断路器脱扣器动作时间与流过脱扣器的电流关系曲线称为脱扣特性曲线，按瞬时脱扣电流的级别分为以下5种类型的曲线。

A型曲线：瞬时脱扣电流为2倍额定电流，很少用，一般用于半导体保护。

B型曲线：瞬时脱扣电流为3～5倍额定电流，适用于纯阻性负载和低感照明回路。

C型曲线：瞬时脱扣电流为5～10倍额定电流，适用于保护配电线路以及具有较高接通电流的照明线路。

D型曲线：瞬时脱扣电流为10～14倍额定电流，适用于保护具有很高冲击电流的设备，如变压器电磁阀、动力设备、小功率电动机等。

K型曲线：瞬时脱扣电流为8～14倍额定电流，适用于保护电动机线路设备，有较高的抗冲击电流能力。

其中，B型、C型和D型的脱扣特性曲线如图1-63所示。

常用的小型断路器型号有DZ47系列和NXB系列，NXB-63系列断路器的实物图及图文符号如图1-64所示。

“NXB-63”：断路器型号，其中“-63”表示壳架等级额定电流为63A。

“C32”：“C”表示C型脱扣器特性曲线，“32”表示额定工作电流为32A。

“D16”：“D”表示D型脱扣器特性曲线，“16”表示额定工作电流为16A。

“400V”：表示额定工作电压。

“50Hz”：表示额定工作频率。

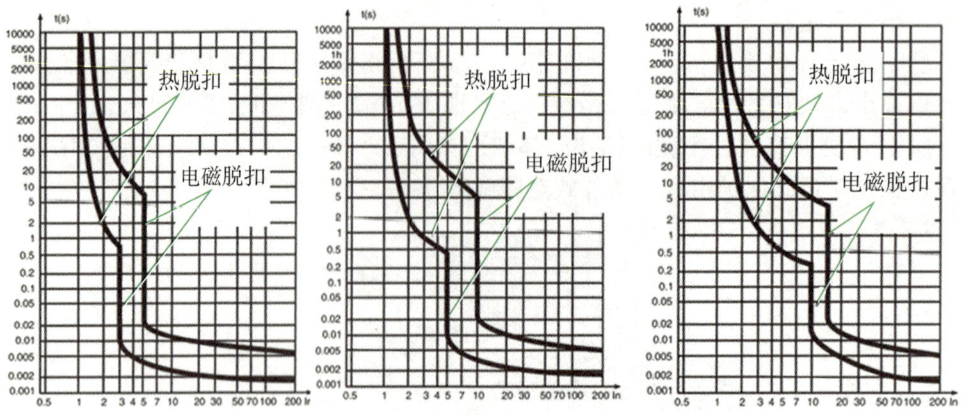

B 型曲线　　C 型曲线　　D 型曲线

图 1-63　脱扣特性曲线

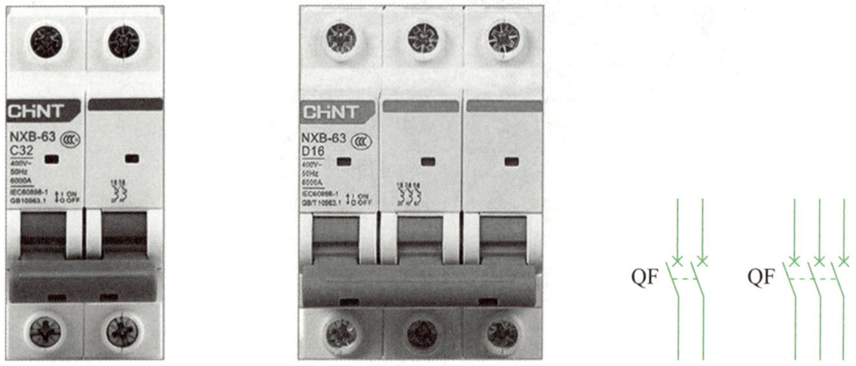

（a）NXB-63 二极断路器　　（b）NXB-63 三极断路器　　（c）图文符号

图 1-64　断路器实物图及图文符号

“5000A”：表示分断能力。

（6）漏电断路器。

漏电断路器又称漏电保护器或漏电开关。漏电断路器除了具有与低压断路器相同的作用外，当所控制的线路或设备发生漏电或人身触电时它能自动断开电源，进而保护设备正常运行、保护人身安全和防止发生因漏电造成的火灾事故。漏电断路器工作原理如图 1-65 所示。

零序电流互感器采用穿芯环形结构，用来检测漏电信号。当用电设备工作正常，没有发生漏电事故时，火线电流 $I_{火}$ 等于零线电流 $I_{零}$，穿过电流互感器电流的相量和为零，其二次测漏电电流 $I_{\Delta n}$ 为零，主开关保持闭合状态，线路正常供电。当电路发生触电或漏电故障时，穿过电流互感器电流的相量和不等于零，电流互感器二次线圈产生漏电电流 $I_{\Delta n}$，当 $I_{\Delta n}$ 超过设定值后，控制电路板输出电压 U_2，电磁脱扣器动作，断路器主开关断开，实现漏电保护。U_2 为控制电路板的供电电源。测试回路用于手动测试漏电断路器的漏电保护功能，通常每月测试一次，若测试后发现断路器主开关没有断开，说明其漏电保护功能失效，需立即更换漏电断路器。

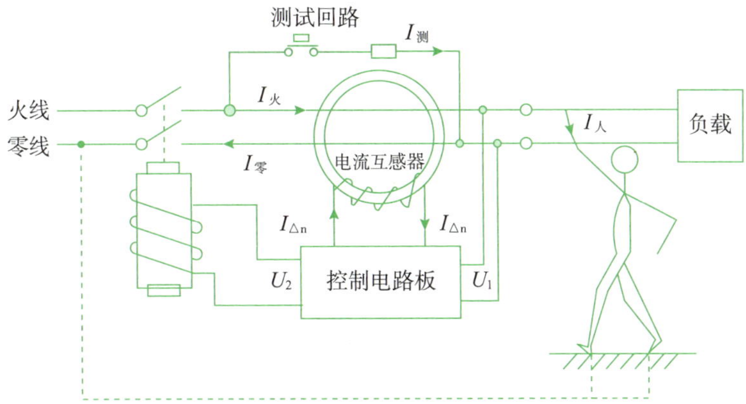

图 1-65　漏电断路器工作原理图

常用的漏电断路器组合形式有“1P＋N”“2P”“3P”“3P＋N”“4P”五种，其中“N”在电路中代表的是零线。对于“1P＋N”或“3P＋N”组合，当发生漏电时，火线端被断开，但是零线端（N 端）是直通的，无法断开，而且只有火线端具有过载及短路保护，零线端没有过载和短路保护。对于“1P＋N”和“3P＋N”组合的漏电断路器，零线和火线不能接反，发生漏电时依然会跳闸，如果有一根火线没有断开，依然有触电危险。对于“2P”“3P”“4P”组合，当发漏电时，内部触点全部断开，且每极都有过载保护和短路保护功能。

常用的漏电断路器的型号有 NXBLE 系列、DZ15LE 系列和 DZ47LE 系列等，NXBLE-32 型漏电断路器的“1P＋N”和“2P”组合如图 1-66 所示。

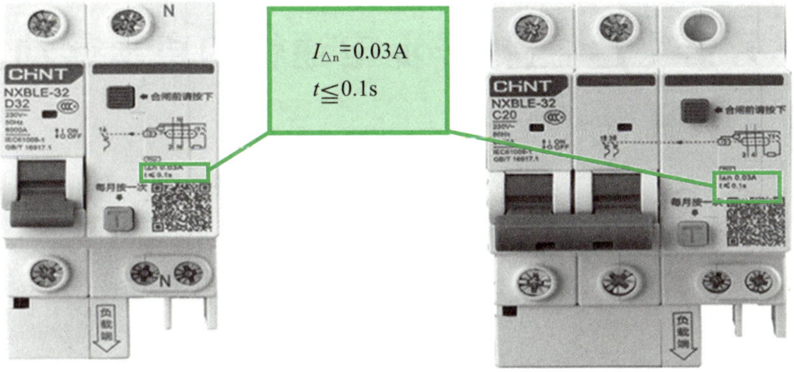

（a）“1P+N”组合（D型）　　（b）“2P”组合（C型）

图 1-66　漏电断路器实物图

漏电断路器的选用主要根据电路和设备的正常泄漏电流。

1）主干线或全网总保护的漏电断路器，其动作电流应大于电网正常运行时泄漏电流的 2.5 倍。

2）单机配用的漏电断路器，其动作电流应大于设备正常运行时泄漏电流的 4 倍。

3）用于分支线路的漏电断路器，其动作电流应大于线路正常运行时泄漏电流的 2.5 倍，同时也要大于线路中泄漏电流最大的电气设备的泄漏电流的 4 倍。

如果不容易测量线路或电气设备的泄漏电流，可按照下面的经验公式进行估算。

照明回路或居民生活用电回路可以按式（1-13）选择。

$$I_{\Delta n} \geqq I_H / 2\,000 \tag{1-13}$$

动力与照明混合回路可以按式（1-14）选择。

$$I_{\Delta n} \geqq I_H / 1\,000 \tag{1-14}$$

注：$I_{\Delta n}$ 为漏电断路器动作电流，I_H 为电路中的最大电流。

如图 1-66（a）所示，漏电断路器的动作电流（$I_{\Delta n}$）等于 0.03A，动作时间（t）小于或等于 0.1s。

（7）断路器的选用。

断路器的选用主要基于以下原则。

1）断路器额定电压等于或大于线路额定电压。

2）断路器额定电流等于或大于线路或设备额定电流。

3）断路器分断电流等于或大于线路中可能出现的最大短路电流。

4）欠电压脱扣器额定电压等于线路额定电压。

5）长延时电流整定值（I_r）等于电动机额定电流。

6）瞬时整定电流（I_i）：保护笼型异步电动机的断路器，瞬时整定电流为 8～15 倍电动机的额定电流；保护绕线型异步电动机的断路器，瞬时整定电流为 3～6 倍电动机的额定电流。

知识拓展

万能式低压断路器

任务 1.4 三相异步电动机的直接起动控制

知识导图

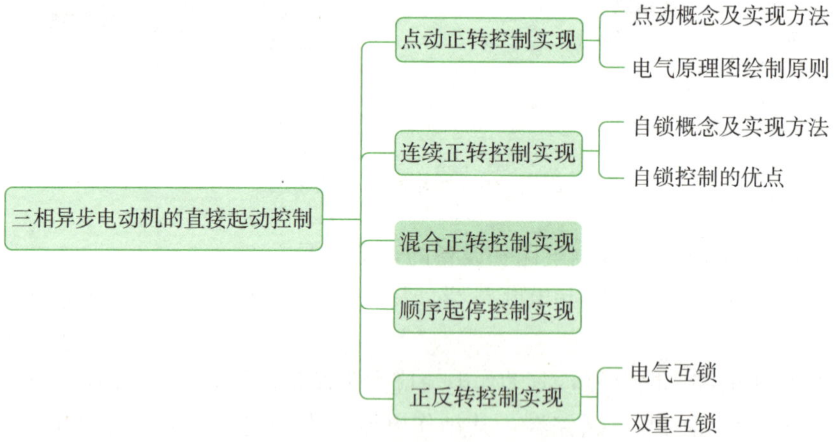

直接起动是将额定电压直接加载到电动机的定子绕组上，又称全压起动。在电网容量允许的情况下，应尽量采用直接起动。通常情况下，容量 10kW 以下的三相异步电动机可以采用直接起动。

1.4.1 点动正转控制实现

点动正转控制是实现电动机运行的最简单的控制线路，主要是利用按钮、断路器和相关保护电器实现的。点动的外在表现为按下按钮，电动机得电起动运行，松开按钮，电动机失电停止运行。点动正转控制的电气原理如图 1-67 所示。控制线路由主电路和控制电路两部分组成，其中主电路由断路器 QF、熔断器 FU1、接触器主触点 KM、热继电器的热元件 FR 和三相异步电动机 M 组成。控制电路由熔断器 FU2、热继电器常闭触点 FR、按钮 SB1 和接触器线圈 KM 组成。

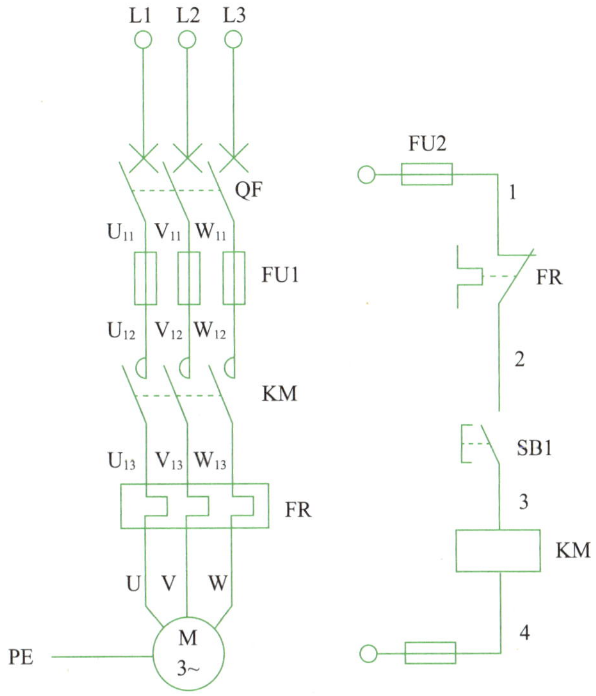

(a) 主电路　　(b) 控制电路

图 1-67　点动正转控制的电气原理图

断路器 QF 闭合后，按下点动按钮 SB1，控制线路中线圈 KM 得电，主电路中接触器 KM 主触点闭合，电动机 M 接通三相电源并正转运行。松开点动按钮 SB1，线圈 KM 失电，主电路中接触器 KM 主触点断开，电动机 M 与三相电源断开并停止运行。

电气原理图是用来表明设备的电气工作原理及各电气元件的作用，以及相互之间的关系的一种表示方式。电气原理图采用电气元件展开的形式绘制，如图 1-67 (a) 中的接触器主触点 KM 和图 1－67（b）中的接触器线圈 KM 都属于接触器 KM 的一部分。电气原理图中的电气元件不是按其实际位置来绘制的，也不反映电气元件的大小、相互位置关系。绘制电气原理图应遵循以下原则。

（1）电气原理图中所有的电气元件必须采用国家统一规定的标准绘制。

（2）电气原理图一般由主电路和控制电路组成，主电路是从电源到电动机的电路，通常绘制在图面的左侧。控制电路是能够实现自动控制作用的电路，通常绘制在图面的右侧。

（3）电气原理图中各个电气元件的触点状态要按其没有外力作用或未通电时触点的原始状态绘制。

（4）电气原理图中的交叉导线连接点要用黑色圆点标识，同时应尽量避免线路交叉。

（5）同一电气元件的各个部件可不画在一起，以展开的形式绘制，但须用同一文字符号标注。

（6）主电路中，三相电源引线采用 L1、L2、L3 标号，电源开关之后的三相电源采用 U_{11}、V_{11}、W_{11} 标号，每经过一个电气元件，数字按如下规律递增：U_{12}、V_{12}、W_{12}；U_{13}、V_{13}、W_{13}。一台三相异步电动机的三根出线采用 U、V、W 标号，对于多台三相异步电动机的标号，采用“1U、1V、1W”“2U、2V、2W”方式标号。控制电路一般采用纯数字方式标号，标号的起始数字是 1，最多有 3 位数字。

1.4.2 连续正转控制实现

如图 1－67 所示的点动控制电路只适用于三相异步电动机的短时运行，如果要实现电动机的连续运行，需要一直按住点动按钮 SB1，这显然是不方便的。为实现三相异步电动机的连续正转运行，需要将图 1－67（b）中的控制电路进行修改，如图 1－68 所示。

如图 1－68（b）所示的控制线路，在图 1－67（b）基础上，将接触器的辅助常开触点并联在常开按钮 SB1 的两个端子上，同时在控制回路中串联一个常闭按钮 SB2。电动机起动时，闭合断路器 QF，接通控制线路电源，按下起动按钮 SB1，控制线路中线圈 KM 得电，接触器 KM 常开主触点和辅助常开触点同时闭合，电动机 M 接通三相电源并正转运行。松开点动按钮 SB1 时，主电路接触器线圈通过自身的辅助常开触点继续保持通电，使得电动机继续运行。这种依靠接触器自身的辅助触点而继续保持接触器线圈通电的现象称为自锁，起到自锁作用的触点称为自锁触点。若要使电动机停止运行，只需按下停止按钮 SB2，此时接触器 KM 的线圈失电，主触点断开，电动机停止转动。

自锁控制在电气控制电路中应用十分广泛，在实际工程中通常也是采用自锁控制实现三相异步电动机的连续正转运行的。由图 1－68（b）所示的控制电路可知：当由于外界原因突然断电时，该系统能够自动切断电动机电源；当恢复供电时，由于自锁触点已断开，控制回路不会接通，电动机不会自行起动运转，可避免造成设备事故或人身伤害。

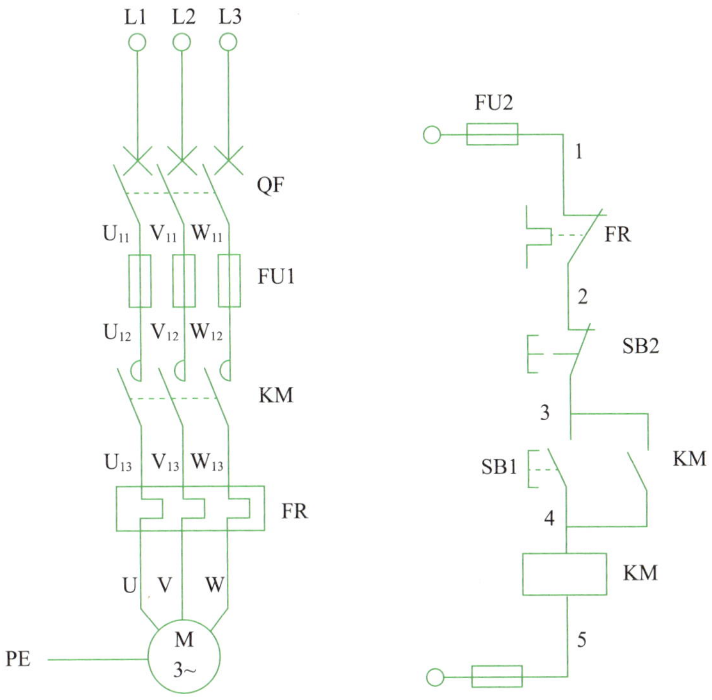

（a）主电路　　（b）控制电路

图 1-68　三相异步电动机连续正转控制的电气原理图

1.4.3　混合正转控制实现

有的设备需要三相异步电动机既能实现点动运行控制又能实现连续运行控制，实现该功能的电路称为混合正转控制电路，其电气原理如图 1-69 所示。

混合正转控制电路的工作原理如下。

连续运行控制：闭合断路器 QF，按下起动按钮 SB1，接触器线圈 KM 通电并自锁，电动机 M 起动连续运行。按下停止按钮 SB2，接触器线圈 KM 失电，接触器主触点 KM 断开，电动机 M 停止运行。

点动运行控制：按下点动按钮 SB3，其常闭触点 SB3 先断开，自锁电路被切断，按钮 SB3 被按到底后，其常开触点 SB3 闭合，接触器 KM 线圈得电，电动机 M 正转运行。松开按钮 SB3 后，其常开触点 SB3 恢复为常开状态，接触器线圈 KM 失电，电动机 M 停止运行。

1.4.4　顺序起停控制实现

有些设备具有多台电动机，起动时可能需要按照一定的次序起动或停止。通常按顺序

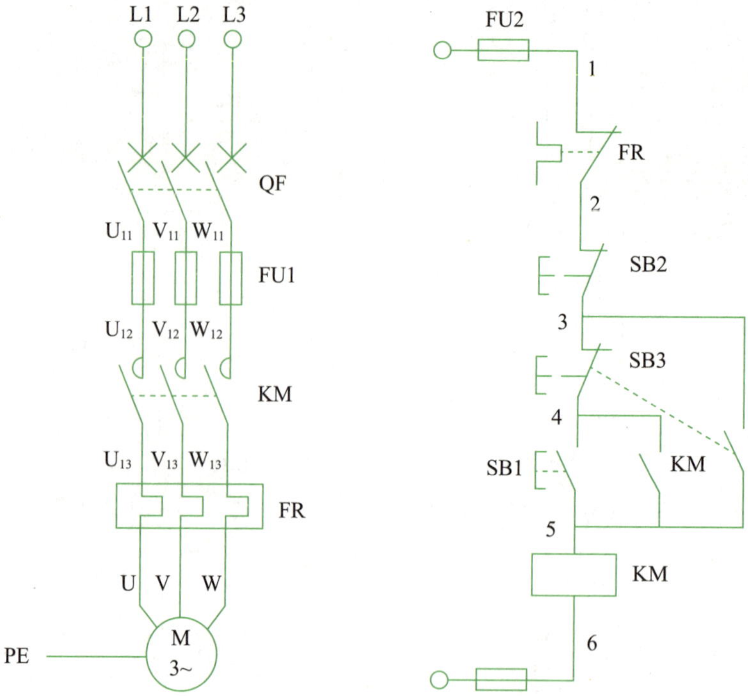

（a）主电路　　（b）控制电路

图 1－69　三相异步电动机混合正转控制电气原理图

起动时需要一定的时间间隔，这里采用时间继电器实现该功能。以两台三相异步电动机的顺序起动为例，其电气原理如图 1－70 所示。

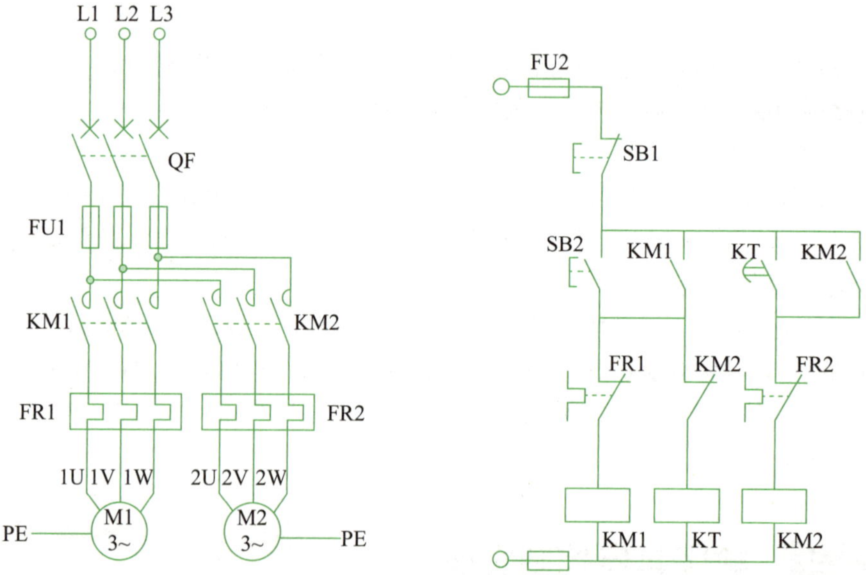

（a）主电路　　（b）控制电路

图 1－70　顺序起停控制电气原理图

时间继电器控制的顺序起动控制电路工作原理：闭合断路器 QF，按下起动按钮 SB2，接触器 KM1 线圈和通电延时型时间继电器 KT 线圈同时通电并自锁，电动机 M1 起动运行。当时间继电器 KT 定时时间到，其延时闭合常开触点 KT 闭合，接触器 KM2 线圈通电并自锁，电动机 M2 起动运行，同时 KM2 辅助常闭触点断开，时间继电器 KT 线圈失电，即顺序起动完成后，时间继电器 KT 不再工作，仅在起动时起作用。按下停止按钮 SB1，接触器 KM1 和 KM2 线圈同时失电，两台电动机 M1 和 M2 停止运行。

1.4.5 正反转控制实现

在实际生产中，常常需要三相异步电动机能够实现正反转，以改变生产机械的运动方向，如机床主轴的正反转、起重机的上升和下降等。

改变三相异步电动机定子绕组的三相电源相序，即任意对调两个电源线进线位置，电动机可以实现反转。下面介绍两种常见的正反转控制线路。

1. 电气互锁正反转控制电路

改变三相异步电动机定子绕组的三相电源相序，通常是 V 相不变，将 U 相与 W 相对调，为了保证两个接触器动作时能够可靠调换电动机的相序，接线时通常使接触器的上口接线保持一致，在接触器的下口调相，电气原理如图 1－71（a）所示。主电路中两个接触器的主触点 KM1 和 KM2 不允许同时闭合，否则会造成两相电源的短路事故。为此在线圈 KM1 和 KM2 的各自支路中相互串联对方的一对辅助常闭触点，当一个接触器线圈通电时，其辅助常闭触点会自动断开另一个接触器的控制回路，如图 1－71（b）所示，以保证接触器 KM1 和 KM2 不会同时接通电源，这种利用两个接触器或继电器的辅助常闭触点相互控制的方法称为电气互锁。

2. 双重互锁正反转控制电路

如图 1－71（b）所示，电气互锁的控制电路只能实现“正-停-反”或“反-停-正”控制，即在实现正反转切换时需按下停止按钮 SB1，这对需要频繁改变电动机运行方向的设备来说很不方便。

为解决上述问题，采用如图 1－71（c）所示的双重互锁控制电路。所谓双重互锁是在电气互锁的基础上加入按钮互锁，也称机械互锁，即将正反转起动按钮 SB2 和 SB3 的辅助常闭触点串接在对方接触器线圈的电路中。

如图 1－71（c）所示，双重互锁控制电路的工作过程：按下正转起动按钮 SB2，正转接触器线圈 KM1 通电并自锁，正转接触器主触点 KM1 闭合，电动机 M 正转运行；按下反转起动按钮 SB3，其常闭触点 SB3 先断开，正转接触器线圈 KM1 失电，正转接触器辅助常闭触点 KM1 闭合，按钮 SB3 的常闭触点闭合后，反转接触器线圈 KM2 得电，电动机 M 反转起动运行。

对于双重互锁控制电路，在需要改变电动机运转方向时，可以直接按下正转或反转按钮，无须先按下停止按钮，从而实现三相异步电动机的

知识微课堂

双重互锁正反转控制动画展示

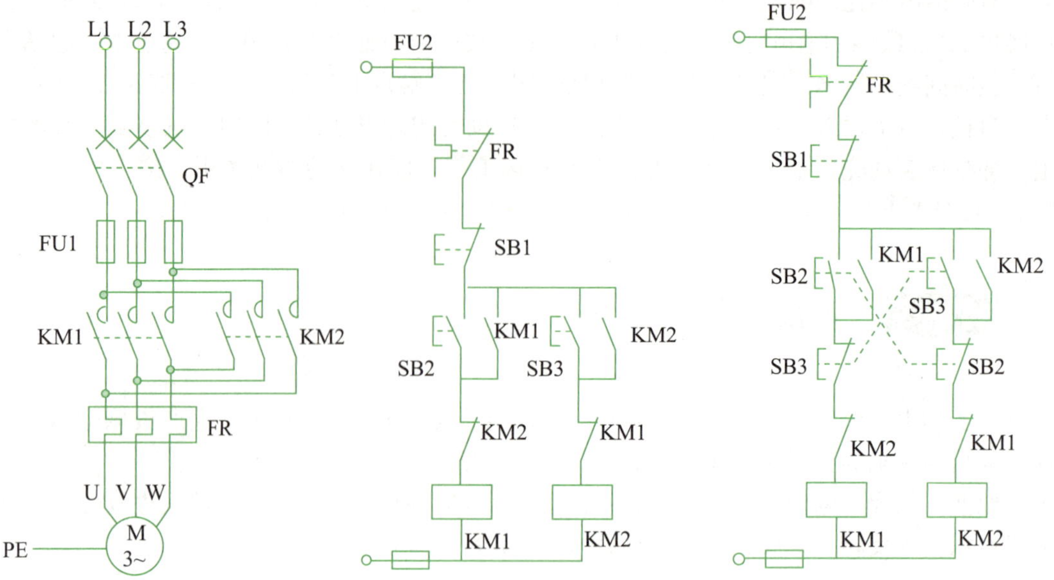

（a）主电路　　（b）电气互锁控制电路　　（c）双重互锁控制电路

图 1-71　三相异步电动机的互锁控制电路

“正-反-停”或“反-正-停”控制。双重互锁控制电路工作安全可靠、操作简单，广泛应用于工业生产中。

任务 1.5　三相异步电动机的降压起动控制

知识导图

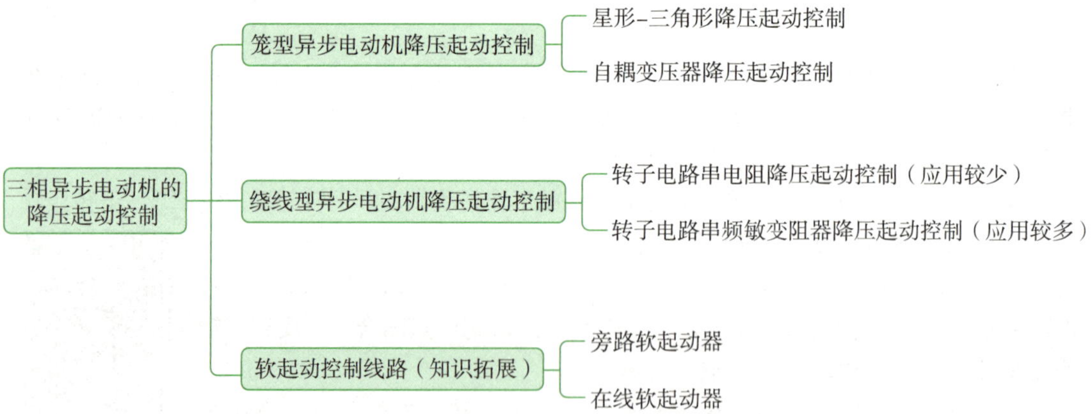

三相异步电动机直接起动时，起动电流一般为额定电流的 5～7 倍，过大的起动电流

会引起电网电压明显降低，影响附近同一电网中其他用电设备的正常工作。采用降压起动方式，可以减少电流冲击，避免这些问题的发生。降压起动条件：未配置专用变压器的情况下，电动机起动时电网电压波动大于 15%或电动机功率超过 10kW；配置专用变压器的情况下，电动机的功率大于变压器容量的 30%。

1.5.1　笼型异步电动机降压起动控制

知识微课堂

笼型异步电动机降压起动控制

对于笼型异步电动机，降压起动指起动时降低加在定子绕组上的电压，待电动机转速达到一定数值时再将电压恢复到额定值。电动机的电磁转矩与定子电压的平方成正比，因此降压起动时电动机的起动转矩相对全压起动要小很多，对于笼型异步电动机来讲，降压起动适用于轻载或空载起动。笼型异步电动机降压起动方法有星形-三角形降压起动、自耦变压器降压起动、软起动、定子串电阻降压起动和延边三角形降压起动，其中后两种起动方式现在已经很少使用了。

1. 星形-三角形降压起动控制

对于正常运行时定子绕组接线三角形联结的三相笼型异步电动机，可采用星形-三角形降压起动。电动机起动时定子绕组接成星形联结，待电动机转速接近额定转速时，将定子绕组切换成三角形联结，电动机在额定电压下正常运行。星形联结时定子绕组获得的电压为额定电压的 $1/\sqrt{3}$，起动电流和起动转矩均为三角形接法的 1/3。

星形-三角形降压起动控制电路如图 1－72 所示。

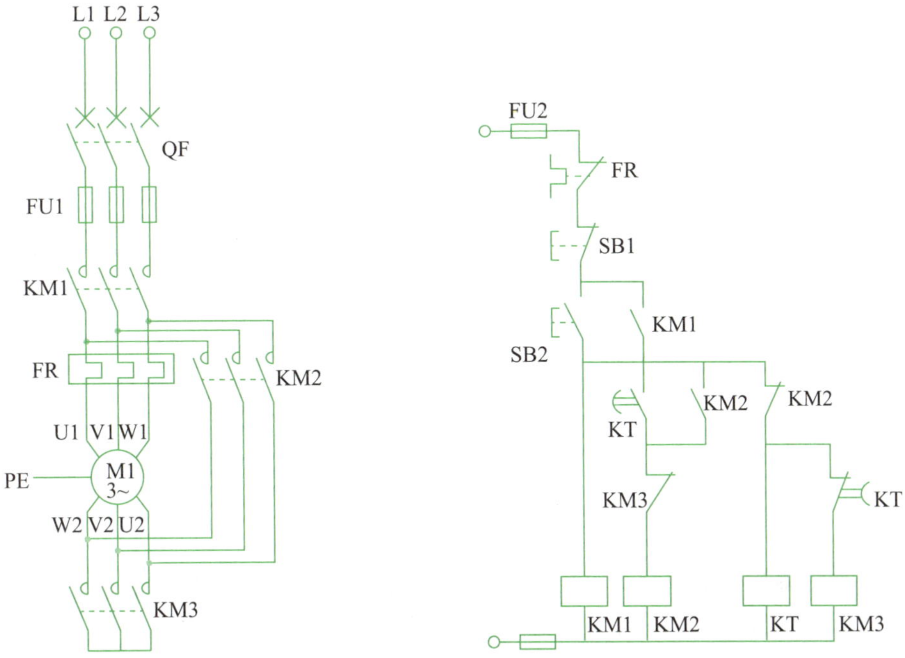

（a）主电路　　（b）控制电路

图 1－72　星形-三角形降压起动控制电路

星形-三角形降压起动控制电路工作原理：闭合断路器 QF，按下起动按钮 SB2，接触器 KM1 和 KM3、时间继电器 KT 线圈同时通电，接触器 KM1 和 KM3 主触点闭合，三相异步电动机定子绕组接成星形并起动。当时间继电器 KT 定时时间到，其延时断开常闭触点 KT 断开，接触器 KM3 线圈失电，同时延时闭合常开触点 KT 闭合，接触器 KM2 线圈通电并自锁，接触器 KM2 主触点闭合，三相异步电动机定子绕组接成三角形，电动机进入正常运行。KM2 线圈通电后，其辅助常闭触点 KM2 断开，使 KT 线圈断电，避免时间继电器 KT 长期工作，进而延长电气元件的使用寿命。

2. 自耦变压器降压起动控制

星形-三角形降压起动控制线路的主要缺点是起动转矩小，其起动转矩只有全压起动转矩的 1/3。它是以牺牲功率为代价换取起动电流的降低的，对于电动机定子绕组的接法也有限制。对于大容量或正常运行时定子绕组为星形接法的电动机，可采用自耦变压器降压起动。

自耦变压器降压起动是指电动机起动时利用自耦变压器来降低加在电动机定子绕组上的起动电压，待电动机起动后，再使电动机与自耦变压器脱离，从而在额定电压下正常运动。自耦变压器降压起动控制电路如图 1－73 所示。

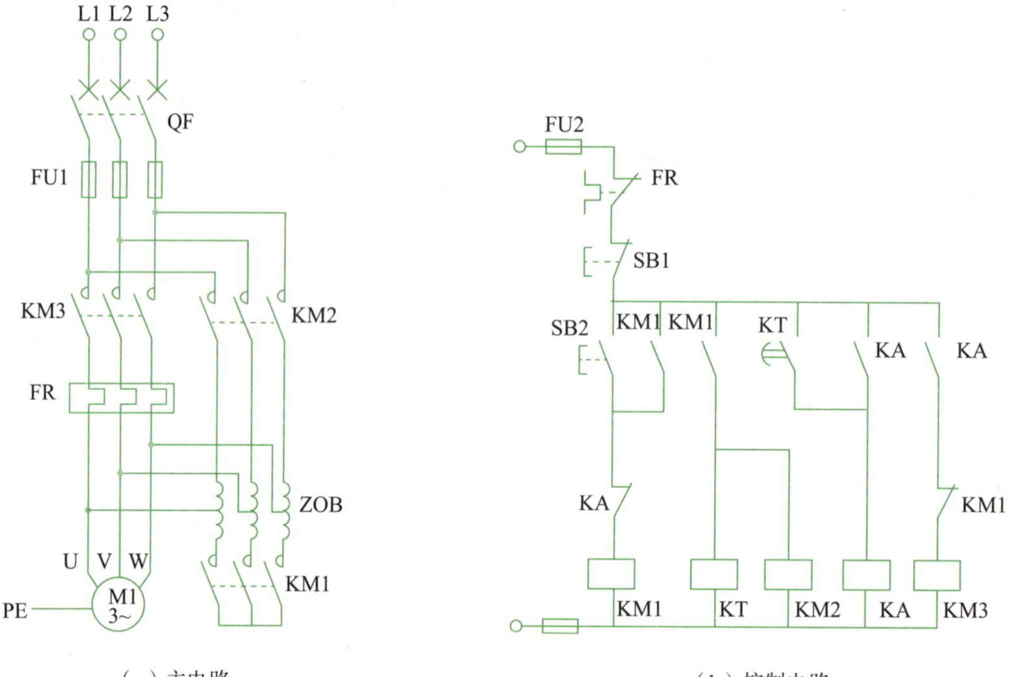

（a）主电路　　（b）控制电路

图 1－73　自耦变压器降压起动控制电路

自耦变压器降压起动控制电路的工作原理：闭合断路器 QF，按下起动按钮 SB2，接触器 KM1、KM2 和时间继电器 KT 线圈通电并自锁，将自耦变压器 T 的三相绕组接成星形，接于电源，电动机由自耦变压器的次级供电进行降压起动。经过一段时间延时后，时间继电器 KT 的延时闭合常开触点 KT 闭合，中间继电器 KA 通电并自锁，其常闭触点

KA断开，接触器KM1、KM2和时间继电器KT的线圈失电，接触器KM1和KM2的主触点断开，自耦变压器被切除。KM3接触器线圈串联的常开触点KA闭合，接触器线圈KM3得电，其主触点闭合，电源电压直接加在电动机定子绕组上，电动机在额定电压下运行，降压起动结束。

自耦变压器降压起动线路对电网的电流冲击小，可以按起动电压和起动转矩来选择自耦变压器的不同抽头，实现降压起动，而且不论电动机的定子绕组采用星形还是三角形接法，都可以使用。其缺点是自耦变压器的价格相对较高，且不允许频繁起动。

1.5.2 绕线型异步电动机降压起动控制

笼型异步电动机的起动转矩小，起动电流大，无法满足某些生产机械高起动转矩、低起动电流的要求。绕线型异步电动机的转子绕组可以通过铜环和电刷，与外电路电阻或频敏变阻器相接，达到提高转子回路功率因数和起动转矩、降低起动电流的目的，适用于重载起动的场合。

绕线型异步电动机降压起动的方法有转子电路串电阻降压起动和转子电路串频敏变阻器降压起动两种。

1. 转子电路串电阻降压起动控制

转子绕组通常接成星形，电动机起动时将全部起动电阻串接到转子绕组回路中，随着电动机转速的逐渐升高，起动电阻通过短接方式逐级切除。切除原则采用时间原则或电流原则，前者是通过时间继电器定时方式进行电阻切除的，后者是利用电流继电器根据转子回路电流的大小进行电阻切除的。本节仅介绍按时间原则进行降压起动。

如图1-74所示，电路中KM2、KM3和KM4用来依次短接起动电阻R_1、R_2和R_3，KT1、KT2和KT3为短接电阻时间继电器。控制线路工作原理：闭合断路器QF，按下起动按钮SB2，接触器KM1线圈通电并自锁，电动机在转子回路串入全部电阻的情况下起动运行。时间继电器KT1线圈借助自锁触点KM1得电，延时一段时间后，KT1的延时闭合常开触点闭合，接触器KM2线圈通电并自锁，其主触点闭合，起动电阻R_1被短接切除；接触器KM2的一对辅助常开触点闭合，时间继电器KT2线圈得电，延时一段时间后，延时闭合常开触点KT2闭合，接触器KM3线圈通电并自锁，其主触点闭合，起动电阻R_2被短接切除；接触器KM3的一对辅助常开触点闭合，时间继电器KT3线圈得电，延时一段时间后，延时闭合常开触点KT3闭合，接触器KM4线圈通电并自锁，其主触点闭合，起动电阻全部被短接切除。接触器KM4的一对辅助常闭触点断开，使KT1、KM2、KT2、KM3和KT3线圈断电。

通过上述工作原理可知，电动机正常运行时，只有KM1和KM4两个接触器处于长期通电状态，三个时间继电器和其他两个接触器在完成起动流程后，都处于断电状态，这有利于减少电能消耗，延长电器的使用寿命。转子电路串电阻降压起动过程中起动电阻会消耗一部分电能，起动级数较少，在逐级短接切除起动电阻时，电动机的输出转矩有突变，容易产生机械冲击。

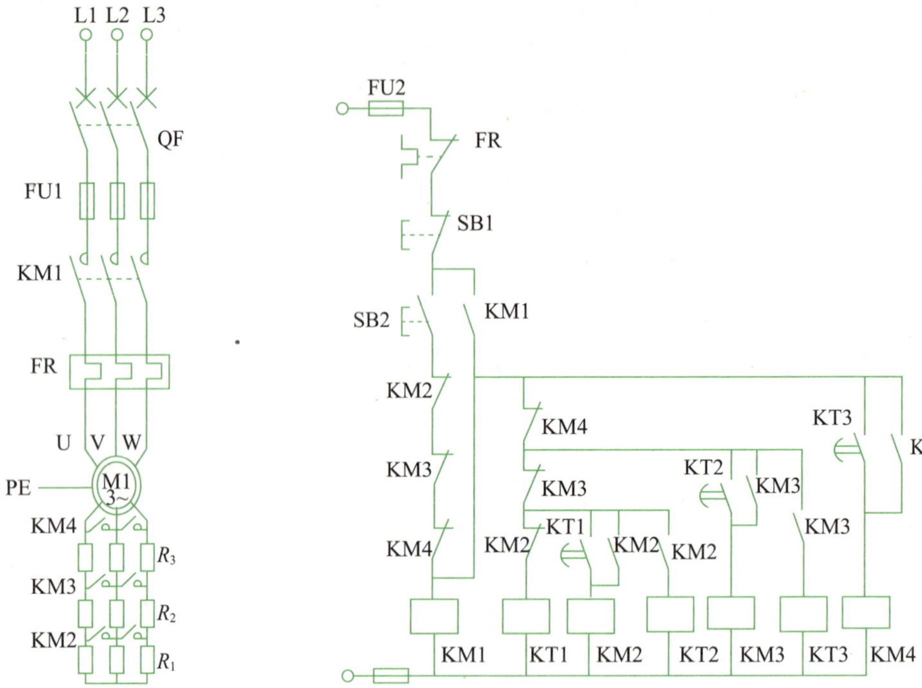

（a）主电路　　　　（b）控制电路

图 1-74　按时间原则的转子电路串电阻降压起动控制电路

2. 转子电路串频敏变阻器降压起动控制

转子电路串电阻降压起动耗能较大、控制线路复杂，其起动过程中转矩的阶跃性变化会对生产机械产生冲击，在实际应用过程中通常利用频敏变阻器代替起动电阻。频敏变阻器的阻抗随电流频率的变化而显著变化，即对电流频率很“敏感”，因此而得名。当电流频率高时，阻抗值高；当电流频率低时，阻抗值低。采用频敏变阻器进行降压起动的控制线路如图 1-75 所示。

转子电路串频敏变阻器降压起动工作原理：闭合断路器 QF，按下起动按钮 SB2，接触器 KM1 和时间继电器 KT 线圈通电，接触器 KM1 主触点闭合，电动机转子回路串入频敏变阻器 RF，起动。经过一段时间延迟后，延时闭合常开触点 KT 闭合，中间继电器 KA 线圈通电并自锁。中间继电器 KA 的另一对常开触点闭合，接触器 KM2 线圈得电，接触器 KM2 主触点闭合，频敏变阻器 RF 被短路切除。中间继电器的两对常闭触点断开，使热继电器的热元件接入电路，过载保护功能生效。

如图 1-75（a）所示的主电路中，电流互感器 TA 将主电路的大电流转换成小电流，再通过热继电器进行过载保护，其原因是电动机的容量较大，同时也是为了提高热继电器的灵敏度和可靠性。在电动机起动过程中，中间继电器 KA 的两组常闭触点将热继电器的热元件短接，起动结束后再接入电路，目的是避免因起动时间过长导致热继电器误动作。在电动机起动瞬间，转子回路电流的频率最大，频敏变阻器 RF 的阻抗亦最大，电动机获得比较大的起动转矩。起动后，转子回路电流的频率随转子速度的提升而减小，频敏变阻器 RF 的阻抗也随之减小。在切除频敏变阻器 RF 之前，其阻抗是均匀减小的，使得整个起动过程的平滑性很好，起动平稳，输出转矩没有阶跃性变化。

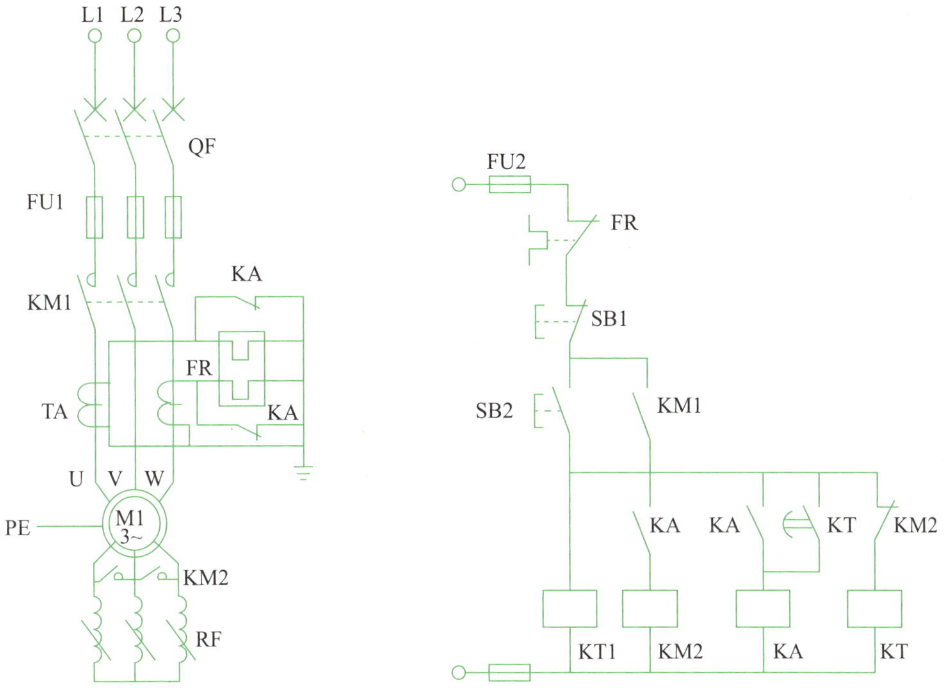

（a）主电路　　　　（b）控制电路

图 1 - 75　转子电路串频敏变阻器降压起动控制线路

常用的频敏变阻器型号是 BP 系列。BP4 系列频敏变阻器如图 1 - 76 所示。

知识拓展

软起动控制线路

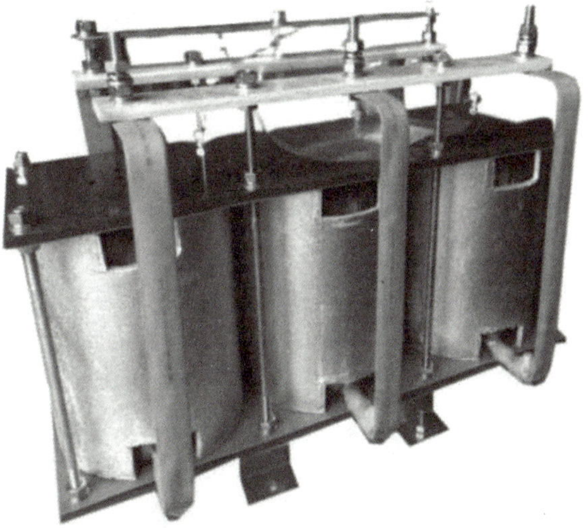

图 1 - 76　BP4 系列频敏变阻器

任务 1.6　三相异步电动机的调速与制动控制

知识导图

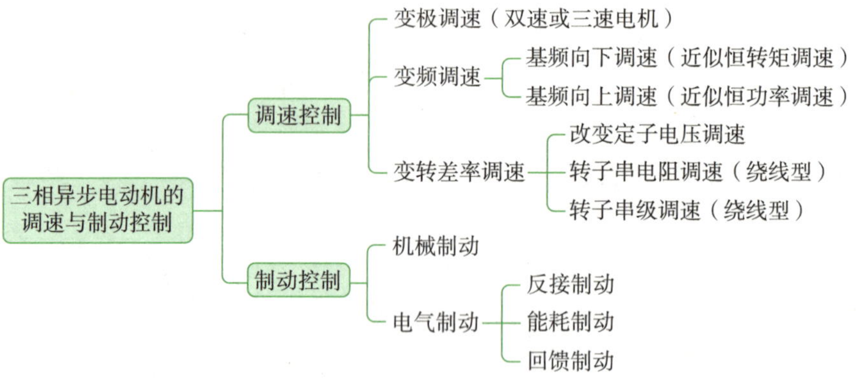

1.6.1　三相异步电动机的调速控制

在生产实践中，有些设备需要三相异步电动机具备调速功能，以满足不同工艺的要求。由三相异步电动机转速公式（1－6）、$n=\frac{60f_1}{p}(1-s)$ 可知，电动机的输出转速与电源频率 f_1、磁极对数 p 和转差率 s 有关系。三相异步电动机的调速方法有变极调速、变频调速和变转差率调速三种。

1. 变极调速

在电源频率不变的情况下，只改变电动机的磁极对数（p），使电动机转速（n）发生改变。电动机的磁极对数（p）为整数，因此无法实现无级调速。变极调速的电动机通常能实现两级或三级的速度调节，即双速电动机或三速电动机。极数比通常有 4/2、6/4、8/4、8/6、12/6、6/4/2、8/4/2、8/6/4 八种。

某品牌变极调速电动机的技术参数见表 1－9。“YD”表示三相变极调速异步电动机。

表 1－9　某品牌变极调速电动机的技术参数

型号	额定功率（kW）	额定电流（A）	额定转速（r/min）	效率（%）	功率因数 $\cos\varphi$
同步转速 500/1 000（r/min）					
YD280M－12/6	24/37	61.1/70.0	490/980	88/89	0.65/0.87

续表

型号	额定功率 （kW）	额定电流 （A）	额定转速 （r/min）	效率 （%）	功率因数 cosφ
同步转速 1 000/1 500/3 000（r/min）					
YD100L－6/4/2	0.75/1.3/1.8	2.51/3.4/4.33	950/1 450/2 900	67/72/71	0.65/0.75/0.85
YD112M－6/4/2	1.2/2.0/2.4	3.44/4.92/5.5	950/1 450/2 900	73/73/74	0.65/0.81/0.85
YD132S－6/4/2	1.8/2.6/3.0	4.76/5.96/5.5	950/1 450/2 900	75/78/71	0.71/0.83/0.87
同步转速 750/1 500/3 000（r/min）					
YD112M－8/4/2	0.65/2.0/2.4	2.57/4.92/5.5	700/1 450/2 920	59/73/74	0.63/0.81/0.85
YD132S－8/4/2	1.0/2.6/3.0	3.61/5.96/9.98	720/1 460/2 910	69/78/71	0.61/0.83/0.87
YD132M－8/4/2	1.3/3.7/4.5	4.4/8.16/9.46	720/1 460/2 910	71/80/76	0.61/0.84/0.91

以极数比 4/2 为例，电动机定子绕组的接线转换方式通常有两种：一种是由星形接成双星形，即 Y/YY 形接法，另一种是由三角形接成双星形，即△/YY 形接法。图 1－77 所示为△/YY 接法的定子绕组接线方式。

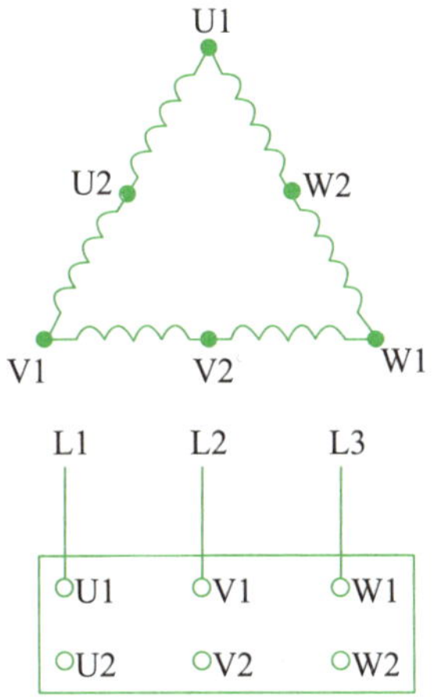

（a）三角形接法

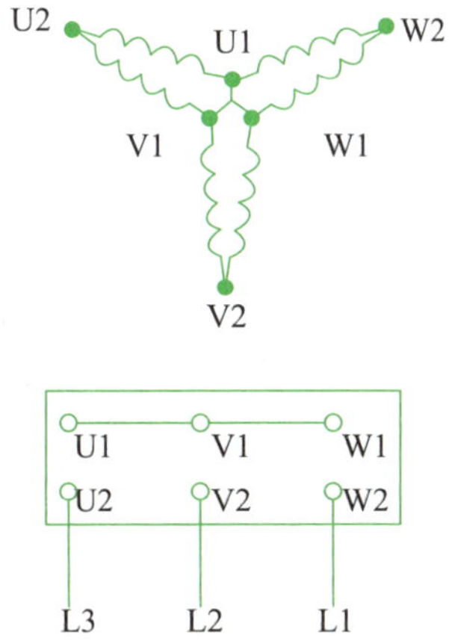

（b）双星形接法

图 1－77　△/YY 变极调速定子绕组接线

采用三角形接法时（U1，V1，W1 接三根火线，U2，V2，W2 悬空不接），电动机极数为 4，低速运行。接成双星形时（U1，V1，W1 短接，U2，V2，W2 接三根火线），电动机极数为 2，高速运行。为保证电动机的转向不变，从一种接法转换成另一种接法时，应改变电源相序。

为实现如图 1－77 所示的接法转换，通常有两种方式：方式一是采用双速或多速电动机变速开关直接实现，双速开关及其接线示意图如图 1－78 所示；方式二是利用接触器、断路器和按钮等低压电气元件构建的控制线路实现，如图 1－79 所示。

在图 1－78（b）表格中，“×”表示接通，空白表示不接通。采用方式一实现异步电动机变极调速时要注意，在三相电源突然断电时应把开关旋转至“停止”位置，以免供电恢复时电动机自行起动而造成事故。

（a）双速电动机调速开关

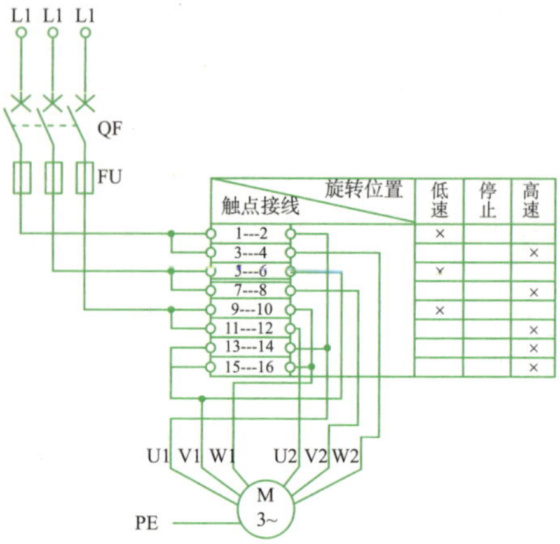

（b）接线示意图

图 1－78　双速开关及其接线

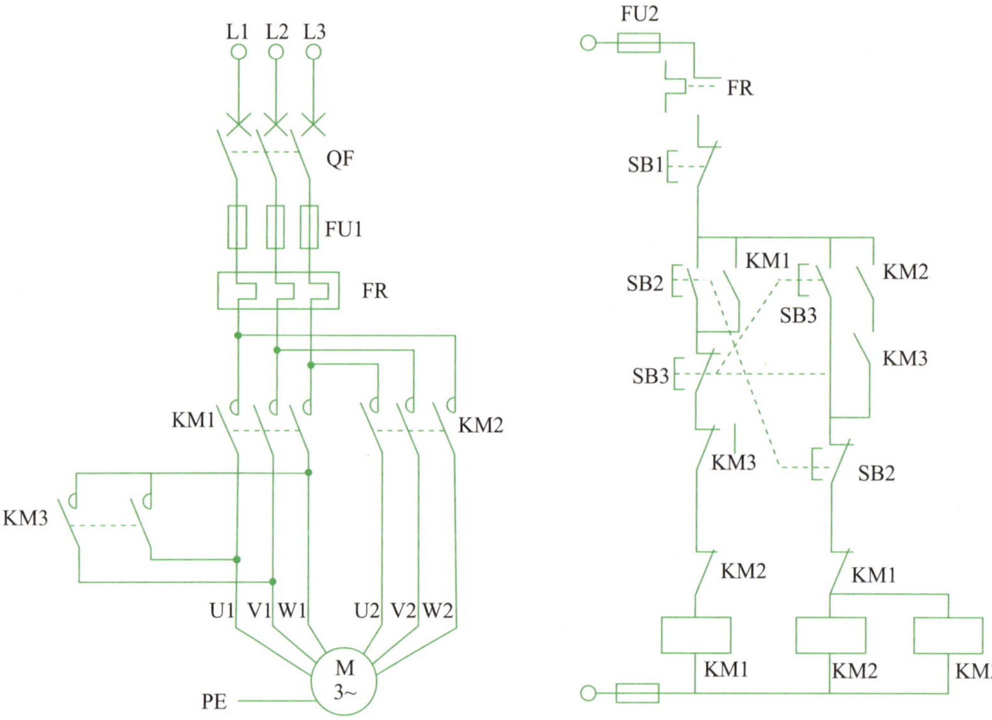

图 1－79　双速异步电动机控制线路

在图 1－79 中，KM1 接触器实现了异步电动机定子绕组的三角形连接，KM2 和 KM3 接触器实现了双星形连接。SB2 为低速（三角形接法）起动按钮，SB3 为高速（双星形接法）起动按钮，SB1 为停止按钮。

控制线路工作原理：闭合断路器 QF，需要低速运行时，按下低速起动按钮 SB2，接触器 KM1 线圈通电并自锁，KM1 主触点闭合，电动机定子绕组接成三角形，电动机低速运行。需要高速运行时，按下高速起动按钮 SB3，KM1 接触器线圈断电，其主触点断开，辅助常闭触点 KM1 闭合，当将按钮 SB3 按到底时，接触器 KM2 和 KM3 线圈通电并自锁，KM2 和 KM3 接触器主触点闭合，电动机定子绕组接成双星形，电动机高速运行。电源的相序已发生改变，保证了低速和高速时电动机转向一致。高速运行时按下按钮 SB2，电动机亦可切换至低速运行状态，按下停止按钮 SB1，接触器线圈失电，电动机停止运行。

图 1-79 所示的电路中，当电动机起动后，若供电电源意外断电，但随后又恢复供电，电动机不会自行起动，必须重新按下按钮 SB2 或 SB3，才能重新起动运行，可有效防止意外事故的发生。

变极调速具有操作简单、成本低、效率高等优点。但是，变极调速属于有级调速，无法实现匀滑调速，适用于需要定量调节而不需要频繁调节流量的场所，如某些风机、水泵的负载。

2. 变频调速

三相异步电动机的同步转速为 $n_0=\frac{60f_1}{p}$，正比于电源频率 f_1。改变三相异步电动机的电源频率 f_1，即可改变旋转磁场的速度，进而实现电动机的调速。

电动机的额定频率 f_N 称为基频，变频调速以基频为界，分为基频向下调速和基频向上调速两种。

（1）基频向下调速。

三相异步电动机的相电压为 $U_1\approx E_1=4.44f_1N_1K_1\Phi_m$，转子绕组感应电动势 E_1 约等于电源电压 U_1。如果降低电源频率 f_1，而电源电压 U_1 保持不变，则磁通 Φ_m 将会增加，铁心处于磁饱和状态，会造成电动机过热。为保证磁通 Φ_m 不变，调节电源频率 f_1 时，电源电压 U_1 也要成比例的调节，即 $\frac{U_1}{f_1}=\frac{U_1'}{f_1'}$。

基频向下调速，有两种控制方式：一是保证 $\frac{E_1}{f_1}=$常数，Φ_m 保持不变，称为严格恒磁通控制，机械特性曲线如图 1-80 所示；二是保证 $\frac{U_1}{f_1}=$常数，Φ_m 近似保持不变，称为近似恒磁通控制，机械特性曲线如图 1-81 所示。

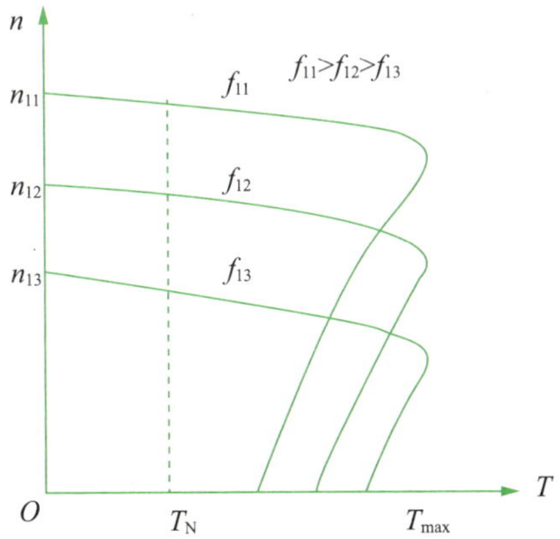

图 1-80　严格恒磁通控制机械特性曲线

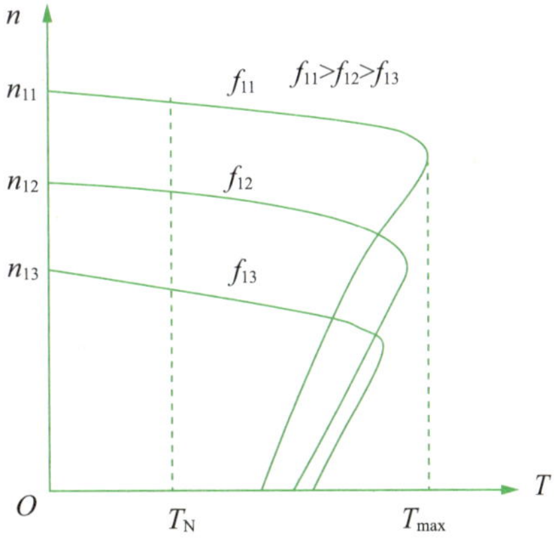

图 1-81　近似恒磁通控制机械特性曲线

由图 1－80 可知，当$\frac{E_1}{f_1}$为常数时，最大转矩 T_{max} 不变，即在低频低速下也能保持这个最大转矩，因此基频向下调速也称为恒转矩调速。其工作区的斜率不变，机械特性较硬，调速范围宽且稳定性好。由于绕组中的感应电动势 E_1 难以直接控制，在电动势 E_1 较大的情况下，其值约等于 U_1，因此当$\frac{U_1}{f_1}$为常数时，图 1－81 中的机械特性曲线与图 1－80 中的机械特性曲线有所不同。当电源频率降低时，其对应的最大转矩 T_{max} 也会变小，其过载能力 $\lambda_m\left(\frac{T_{max}}{T_N}\right)$会降低，在低频调速时为近似恒转矩调速。

（2）基频向上调速。

不允许电源电压 U_1 大于额定电压 U_N，因此在基频向上调速时，只能保持电源电压 U_N 不变。电源频率越高，磁通量 Φ_m 越低，类似于直流电动机的弱磁调速，其机械特性曲线如图 1－82 所示。随着电源频率 f_1 升高，转速 n 升高，其对应的最大转矩 T_{max} 也会变小，为近似恒功率调速方式。

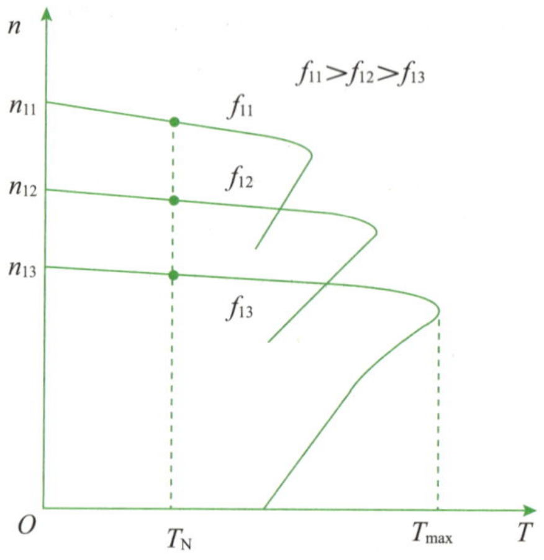

图 1－82　近似恒功率调速机械特性曲线

3. 变转差率调速

变转差率调速的特点是电动机同步转速 n_0 保持不变。常用的方法有改变定子电压调速、转子串电阻调速和转子串级调速三种。

（1）改变定子电压调速。

改变三相异步电动机定子电压调速的机械特性曲线如图 1－83 所示。

图 1－83（a）所示为常用的低转差率电动机定子调压机械特性，施加不同大小的定子电压，其同步转速 n_0 不变，临界转速 n_m 和临界转差率 s_m 不变，最大转矩 T_{max} 与电压的平方比下降。对于曲线 1 代表的通风类或流体类负载，低速稳定性比较好。对于曲线 2 代表的恒转矩负载，其调速范围较窄，不能满足生产机械对调速的要求。因此，改变定子电压调速对通风类或流体类负载效果好。

为扩大恒转矩负载的调速范围，通常选用高转差率电动机。高转差率电动机的转子电阻较大，机械特性偏软，这种电动机定子调压调速的机械特性曲线如图 1－83（b）所示。

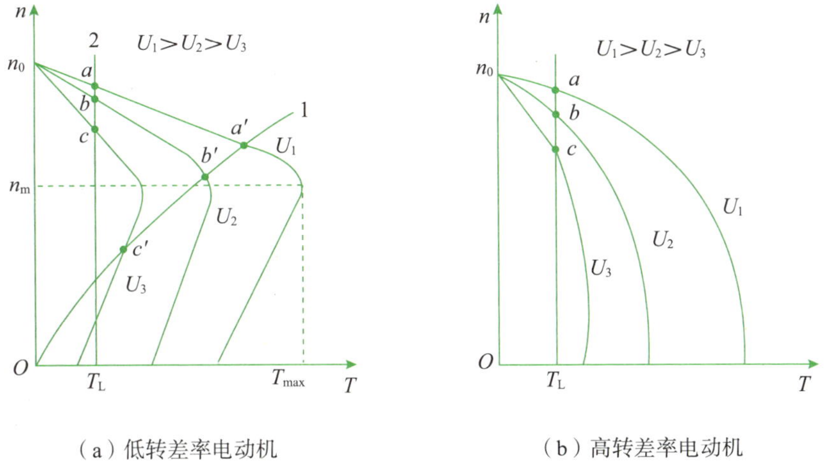

图 1-83　改变定子电压调速的机械特性曲线

其调速范围与低转差率的电动机相比有了明显提升，但是其机械特性偏软和高转差率不能满足生产机械的要求。为解决该问题，定子调压调速装置或系统通常采用速度反馈的闭环技术。

(2) 转子串电阻调速。

转子串电阻调速只适用于绕线型三相异步电动机。图 1-84 为转子串电阻调速机械特性曲线。转子串电阻后，其同步转速 n_0 不变，T_{max} 不变，工作区段斜率变大。

若带恒转矩负载 T_L，转子没有串电阻时，电动机稳定运行在 A 点，转速为 n_A。转子串接入电阻 R_A 的瞬间，转速 n_A 保持不变，工作点由 A 点平移至转子电阻为 R_2+R_A 所对应曲线上的 A′点。转子回路电流降低，电磁转矩 T 减小至 A′点对应的大小，电动机开始减速，由于同步转速 n_0 不变，所以转差率 s 增加，转子感应电动势和转子回路电流增大，导致其电磁转矩也开始增大，工作点由 A′沿着转子电阻为 R_2+R_A 所在曲线滑动到 B 点，此时输出转矩 $T_B=T_L$，电动机稳定运行在 B 点，转速由 n_A 降低至 n_B。同理，当转子串入电阻 R_B、R_C 时，电动机分别稳定运行在 C 点和 D 点。由图 1-84 可知，转子所串电阻的阻值越大，其转速越低，但机械特性也越软。转子串接用的电阻称为起动调整电阻器，实物如图 1-85 所示。

绕线型异步电动机转子串电阻调速为有级调速，平滑性差，低速时机械特性软，静差率大，调速范围不大，效率低。但该调速方法简单，调速电阻可以兼作起动和制动电阻，转子串电阻调速在重载拖动系统中应用广泛，如行车、起重机、卷扬机等。

(3) 转子串级调速。

转子串级调速方法只适用于绕线型三相异步电动机。转子串电阻调速时，串入的电阻消耗了部分电能，导致调速系统效率偏低。为克服该缺点，在转子回路中串入三相对称可调的附加电动势，代替串入的电阻。通过调节附加电动势实现电动机速度的调节。调节过程中产生的大部分转差功率被串入的附加电动势所吸收，再利用产生附加电动势的装置，把吸收的转差功率返回电网或转换为能量加以利用，多采用晶闸管串级调速。

转子串级调速的调速范围宽，能实现平滑的无级调速，具有良好的硬机械特性。

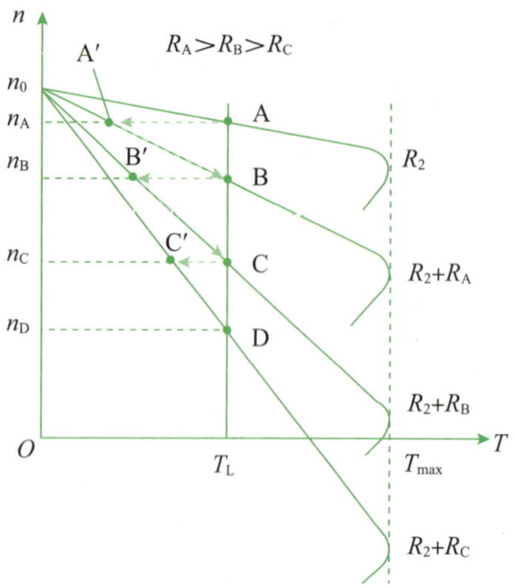

图 1－84　绕线型异步电动机转子串电阻调速机械特性曲线

图 1－85　起动调整电阻器

1.6.2　三相异步电动机的制动控制

三相异步电动机在切断电源后，由于惯性，总要经过一段时间才能完全停止。有时候，要求电动机在断电后能迅速地减速或停车，这就需要对电动机进行制动。制动方法可分为机械制动和电气制动两类。

1. 机械制动

机械制动一般是利用电磁抱闸制动器实现的，电动机起动时，电磁抱闸线圈同时通电，使得抱闸松开；电动机断电时，抱闸线圈同时断电，电磁铁释放，在弹簧作用下，抱闸将电动机转子抱住，实现制动。

通过电磁抱闸实现三相异步电动机的机械制动的方式有两种，一种是通过外置式交流电磁抱闸制动器对普通的三相异步电动机进行制动，TJ2 系列外置式交流电磁制动器如图 1－86 所示。通过抱闸瓦片将异步电动机的转子制动，抱闸线圈与三相异步电动机同步同断电。另一种是三相异步电动机内置电磁制动器，称为电磁制动三相异步电动机，常用的有 YEJ 系列和 Y2EJ 系列电磁制动三相异步电动机，Y2EJ 系列电磁制动三相异步电动机如图 1－87 所示。电磁制动电动机通常采用直流圆盘制动器，安装在电动机非轴伸端的端盖上。在接线盒内有整流装置，当制动电动机接入电源时，制动器也同时工作。由于电磁吸力作用，电磁铁吸引衔铁并压缩弹簧，制动盘与衔铁端盖脱开，电动机开始运转。当切断电源时，制动器电磁铁失去磁力，弹簧推动衔铁压紧制动盘，在摩擦力矩作用下，电动机立即停止运转。电动机末端为手动释放手柄，电动机不通电时，可以扳动此手柄，打开抱闸，一般在调整间隙或设备检修时使用。

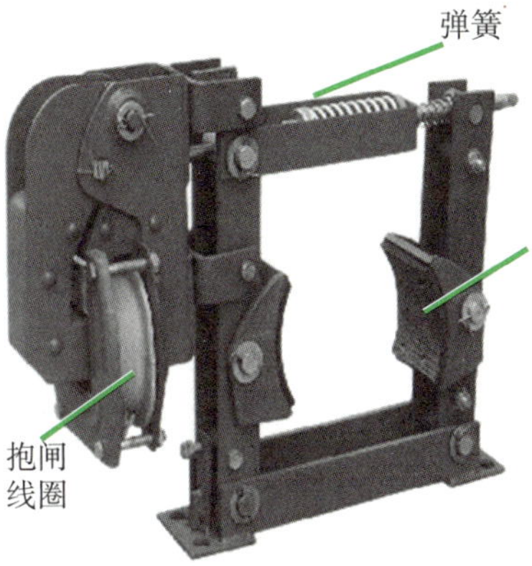

图 1-86　TJ2 系列外置式交流电磁制动器

图 1-87　Y2EJ 系列电磁制动三相异步电动机

2. 电气制动

电气制动是在电动机切断电源后，产生一个和电动机实际转向相反的电磁力矩（制动力矩），使电动机迅速停转的方法。电气制动有反接制动、能耗制动和回馈制动三种方法。

（1）反接制动。

反接制动主要是利用电动机短时间反转产生的反向制动转矩，达到制动的目的。反接制动时产生的制动电流相当于全压起动电流的两倍，因此在满足制动要求的情况下，应该采取措施减小制动电流。对于绕线型三相异步电动机，可在其转子回路中串入制动电阻；对于笼型异步电动机，可在定子电路中串入反接制动电阻。反接制动的目的是停车，因此当电动机在反接制动过程中转速接近零时，应立即切断反接制动电源，否则电动机会反转。

笼型三相异步电动机单向运行反接制动控制电路如图 1-88 所示。

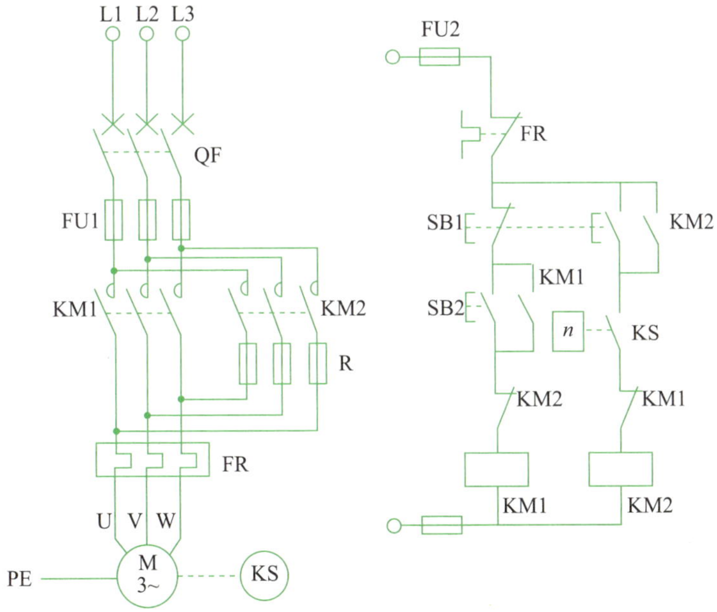

图 1-88　单向运行反接制动控制电路

电路工作原理：闭环断路器为 QF，按下起动按钮 SB2，接触器 KM1 线圈通电并自锁，KM1 常开主触点闭合，电动机 M 通电旋转。电动机 M 正常运行时，速度继电器 KS 常开触点闭合，为反接制动做准备。按下停止按钮 SB1 时，KM1 线圈断电，电动机 M 断电，但电动机因惯性仍以很高的速度旋转，KS 常开触点仍处于闭合状态，当将按钮 SB1 按到底时，SB1 常开触点闭合，KM2 通电并自锁，电动机 M 定子串接制动电阻 R 并接上反序电源，电动机 M 进入反接制动状态。电动机 M 的转速迅速下降，当转速接近 100r/min 时，速度继电器 KS 常开触点复位，接触器 KM2 线圈断电，电动机 M 失电，之后自然停车至零，反接制动过程结束。

知识微课堂

反接制动控制动画展示

反接制动控制电路简单，制动迅速，设备投资少，但制动准确性差，制动过程中冲击强烈，易损坏传动部件，通常适用于 10kW 以下小容量的电动机。

（2）能耗制动。

能耗制动是一种应用广泛的电气制动方法。当电动机脱离三相交流电源以后，立即将直流电源接入定子的两相绕组，绕组中流过直流电流，产生了一个静止不动的直流磁场。此时电动机的转子切割直流磁通，产生感生电流。在静止磁场和感生电流的相互作用下，产生一个阻碍转子转动的制动力矩，因此电动机转速迅速下降，从而达到制动的目的。当转速降至零时，转子导体与磁场之间无相对运动，感生电流消失，电动机停转，再将直流电源切除，制动结束。这种方法是将转子的动能转变为电能，消耗在转子回路的电阻上，所以称为能耗制动。

能耗制动中，按对直流电的控制方式不同，有时间原则控制和速度原则控制两种。所谓时间原则是在电路中配置时间继电器，通过定时方法确定直流电的通电时长。速度原则是在电路中配置速度继电器，当电动机转速低于速度继电器的动作值时，利用其触点结束直流电通电。如图 1－89 所示，这里以按时间原则实现电动机单向运行的能耗制动为例，说明能够制动的工作原理。

电路工作原理：按下起动按钮 SB2，接触器 KM1 得电投入工作，使电动机正常运行，KM1 与 KM2 互锁，接触器 KM2 和时间继电器 KT 不得电。按下停止按钮 SB1，KM1 线圈失电，主触点断开，电动机脱离三相交流电源，KM1 辅助常闭触点复位。将 SB1 按钮按到底，接触器 KM2 线圈与通电延时型时间继电器 KT 线圈得电，KM2 主触点闭合，将经过整流后的直流电压接至电动机两相定子绕组上，开始能耗制动。时间继电器 KT 延时时间到，延时断开常闭触点 KT 断开，KM2 和 KT 线圈相继断电，能耗制动过程结束。

在图 1－89 中，时间继电器瞬动常开触点 KT 与 KM2 串联，其作用是当时间继电器 KT 出现故障时，其延时断开常闭触点 KT 无法断开，按下停止按钮 SB1 可以实现点动能耗制动。若自锁触点 KM2 不串联瞬动常开触点 KT，时间继电器发生故障时，按下停止按钮 SB1 后 KM2 线圈长期处于通电状态，导致电动机两相定子绕组长期接入直流电源。

从能量角度看，能耗制动是把电动机转子运转所储存的动能转变为电能，再变成热能消耗在转子电路中。能耗制动的优点是制动平稳、制动力强、制动准确、能耗低。能耗制动主要应用于矿井提升和起重机运输等生产机械。能耗制动的缺点是需配备直流电源、低速时制动力矩小。当电动机功率大时，对制动所需的直流电源设备的投资大。

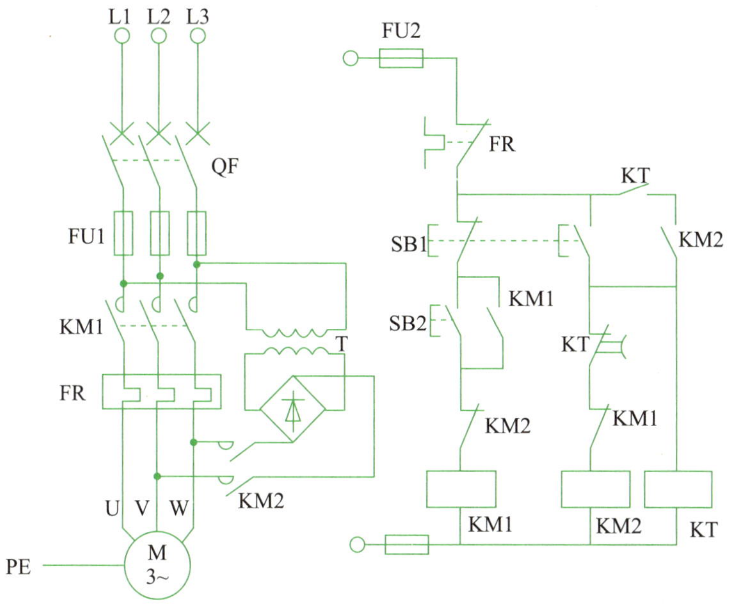

图 1-89　按时间原则实现电动机单向运行的能耗制动控制电路

（3）回馈制动。

回馈制动又称再生制动或发电制动。在外加转矩的作用下，电动机实际转速 n 高于同步转速 n_0，此时电动机转子回路的感应电动势和转子电流的方向与电动状态时相反，电磁转矩方向也与转子转向相反，成为制动转矩，此时电动机将机械能转变为电能，馈送电网，所以称为回馈制动。回馈制动不能将电动机制动到停止状态，这一点与反接制动和能耗制动不同。

例如当起重机下放重物时，因重力的作用，电动机的转速 n 超过同步转速 n_0，电动机处于发电状态，转子中感应电势、电流和转矩的方向都发生了变化，电磁转矩方向与转子转向相反，成为制动转矩。因此回馈制动常用于起重类设备，可高速、稳定地降下物体。

项目2

三相异步电动机的变频调速控制

项目概述

项目1中提及的三相异步电动机的变频调速方法，在实际应用中是由变频器驱动电动机实现的。通过本项目的学习，读者可以学习变频器的种类和基本原理；三菱FR－E700系列变频器主电路与控制电路的接线；三菱FR－E700系列变频器常用参数及其设置方法；三菱FR－E700系列变频器点动、多段速及模拟量调速的实现方法。

学习目标

知识目标

（1）掌握变频器的种类和基本原理。

（2）掌握三菱FR－E700系列变频器的型号含义及铭牌信息。

能力目标

（1）能够正确搭接FR－E700系列变频器的主电路和控制电路。

（2）能够根据要求，正确设置FR－E700系列变频器参数。

（3）能够正确搭接FR－E700系列变频器点动、多段速和模拟量调速电路。

（4）能够正确设置FR－E700系列变频器点动、多段速和模拟量调速相关参数。

素养目标

（1）培养独立思考问题、分析问题、解决问题的能力。

（2）培养良好的团队合作精神和实事求是的工作作风。

任务 2.1　变频器的种类与结构

知识导图

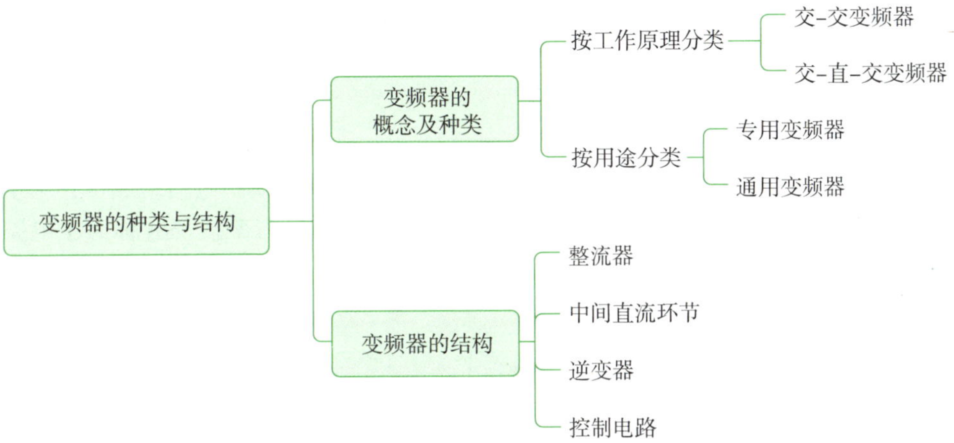

变频调速技术的基本原理是根据电动机转速与工作电源输入频率成正比的关系，通过改变电动机工作电源频率达到改变电动机转速的目的。变频调速具有较为广泛的调速范围，并且有着较好的调速平滑性，可有效改善电动机起动时的性能，被广泛地应用于冶金、石油、化工、纺织、电力、建材、煤炭等行业。

2.1.1　变频器的概念及种类

变频调速是三相异步电动机常用的调速方式，其调速过程需要同时改变供电电源的频率和电压。现有交流电源的电压和频率是固定的，需要通过某种装置将其转换成可调电压和频率的电源，这种装置统称为变频器。

变频器通常有按工作原理分类和按用途分类两种分类方式。

1. 按工作原理分类

变频器按工作原理可以分为交-交变频器和交-直-交变频器两种。

交-交变频器是将频率固定的交流电源直接变换成频率连续可调的交流电源。优点是没有中间环节，转换效率高，过载能力强。但交-交变频器连续可调的频率范围窄，其频率一般在额定频率的 1/2 以下，故它主要用于低速、大容量的拖动系统中。

交-直-交变频器是先将固定频率的交流电整流为直流电，再经过逆变电路，将直流电转换成频率连续可调的三相交流电。由于直流电逆变交流电比较容易控制，其连续可调的范围较宽。

2. 按用途分类

变频器按用途可以分为专用变频器和通用变频器两种。

通用变频器是相对于专用变频器而言的，它可以和通用的交流电动机配套使用，无需使用专用变频电动机。

专用变频器是针对某一种（类）特定的控制对象而设计的，如风机、水泵用变频器、电梯及起重机械用变频器等。

2.1.2 变频器的结构

通用型变频器绝大多数是交-直-交型变频器，由主电路和控制电路组成，其基本构成如图 2-1 所示。其中，给异步电动机提供调压调频电源的电力变换部分称为主电路，包括整流器、中间直流环节（又称平波回路）和逆变器等。

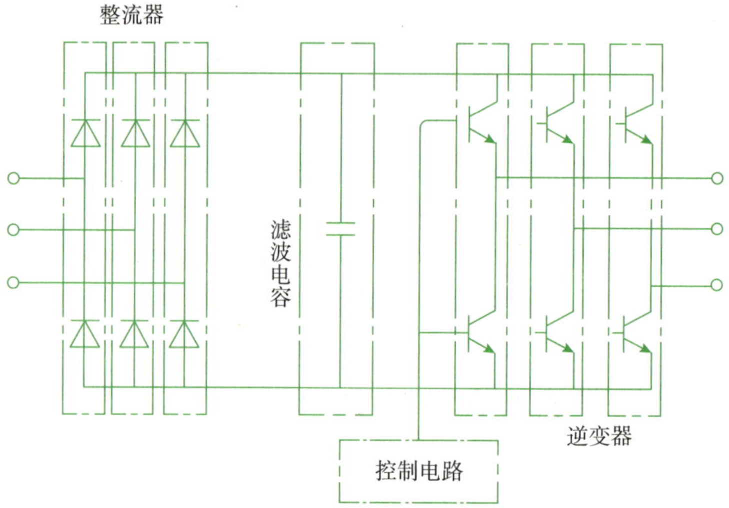

图 2-1 变频器的基本结构

整流器： 三相交流电源一般需经过压敏电阻网络引入整流桥的输入端。压敏电阻网络的作用是吸收交流电网浪涌过电压，从而避免浪涌侵入，导致过电压而损坏变频器。

中间直流环节： 对整流电路输出进行滤波，以减少电压或电流的波动。由于异步电动机制动的需要，在直流中间电路中还设有制动电阻及其他辅助电路。

逆变器： 将直流功率变换为所需求频率的交流功率。一般采用 6 个半导体主开关器件（IGBT）组成的三相桥式逆变电路。通过有规律地控制逆变器中主开关的导通和关断，可以得到任意频率的三相交流输出波形。

控制电路： 由运算电路、检测电路、控制信号的输入/输出电路和驱动电路等构成，其主要任务是完成对逆变器的开关控制、对整流器的电压控制以及各种保护功能等，可采用模拟控制或数字控制。

任务 2.2　认识三菱 FR－E700 变频器

知识导图

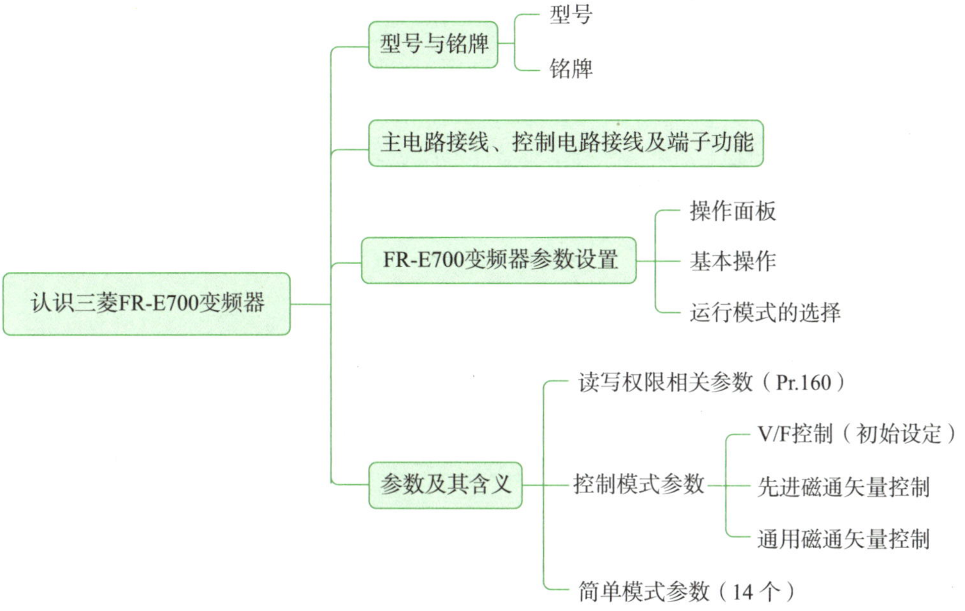

FR－E700 系列变频器是三菱通用型变频器，也是 FR－E500 系列的升级版产品，其额定功率范围为 0.1～15kW。主要特点为：(1) 在 0.5Hz 情况下，使用先进磁通矢量控制模式可以使转矩提高到 200%（3.7kW 以下）；(2) 支持 EIA－485（RS－485）、Modbus-RTU（内置）、CC-Link、PROFIBUS-DP、DeviceNet、LONWORKS 通信；(3) 先进的自学习功能，扩充 PID，柔性 PWM。

2.2.1　型号与铭牌

知识微课堂

型号与铭牌

1. 型号

变频器的型号是产品系列名称，一般包括产品系列、电压等级和可适配的电动机容量等，可以作为变频器选型的参考。FR－E700 系列变频器的型号含义如下。

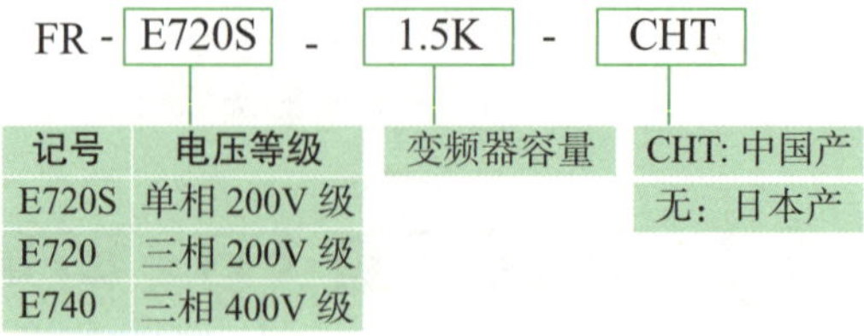

FR－E700 变频器不同电压等级对应的型号系列，见表 2－1。

表 2－1　FR－E700 变频器型号系列

电压等级	型号	电压等级	型号	电压等级	型号
三相200V 级	FR－E720－0.1K	三相400V 级	FR－E740－0.4K－CHT	单相200V 级	FR－E720S－0.1K－CHT
	FR－E720－0.2K		FR－E740－0.75K－CHT		FR－E720S－0.2K－CHT
	FR－E720－0.4K		FR－E740－1.5K－CHT		FR－E720S－0.4K－CHT
	FR－E720－0.75K		FR－E740－2.2K－CHT		FR－E720S－0.75K－CHT
	FR－E720－2.2K		FR－E740－3.7K－CHT		FR－E720S－1.5K－CHT
	FR－E720－3.7K		FR－E740－5.5K－CHT		FR－E720S－2.2K－CHT
	FR－E720－5.5K		FR－E740－7.5K－CHT		
	FR－E720－7.5K		FR－E740－11K－CHT		
	FR－E720－11K		FR－E740－15K－CHT		
	FR－E720－15K				

2. 铭牌

这里以型号为 FR－720S－0.4K－CHT 的三菱变频器为例，说明其铭牌数据的含义，如图 2－2 所示。

图 2－2　三菱变频器铭牌数据

（1）铭牌最上端是三菱品牌标志、产品合格标志（PASSED）和该产品的出厂日期。

（2）第一行为产品的型号“MODEL FR－720S－0.4K－CHT”。

（3）第二行“INPUT：9.8A 1PH AC200－240 50/60Hz”代表该变频器的额定输入电流为 9.8A，额定输入电压为单相交流 380V～480V，电源频率为 50Hz 或 60Hz。

（4）第三行“OUTPUT：3.0A 3PH AC200－240Vmax 0.2－400Hz”，主要是标明该台变频器的输出额定电流为 3.0A，输出电压为 3 相 200V～240V，输出频率为 0.2～400Hz。

（5）第四行、第五行主要为产品参考标准及合格证等信息的标注。

（6）铭牌的最下端为设计单位和生产地的相关信息。

变频器的正面也印有变频器型号和电源电压等级信息，如图 2－3 所示。其中“1Φ200V”表示单相 200V 级，“3Φ200V”表示三相 200V 级，“3Φ400V”表示三相 400V 级。

图 2－3　三菱变频器正面标识信息

2.2.2　主电路接线

FR－E700 系列变频器主电路如图 2－4 所示。R、S、T 端（三相）或 L1、N 端（单相）接电源，U，V，W 端接电动机。若两者接错，轻则不能实现变频调速，电动机也不会运转，重则烧毁变频器。除此之外，变频器主电路接线还需注意以下三点。

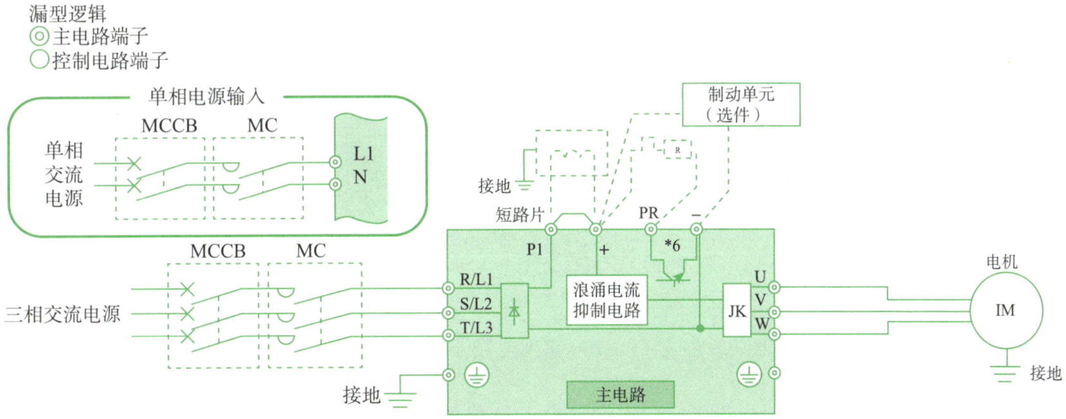

图 2－4　FR－E700 系列变频器主电路

（1）变频器与供电电源之间应装设带有短路及过载保护的低压断路器（MCCB）、交流接触器（MC），以免变频器发生故障时将事故扩大。电控系统的急停控制应使变频器电源侧的交流接触器断开，彻底切断变频器的电源供给，保证设备及人身安全。

（2）变频器的输出侧一般不能安装电磁接触器，若必须安装，则一定要注意满足以下条件：变频器若正在运行中，严禁切换输出侧的电磁接触器；要切换接触器，必须等到变频器停止输出后才可以。如果在变频器正常输出时切换输出侧的接触器，在接触器触点断开的瞬间将会产生很高的过电压，极易损坏变频器中的电力电子器件。

（3）由于在变频器内有漏电流，为了防止触电，变频器和电动机必须接地。

主电路中的可选件有制动单元、制动电阻器和直流电抗器，应根据需要单独配置。

2.2.3 控制电路接线及端子功能

FR－E700 系列变频器控制电路端子分布及接线原理如图 2－5 所示。

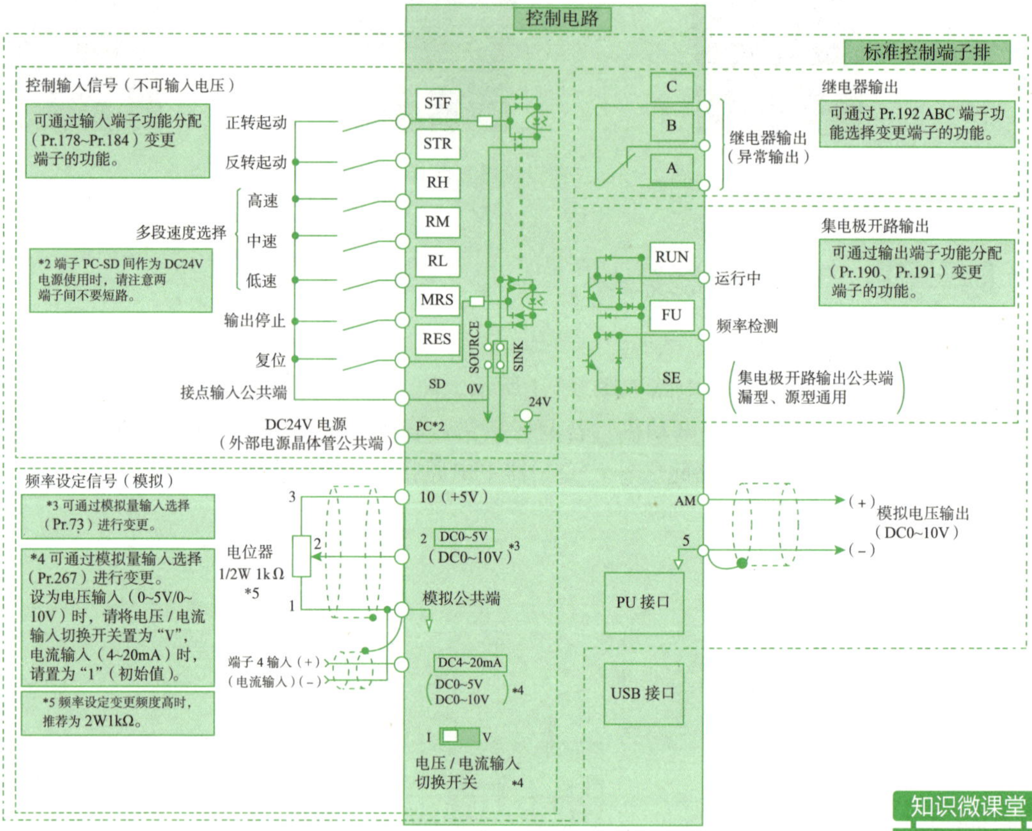

图 2－5　FR－E700 系列变频器控制电路接线

如图 2－5 所示，控制电路左侧端子为输入信号端子，右侧端子为输出信号端子，端子名称及功能，见表 2－2。

知识微课堂

控制电路接线

表 2-2　FR-E700 变频器控制端子及其功能

<table>
<tr><th>种类</th><th>端子记号</th><th>端子名称</th><th colspan="2">端子功能</th></tr>
<tr><td rowspan="11">接点输入</td><td>STF</td><td>正转起动</td><td>STF 信号 ON 时为正转、OFF 时为停止指令。</td><td rowspan="2">STF、STR 信号同时 ON 时变成停止指令</td></tr>
<tr><td>STR</td><td>反转起动</td><td>STR 信号 ON 时为反转、OFF 时为停止指令。</td></tr>
<tr><td>RH、RM、RL</td><td>多段速度选择</td><td colspan="2">用 RH、RM 和 RL 信号的组合可以选择多段速度。</td></tr>
<tr><td>MRS</td><td>输出停止</td><td colspan="2">MRS 信号 ON（20ms 或以上）时，变频器输出停止。用电磁制动器停止电动机时，用于断开变频器的输出。</td></tr>
<tr><td>RES</td><td>复位</td><td colspan="2">用于解除保护电路动作时的报警输出。请使 RES 信号处于 ON 状态 0.1s 或以上，然后断开。初始设定为始终可进行复位。但进行了 Pr.75 的设定后，仅在变频器报警发生时可进行复位。复位所需时间约为 1s。</td></tr>
<tr><td rowspan="3">SD</td><td>接点输入公共端（漏型）（初值）</td><td colspan="2">接点输入端子（漏型逻辑）的公共端子。</td></tr>
<tr><td>外部晶体管公共端（源型）</td><td colspan="2">源型逻辑下，当连接晶体管输出（即集电极开路输出），例如可编程控制器（PLC），将晶体管输出用的外部电源公共端接到该端子时，可以防止因漏电引起的误动作。</td></tr>
<tr><td>DC24V 电源公共端</td><td colspan="2">DC24V 0.1A 电源（端子 PC）的公共输出端子。与端子 5 及端子 SE 绝缘。</td></tr>
<tr><td rowspan="3">PC</td><td>外部晶体管公共端（漏型）（初值）</td><td colspan="2">漏型逻辑下，当连接晶体管输出（即集电极开路输出），例如可编程控制器（PLC），将晶体管输出用的外部电源公共端接到该端子时，可以防止因漏电引起的误动作。</td></tr>
<tr><td>接点输入公共端（源型）</td><td colspan="2">接点输入端子（源型逻辑）的公共端子。</td></tr>
<tr><td>DC24V 电源</td><td colspan="2">可作为 DC24V、0.1A 的电源使用。</td></tr>
<tr><td rowspan="4">频率设定</td><td>10</td><td>频率设定用电源</td><td colspan="2">作为外接频率设定（速度设定）用电位器时的电源使用（参照 Pr.73 模拟量输入选择）。</td></tr>
<tr><td>2</td><td>频率设定（电压）</td><td colspan="2">如果输入 DC0～5V（或 0～10V），在 5V（10V）时为最大输出频率，输入与输出成正比。通过 Pr.73 进行 DC0～5V（初始设定）和 DC0～10V 输入的切换操作。</td></tr>
<tr><td>4</td><td>频率设定（电流）</td><td colspan="2">如果输入 DC4～20mA（或 0～5V，0～10V），在 20mA 时为最大输出频率，输入与输出成正比。
只有 AU 信号为 ON 时端子 4 的输入信号才会有效（端子 2 的输入将无效）。通过 Pr.267 进行 4～20mA（初始设定）和 DC0～5V、DC0～10V 输入的切换操作。
电压输入（0～5V/0～10V）时，请将电压/电流输入切换开关切换至“V”。</td></tr>
<tr><td>5</td><td>频率设定公共端</td><td colspan="2">频率设定信号（端子 2 或 4）及端子 AM 的公共端子。请勿接地。</td></tr>
</table>

续表

种类	端子记号	端子名称	端子功能
继电器	A、B、C	继电器输出（异常输出）	指示变频器因保护功能动作时输出停止的 1c 接点输出。异常时 B—C 间不导通（A—C 间导通），正常时 B—C 间导通（A—C 间不导通）。
集电极开路	RUN	变频器正在运行	变频器输出频率大于或等于起动频率（初始值 0.5Hz）时为低电平，已停止或正在直流制动时为高电平。
	FU	频率检测	输出频率大于或等于任意设定的检测频率时为低电平，未达到时为高电平。
	SE	集电极开路输出公共端	端子 RUN、FU 的公共端子。

知识微课堂

端子功能

如图 2-5 所示，控制信号输入端子（STF、STR、RL、RM、RH、MRS 和 RES）的功能是可以通过改变参数（Pr. 178～Pr. 184）设置实现变更的，即 Pr. 178～Pr. 184 七个参数设置值不同，其对应端子的功能不同。Pr. 178～Pr. 184 参数设置值及其含义，见表 2-3。

表 2-3　Pr. 178～Pr. 184 参数设置值及其含义

设置值	信号名	功能	设置值	信号名	功能
0	RL	低速运行指令	16	X16	PU-外部运行切换（X16-ON 时外部运行）
1	RM	中速运行指令	18	X18	V/F 切换（X18-ON 时 V/F 控制）
2	RH	高速运行指令	24	MRS	输出停止
3	RT	第 2 功能选择	25	STOP	起动自保持选择
4	AU	端子 4 输入选择	60	STF	正转指令［仅 STF 端子（Pr. 178）可分配］
5	JOG	点动运行选择	61	STR	反转指令［仅 STR 端子（Pr. 179）可分配］
7	OH	外部电子过电流保护输入	62	RES	变频器复位
8	REX	15 速选择（同 RL、RM、RH 的多段速组合）	65	X65	PU-NET 运行切换（X65-ON 时 PU 运行）
10	X10	变频器运行许可信号（连接 FR-HC/FR-CV）	66	X66	外部-NET 运行切换（X66-ON 时 NET 运行）
12	X12	PU 运行外部互锁	67	X67	指令权切换（X67-ON 时通过 Pr. 338、Pr. 339 使指令生效）
14	X14	PID 控制有效端子	9 999	无功能	
15	BRI	制动开启完成信号			

如图 2-5 所示，输出端子为 RUN 端子、FU 端子和 ABC 端子，可以通过 Pr. 190～

Pr. 192 三个参数的值，实现端子功能的变更。若想了解参数设置值范围及其含义，请查阅《三菱通用变频器 FR－E700 使用手册（应用篇）》。

2.2.4　FR－E700 变频器参数设置

要想让变频器实现不同功能，例如点动控制、多段速控制、模拟量调速控制和 PID 控制等，需要对参数进行正确的设置。三菱变频器参数设置有两种方法，一是通过变频器操作面板设置，二是通过变频器调试软件“FR-Configurator2”设置。本节只介绍通过操作面板进行参数设置的方法。

1. 操作面板

FR－E700 变频器操作面板及各部分功能如图 2－6 所示。

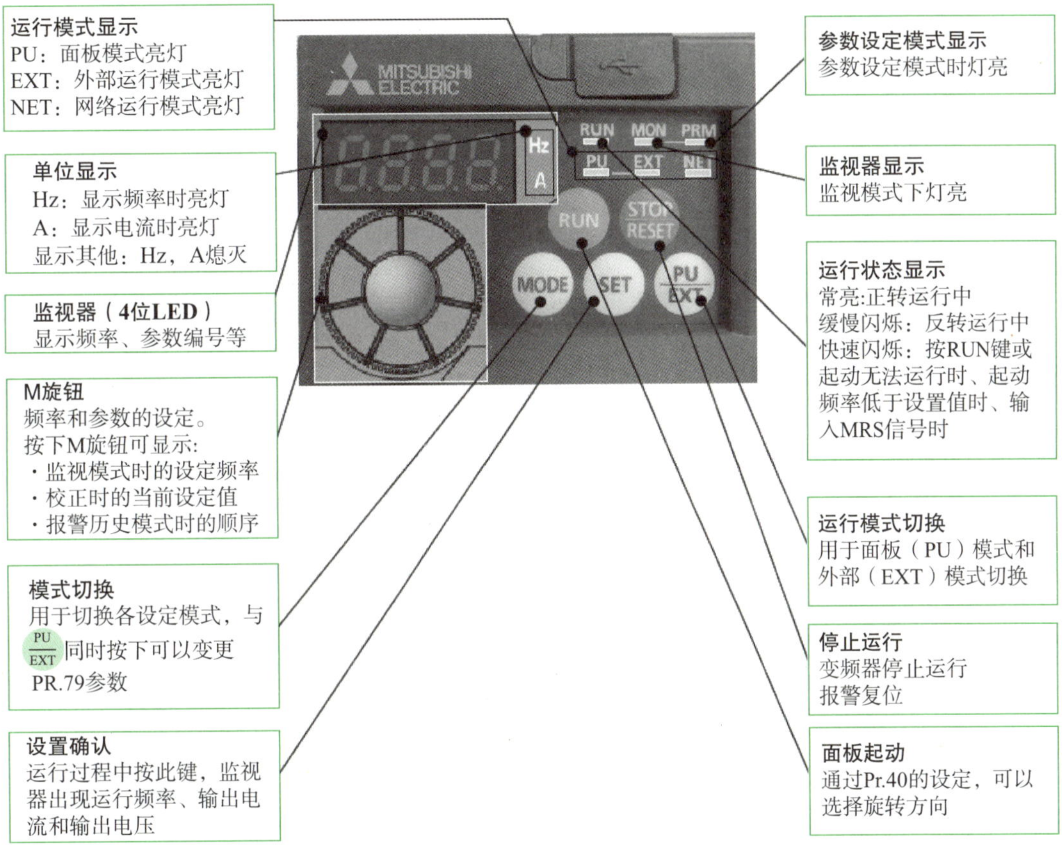

图 2－6　FR－E700 变频器的操作面板

2. 基本操作

（1）面板（PU）点动。

当变频器恢复出厂设置时，通过其面板按键实现三相异步电动机的点动运行，利用

"M 旋钮"和"SET"键设置电动机的运行频率，操作步骤如图 2-7 所示。

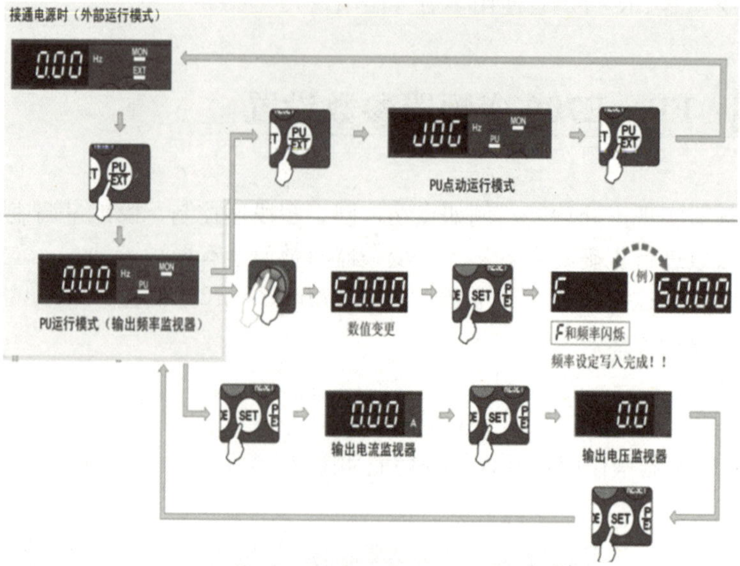

图 2-7　PU 点动运行操作步骤

（2）参数设置方法。

参数设置是通过"MODE"键、"M 旋钮"和"SET"键完成的，以设置"Pr. 79"参数为例，操作方法如图 2-8 所示。

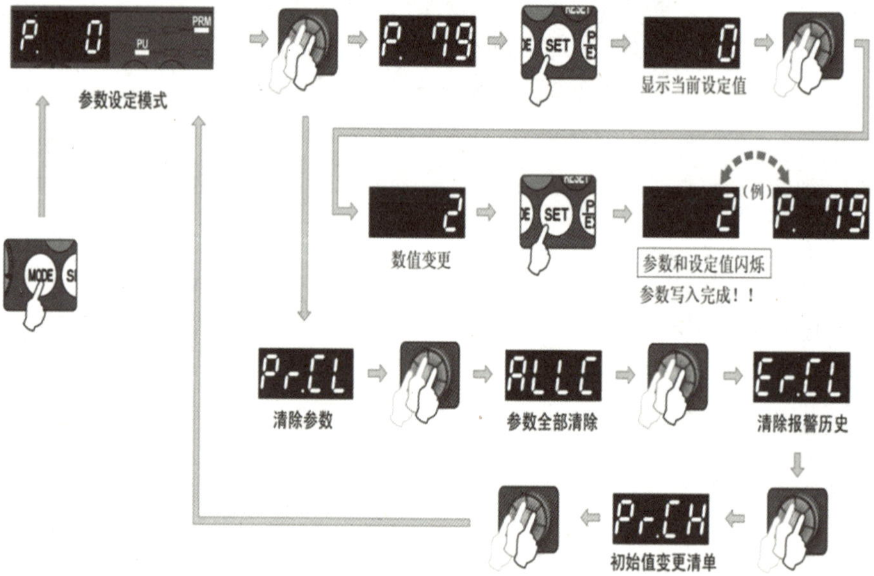

图 2-8　参数设置方法

恢复出厂设置的方法：PU 模式下→按"MODE"键→将"Pr. Cl 或（ALLC）"的值设为 1→按"SET"键确认。此时所有参数全部清除，恢复出厂设置。

3. 运行模式的选择

所谓运行模式，是指变频器的起动指令和频率指令的输入方式。

基本运行模式如下。

外部运行模式：使用控制电路端子，通过设置在外部的电位器或开关等来输入起动指令及频率指令。

PU 运行模式：使用操作面板或参数单元（FR－PU04－CH/FR－PU07）来输入起动指令及频率指令。

网络运行模式（NET 运行模式）：通过 PU 接口使用 RS－485 通信或通信选件来输入起动指令及频率指令。

变频器负责运行模式选择的参数是“Pr. 79”。参数值及其对应的功能见表 2－4。

表 2－4　运行模式参数

<table>
<tr><th>参数编号</th><th>名称</th><th>初值</th><th>设定范围</th><th colspan="2">内容</th><th>LED 显示</th></tr>
<tr><td rowspan="12">79</td><td rowspan="12">运行模式选择</td><td rowspan="12">0</td><td>0</td><td colspan="2">外部/PU 切换模式，通过键可以切换 PU 与外部运行模式
接通电源时为外部运行模式</td><td></td></tr>
<tr><td>1</td><td colspan="2">固定为 PU 运行模式</td><td></td></tr>
<tr><td>2</td><td colspan="2">固定为外部运行模式
可以在外部、网络运行模式间切换运行</td><td></td></tr>
<tr><td rowspan="3">3</td><td colspan="2">外部/PU 组合运行模式 1</td><td rowspan="6"></td></tr>
<tr><td>频率指令</td><td>起动指令</td></tr>
<tr><td>用操作面板的键或外部信号输入（多段速设定，端子 4）</td><td>外部信号输入（端子 STF、STR）</td></tr>
<tr><td rowspan="3">4</td><td colspan="2">外部/PU 组合运行模式 2</td></tr>
<tr><td>频率指令</td><td>起动指令</td></tr>
<tr><td>外部信号输入（端子 2、4、JOG、多段速选择等）</td><td>通过操作面板的键</td></tr>
<tr><td>6</td><td colspan="2">切换模式
可以在保持运行状态的同时，进行 PU 运行、外部运行、网络运行的切换</td><td></td></tr>
<tr><td>7</td><td colspan="2">外部运行模式（PU 运行互锁）
X12 信号 ON 可切换到 PU 运行模式（外部运行中输出停止）
X12 信号 OFF
禁止切换到 PU 运行模式</td><td></td></tr>
</table>

Pr. 79="3"的频率指令优先顺序是"多段速运行＞端子 4 模拟量输入＞在操作面板上进行的数字输入"。

Pr. 79="2"或"4"的频率指令优先顺序是"点动运行＞多段速运行＞端子 4 模拟量输入＞端子 2 模拟量输入"。

2.2.5 参数及其含义

1. 读写权限相关参数

参数的读取选择是指通过操作面板能够显示哪些参数，由"参数读取选择"参数"Pr. 160"决定，参数值及其对应的功能见表 2-5。

表 2-5 用户参数组读取选择参数

参数编号	名称	初值	设定范围	内容
160	参数读取选择	0	9 999	只显示简单模式参数
			0	显示简单模式参数和扩展参数
			1	只显示用户参数组参数
172	用户参数组注册数显示/一次性删除	0	(0～16)	显示注册到用户参数组的参数数量（仅读取）
			9 999	将注册到用户参数组的参数一次性删除
173	用户参数组注册	9 999	0～999、9 999	设定注册到用户参数组的参数编号
174	用户参数组删除	9 999	0～999、9 999	设定从用户参数组删除的参数编号

注意： 只有当 Pr. 160=0 时，Pr. 172、Pr. 173 和 Pr. 174 三个参数才可以设定。Pr. 173 和 Pr. 174 在读取时都显示"9 999"。

参数的写入选择是指对操作面板显示参数进行写入的规定，由"参数写入选择"参数"Pr. 77"决定，参数值及其对应的功能见表 2-6。

表 2-6 用户参数组写入选择参数

参数编号	名称	初值	设定范围	内容
77	参数写入选择	0	0	仅限于停止中可以写入参数
			1	禁止写入参数
			2	不受运行状态限制，可以写入参数

通常在生产设备调试时将"Pr. 77"设置为 0。当参数设定完成、生产设备投入使用时，将"Pr. 77"设置为 1，以防止非专业人员修改参数，导致生产设备工作异常。

2. 控制模式参数

FR-E700 系列变频器有 V/F 控制（初始设定）、先进磁通矢量控制、通用磁通矢量控制三种控制模式可供选择。

（1）V/F控制。

V/F控制是变频器的输出电压（V）与电源频率（F）保持一定比率的控制，使电动机的磁通保持不变。

（2）先进（通用）磁通矢量控制。

通过矢量运算，将变频器的输出电流分为励磁电流和转矩电流，实施频率和电压补偿，以使电动机电流与负载转矩相匹配。

控制模式选择相关的参数为“Pr. 80”“Pr. 81”“Pr. 800”，参数值及其对应的功能见表2－7。

表2－7　控制模式选择参数

<table>
<tr><th>参数编号</th><th>名称</th><th>初始值</th><th>设定范围</th><th colspan="2">内容</th></tr>
<tr><td rowspan="2">80</td><td rowspan="2">电动机容量</td><td rowspan="2">9 999</td><td>0.1～15kW</td><td colspan="2">设定电动机的容量</td></tr>
<tr><td>9 999</td><td colspan="2">V/F控制</td></tr>
<tr><td rowspan="2">81</td><td rowspan="2">电动机极数</td><td rowspan="2">9 999</td><td>2、4、6、8、10</td><td colspan="2">设定电动机的极数</td></tr>
<tr><td>9 999</td><td colspan="2">V/F控制</td></tr>
<tr><td rowspan="2">800</td><td rowspan="2">控制模式选择</td><td rowspan="2">20</td><td>20</td><td rowspan="2">V/F控制</td><td>先进磁通矢量控制</td></tr>
<tr><td>30</td><td>通用磁通矢量控制</td></tr>
</table>

注意：在“Pr. 80”和“Pr. 81”分别设置电动机容量和极数，即Pr. 80，Pr. 81≠“9 999”时，Pr. 800=“20”或“30”，才能选择两种矢量控制。

变频器出厂设置的是“V/F控制”，无须设置电动机容量和极数。如果采用先进或通用磁通控制，必须正确设置电动机容量和电动机极数。矢量控制适用的电动机种类为三菱制标准电动机、高效率电动机（SF-JR、SF-HR、0.2kW或以上）以及三菱制恒转矩电动机（SFJRCA 4极、SF-HRCA 0.4kW～15kW）。使用除此以外的电动机（其他公司制造的电动机）时必须实施离线自动调谐。

3. 简单模式参数

简单模式参数也称基本参数，是用于设定基本功能的参数。三菱FR－E700系列变频器共计有14个简单模式参数，当“Pr. 160”=“9 999”时，可以通过操作面板显示这14个参数。简单模式参数见表2－8。除了简单模式参数以外的参数称为扩展参数，扩展参数是用于设定各种应用功能的参数。

表2－8　简单模式参数

参数编号	名称	初始值	设定范围	最小设置单位
0	转矩提升	6/4/3/2%	0～30%	0.1%
1	上限频率	120Hz	0～120Hz	0.01Hz
2	下限频率	0Hz	0～120Hz	0.01Hz

续表

参数编号	名称	初始值	设定范围	最小设置单位
3	基准频率	50Hz	0～400Hz	0.01Hz
4	多段速设定（高速）	50Hz	0～400Hz	0.01Hz
5	多段速设定（中速）	30Hz	0～400Hz	0.01Hz
6	多段速设定（低速）	10Hz	0～400Hz	0.01Hz
7	加速时间	5/10/15s	0～3 600/360s	0.1/0.01s
8	减速时间	5/10/15s	0～3 600/360s	0.1/0.01s
9	电子过流保护	变频器额定电流	0～500A	0.01A
79	运行模式选择	0	0，1，2，3，4，6，7	1
125	端子 2 频率设定增益频率	50Hz	0～400Hz	0.01Hz
126	端子 4 频率设定增益频率	50Hz	0～400Hz	0.01Hz
160	用户参数组读取选择	0	0，1，9 999	1

（1）转矩提升（Pr.0、Pr.46）。

参数 Pr.0 和 Pr.46 用于设置变频器的起动转矩。当加载后电动机不转动时，可以根据负载情况，对 Pr.0 或 Pr.46 进行设置，提升变频器的起动转矩，以满足生产设备运行的要求。Pr.0 和 Pr.46 设置内容见表 2-9。

表 2-9　Pr.0 和 Pr.46 转矩提升参数设置

<table>
<tr><th>参数编号</th><th>名称</th><th colspan="2">初始值</th><th>设定范围</th><th>内容</th></tr>
<tr><td rowspan="4">0</td><td rowspan="4">转矩提升</td><td>0.75kW 以下</td><td>6%</td><td rowspan="4">0～30%</td><td rowspan="4">起动时（0Hz）的输出电压百分比设置</td></tr>
<tr><td>1.5～3.7kW</td><td>4%</td></tr>
<tr><td>5.5kW、7.5kW</td><td>3%</td></tr>
<tr><td>11kW、15kW</td><td>2%</td></tr>
<tr><td rowspan="2">46</td><td rowspan="2">第 2 转矩提升</td><td colspan="2" rowspan="2">9 999</td><td>0～30%</td><td>设置 RT 信号为 ON 时的转矩提升值</td></tr>
<tr><td>9 999</td><td>第 2 转矩提升失效</td></tr>
</table>

起动转矩调整过程：以 Pr.19 基准频率电压为 100%，以百分比在 Pr.0（Pr.46）中设定 0Hz 时的输出电压。逐步（以约 0.5%为单位）进行，每一次都要确认电动机的状态。如果设定值过大，将会引起电动机过热而触发报警，最大不要超过 10%。

第 2 转矩提升应用：变频器运行过程中需变更转矩提升、1 台变频器切换多个电动机使用时，可使用第 2 转矩提升功能。第 2 转矩提升需要在“RT”信号为“ON”时有效。“RT”信号输入端子需通过将 Pr.178～Pr.184（输入端子功能选择）中设定为“3”来进行端子功能的分配。

（2）输出频率上下限（Pr. 1、Pr. 2）。

参数 Pr. 1 和 Pr. 2 用于设置变频器输出频率的上下限，通过设置这两个参数可以限制电动机的速度。Pr. 1 和 Pr. 2 设置内容见表 2 - 10。

表 2 - 10　输出频率上下限设置

参数编号	名称	初始值	设定范围	内容
1	上限频率	120Hz	0～120Hz	输出频率上限
2	下限频率	0Hz	0～120Hz	输出频率下限

Pr. 1 上限频率：设定输出频率的上限，即使设定频率在 Pr. 1 以上，输出频率也将固定为上限频率 Pr. 1 的设定值。

Pr. 2 下限频率：设定输出频率的下限，即使设定频率在 Pr. 2 以下，输出频率也将固定在 Pr. 2 的设定值上。

注意： 当 Pr. 15 点动频率在 Pr. 2 以下时，以 Pr. 15 的设定为优先。

（3）基准频率与基准电压（Pr. 3、Pr. 19）。

Pr. 3、Pr. 19 两个参数设置是为了保证变频器的输出（电压、频率）符合电动机的额定值，其设置内容见表 2 - 11。

表 2 - 11　基准频率与基准频率电压

参数编号	名称	初始值	设定范围	内容
3	基准频率	50Hz	0～400Hz	电动机的额定频率
19	基准频率电压	9 999	0～1 000V	基准电压
			8 888	电源电压的 95%
			9 999	与电源电压相同

运行标准电动机时，一般将电动机的额定频率设定为 Pr. 3 基准频率。当需要电动机在工频电源和变频器间切换运行时，将 Pr. 3 基准频率设定为与电源频率相同。电动机铭牌上额定频率为“60Hz”时，必须设定为“60Hz”。使用三菱恒转矩电动机时，请将 Pr. 3 设定为“60Hz”。

Pr. 19 基准频率电压用于对电动机的额定电压进行设定，一般设定依据是电动机铭牌上的“额定电压”。设定值低于电源电压时，变频器的最大输出电压就是 Pr. 19 中设定的电压。三菱 E700 系列变频器的输出电压小于或等于电源电压，例如图 2 - 2 铭牌所示的变频器，电源电压如果是 220V，其输出电压不可能大于 220V。

（4）加减速时间（Pr. 7、Pr. 8）。

Pr. 7、Pr. 8 两个参数用于设定电动机的加减速时间。加速时间（Pr. 7）是指输出频率从 0 上升到加减速基准频率（Pr. 20）所需的时间，减速时间（Pr. 8）是指从加减速基准频率（Pr. 20）下降到 0 所需的时间。其设置内容见表 2 - 12。

表 2-12 加速时间与减速时间

参数编号	名称	初始值		设定范围	内容
7	加速时间	3.7kW 或以下	5s	0～3 600/360s	电动机加速时间
		5.5kW、7.5kW	10s		
		11kW、15kW	15s		
8	减速时间	3.7kW 或以下	5s	0～3 600/360s	电动机减速时间
		5.5kW、7.5kW	10s		
		11kW、15kW	15s		
20	加减速基准频率	50Hz		1～400Hz	加减速时间基准频率
21	加减速时间单位	0		0	单位：0.1s。范围：0～3 600s
				1	单位：0.01s。范围：0～360s

加减速时间与运行频率的关系如图 2-9 所示。

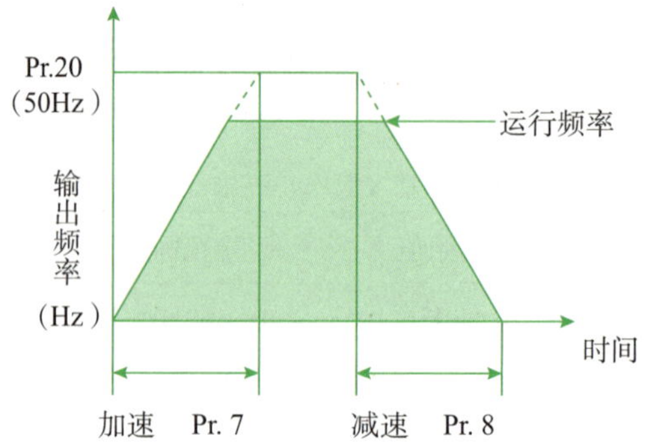

图 2-9 加减速时间与运行频率的关系

(5) 多段速设定运行（Pr. 4～Pr. 6）。

Pr. 4～Pr. 6 参数用于实现变频器的多段速（高中低三段）输出。通过接点信号（RH、RM、RL）的 ON、OFF 操作选择各个速度。其设置内容见表 2-13。

表 2-13 三段速度设置

参数编号	名称	初始值	设定范围	内容
4	多段速（高速）	50Hz	0～400Hz	RH-ON 时的频率
5	多段速（中速）	30Hz	0～400Hz	RM-ON 时的频率
6	多段速（低速）	10Hz	0～400Hz	RL-ON 时的频率

同时选择 2 段速度以上时，按照低速信号侧的设定频率运行。

(6) 电子过流保护（Pr. 9、Pr51）。

设定电子过流保护的电流值，进行电动机的过热保护。其设置内容见表 2-14。

表 2-14　电子过流保护

参数编号	名称	初始值	设定范围	内容
9	电子过流保护	变频器的额定电流	0～500A	设定电动机的额定电流
51	第 2 电子过流保护	9 999	0～500A	RT 信号为 ON 时有效 设定电动机的额定电流
			9 999	第 2 电子过流保护无效

对于 0.75kW 以下的变频器，Pr. 9 的初始值为变频器额定电流的 85%。

当检测到电动机过载（过热）后，即超过 Pr. 9 参数设定值，变频器停止输出。

电动机使用外部热继电器时，若不想使电子过流保护动作，将 Pr. 9 设定为“0”，其外部接线如图 2-10 所示。

为了对电动机进行过热保护而使用外部热敏继电器或电动机内置的热保护器时，使用 OH 信号。热继电器动作时，变频器会切断输出，并输出异常信号（E. OHT）。OH 信号输入所使用的端子通过将 Pr. 178～Pr. 184（输入端子功能选择）中的任意一个设定为“7”来分配功能，如图 2-10 所示。

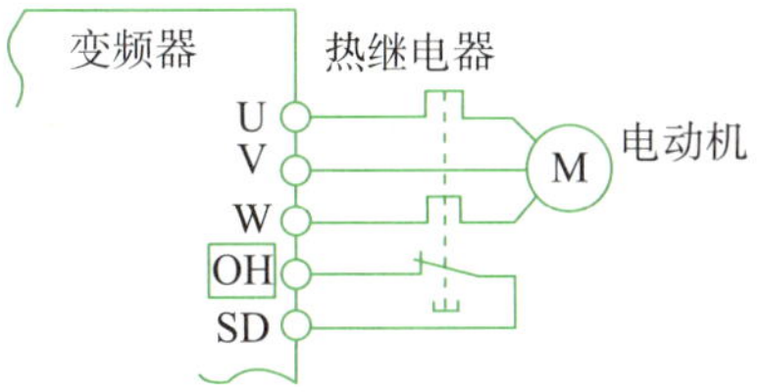

图 2-10　外部热继电器接线实例

用 1 台变频器分别控制 2 台额定电流不同的电动机时，变频器输出接线如图 2-11 所示。输出线路需保证接触器 KM1 和 KM2 互锁，信号 RT 所在的开关闭合时，KM2 接触器主触点闭合，第 2 台电动机 M2 运行，KM1 接触器主触点断开，第 1 台电动机 M1 停止。第 1 台电动机的额定电流通过 Pr. 9 设定，第 2 台电动机的额定电流通过 Pr. 51 设定。RT 信号输入所使用的端子通过将 Pr. 178～Pr. 184 设定为“3”来进行端子功能的分配。RT 信号成为第 2 功能选择信号，其他的第 2 功能也有效。

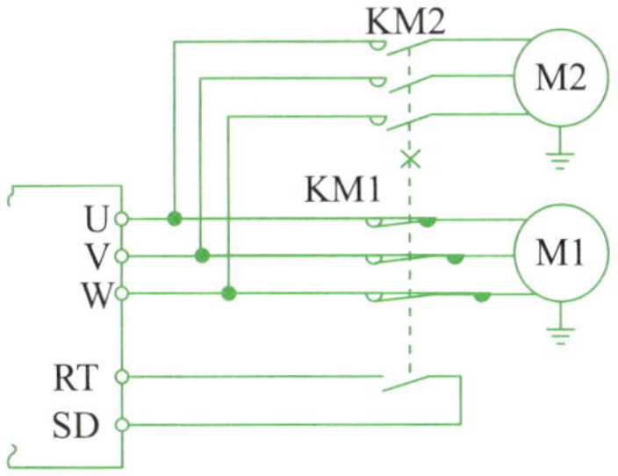

图 2-11　第 2 电子过流保护外部接线实例

如图 2-11 所示，若变频器输出端和电动机之间装有接触器等开关器件，应确保变频器在无输出时进行通断操作，否则容易造成变频器内模块损坏。因为变频器在运行状态下，突然把接触器切入或断开，会造成巨大的冲击电流，损坏变频器。

任务 2.3 点动与多段速控制实现

知识导图

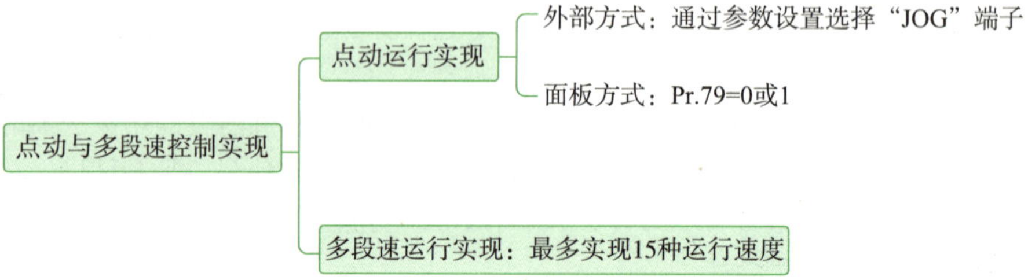

2.3.1 点动运行实现

生产机械在调试过程中有时需要进行点动运行，以观察系统各部分的运转情况。为防止意外发生，点动运行频率通常较低。三菱 FR－E700 系列变频器点动运行有两种方式：外部方式和面板方式。

1. 外部方式

外部方式是通过外部端子信号实现点动运行的，其接线实例如图 2－12 所示。

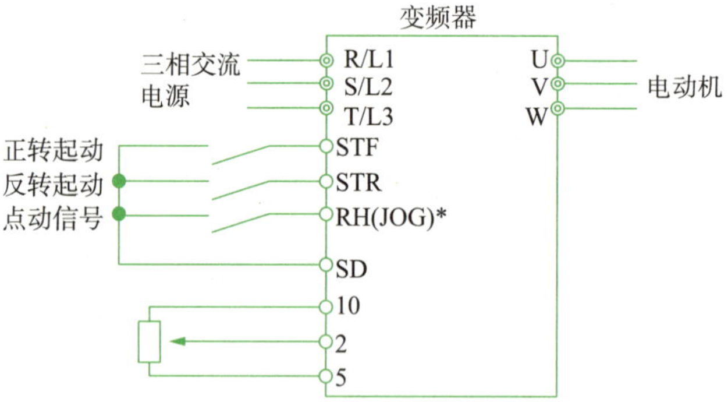

图 2－12　外部方式点动运行接线实例

与点动运行相关的参数见表 2－15。

表 2-15　点动运行参数

参数编号	名称	初始值	设定范围	内容
15	点动频率	5Hz	0～400Hz	点动运行时的频率
16	点动加减速时间	0.5s	0～3 600/360s	点动运行时的加减速时间 加减速时间是指加、减速到 Pr.20（初始值为 50Hz）的时间，加减速时间不能分别设定
79	运行模式选择	0	0 或 2	

当 Pr.21 加减速时间单位的设定值为“0”（初始值）时，Pr.16 设定范围为“0～3 600 秒”、设定单位为“0.1 秒”；当 Pr.21 加减速时间单位的设定值为“1”时，Pr.16 设定范围为“0～360 秒”、设定单位为“0.01 秒”。

点动运行选择所使用的端子（JOG），通过将 Pr.178～Pr.184 设定为“5”来分配功能。如图 2-11 所示，将 Pr.182 参数设置为“5”。当 STF 与 STR 信号端同时接通时，电动机停止。

2. 面板方式

通过操作面板实现点动运行，执行过程如下。

Pr.79=0 时，按下“PU/EXT”键，切换至“PU”模式，再次按下“PU/EXT”键，显示“JOG”字样，按住“RUN”键，电动机以 Pr.15 参数设定的频率运行，松开“RUN”键，电动机停止运行。Pr.79=1 时，按 1 次“PU/EXT”键，即可显示“JOG”字样，点动过程如上所述。

注意： Pr.15 的设定值应大于 Pr.13 起动频率设定值。

2.3.2　多段速运行实现

由于生产工艺的要求，机械设备在不同阶段需要不同的运行速度，变频器提供了多段速度控制的功能，该功能是通过外部开关对输入端的状态组合实现的。FR-E700 系列变频器的多段速可以实现 15 种运行速度，其多段速只能在外部操作模式或 PU/外部组合模式下实现。

通过参数设定运行速度，并通过接点端子来切换速度。通过端子信号（RH、RM、RL、REX 信号）的 ON、OFF 组合确定各段速度，多段速度参数设置见表 2-16。

表 2-16　多段速度参数设置

参数编号	名称	初始值	设定范围	内容
79	运行模式选择	0	0，2，3，4	建议设置为 2 或 3
4	多段速设定（1 速，高速）	50Hz	0～400Hz	RH-ON 时的频率

续表

参数编号	名称	初始值	设定范围	内容
5	多段速设定（2 速，中速）	30Hz	0～400Hz	RM-ON 时的频率
6	多段速设定（3 速，低速）	10Hz	0～400Hz	RL-ON 时的频率
24	多段速设定（4 速）	9 999	0～400Hz、9 999	通过 RH、RM、RL、REX 信号的组合实现 4～15 段速度的频率设定 9 999：未选择
25	多段速设定（5 速）	9 999	0～400Hz、9 999	
26	多段速设定（6 速）	9 999	0～400Hz、9 999	
27	多段速设定（7 速）	9 999	0～400Hz、9 999	
232～239	多段速设定（8 速～15 速）	9 999	0～400Hz、9 999	

1. 三段速度设定

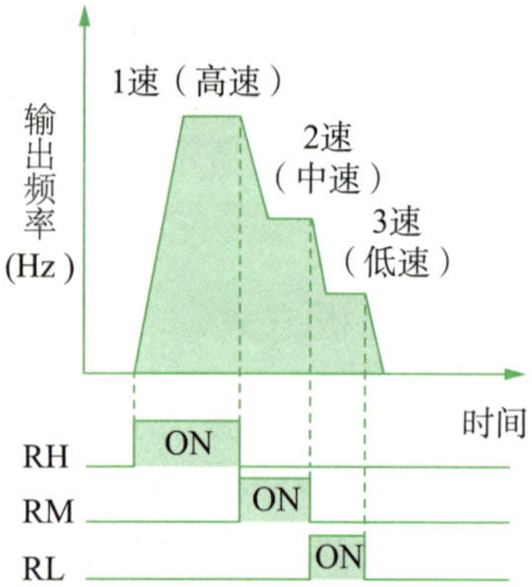

图 2-13　三段速度时序图

RH 信号- ON 时以 Pr. 4、RM 信号- ON 时以 Pr. 5、RL 信号- ON 时以 Pr. 6 中设定的频率运行。三段速度时序如图 2-13 所示。初始设定情况下，同时选择 2 段速度以上时按照低速信号侧的设定频率运行。例如，RH、RM 信号均为 ON 时，RM 信号（Pr. 5）优先。

2. 四段以上速度设定

通过 RH、RM、RL、REX 信号的组合，可以设定 4 速～15 速。需在 Pr. 24～Pr. 27、Pr. 232～Pr. 239 中设定运行频率（初始值状态下 4 速～15 速为无法使用的设定）。REX 信号输入所使用的端子，请通过将 Pr. 178～Pr. 184（输入端子功能选择）设定为“8”来分配功能。四段以上速度时序如图 2-14 所示。

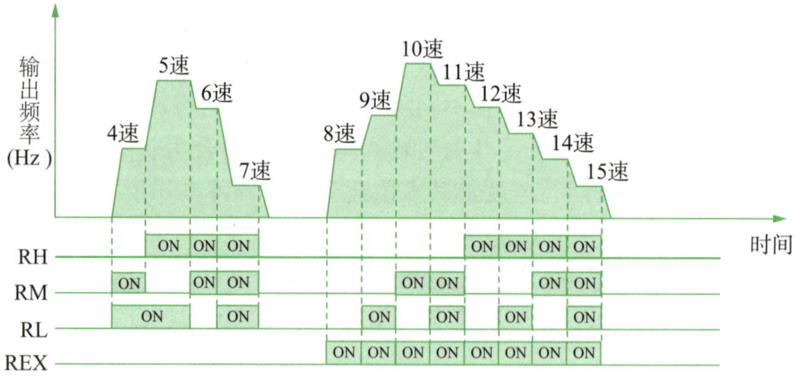

图 2-14　四段以上速度时序图

在如表 2-16 所示的初始设定情况下，只能实现三段速度运行，同时选择 2 段速度以上时则按照低速信号侧的设定频率，例如，RM、RL 信号均为 ON 时，RL 信号（Pr. 6）优先。七段以上速度所需的 REX 信号输入所使用的端子，通过将 Pr. 178～Pr. 184（输入端子功能选择）设定为“8”来分配功能。变频器多段速运行的接线如图 2－15 所示。

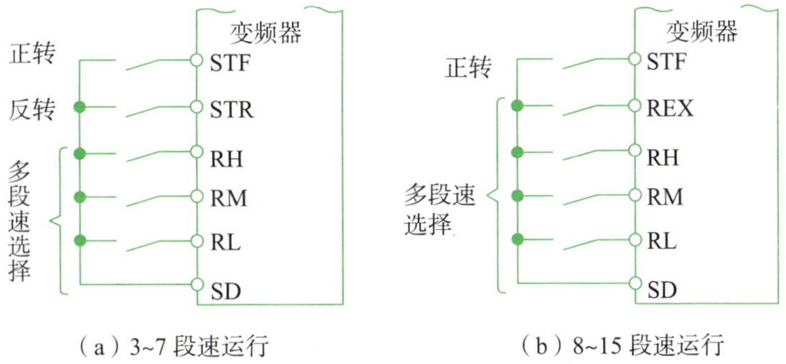

图 2－15　多段速运行的接线实例

如图 2－15（b）所示，将 Pr. 179 设定为“8”，实现 STR 端子的功能转换。

如图 2－15 所示，通过手动开关方式实现变频器的多段速控制，对于相对复杂的多段速运行控制，通常利用 PLC 实现。下面以三段速起动为例，说明如何利用 PLC 实现对变频器的多段速运行控制。

案例 2－1　基于 PLC 的变频器三段速起动控制

要求：按下起动按钮，电动机以 15Hz（低速）速度运行，5s 后转为 25Hz（中速）速度运行，再过 5s 转为 35Hz（高速）速度运行，直至按停止按钮，电动机停止。

（1）变频器参数设置。

运行模式选择：Pr. 79＝2。

多段速设定：Pr. 4＝35；Pr. 5＝25；Pr. 6＝15。

上下限频率设定：Pr. 1＝50，Pr. 2＝0。

（2）PLC 地址分配。

本案例所用 PLC 型号为三菱 FX5U－32MT/ES。IO 分配见表 2－17。

表 2－17　IO 分配表

输入	功能	输出	功能
X0	起动按钮（SB1）	Y4	正转起动（STF）
X1	停止按钮（SB2）	Y5	低速（RL）
		Y6	中速（RM）
		Y7	高速（RH）

（3）外部接线。

PLC 与变频器的接线原理如图 2－16 所示。

（4）PLC 参考程序。

PLC 梯形图程序如图 2－17 所示。

请读者自行分析图 2－17 所示的梯形图原理。

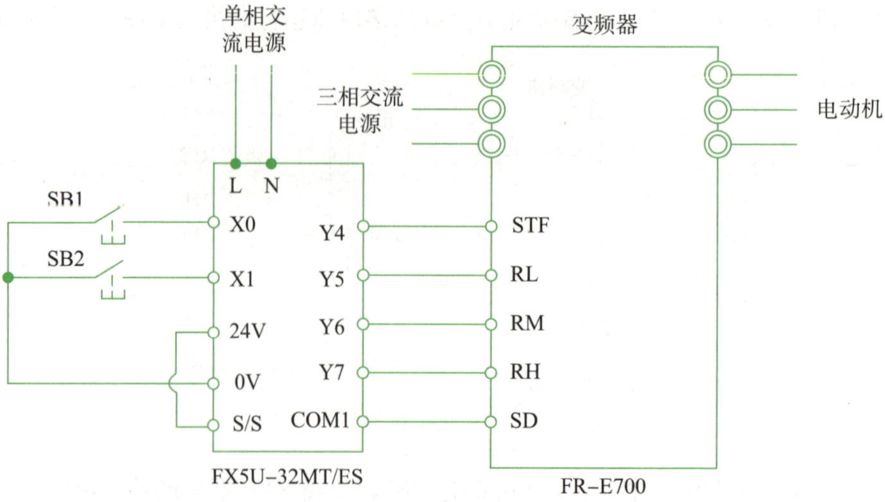

图 2-16　PLC 多段速控制接线原理

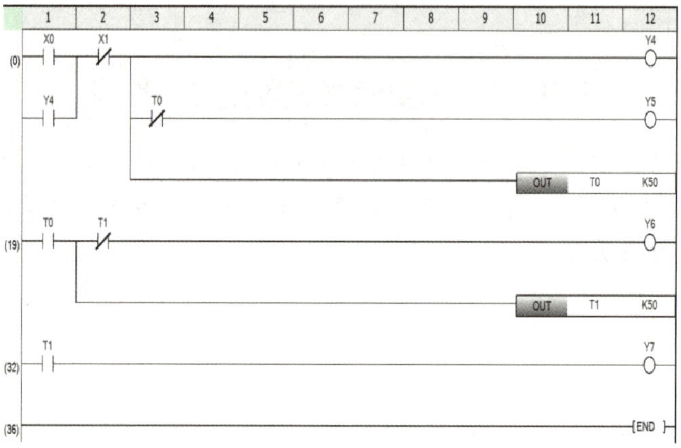

图 2-17　梯形图程序

任务 2.4　模拟量调速控制实现

知识导图

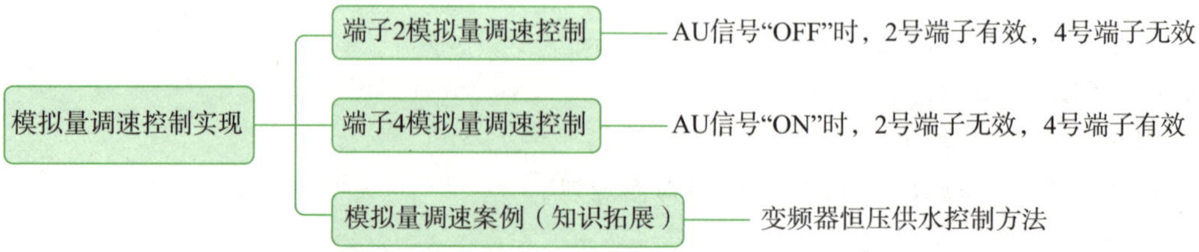

在变频器控制过程中，经常需要采用模拟量输入来控制压力、温度、速度等一些物理量。模拟量输入端子一般连接外部的温度变送器、压力变送器等模拟量输出模块。与三菱 FR－E700 系列变频器模拟量调速相关的端子为 2，5，4 号端子，如图 2－18 所示。

变频器的模拟量调速有两种形式，分别是模拟量电压调速和模拟量电流调速。图 2－18 中，模拟量电压输入所使用的端子 2 可以选择 0～5V（初始值）或 0～10V。模拟量输入所使用的端子 4 可以选择电压输入（0～5V、0～10V）或电流输入（4～20mA，初始值）。要使端子 4 有效，需将 AU 信号设置为 ON，AU 信号输入所使用的端子将参数 Pr. 178～Pr. 184 设定为“4”来分配功能。默认情况下，2 号端子有效，4 号端子无效。

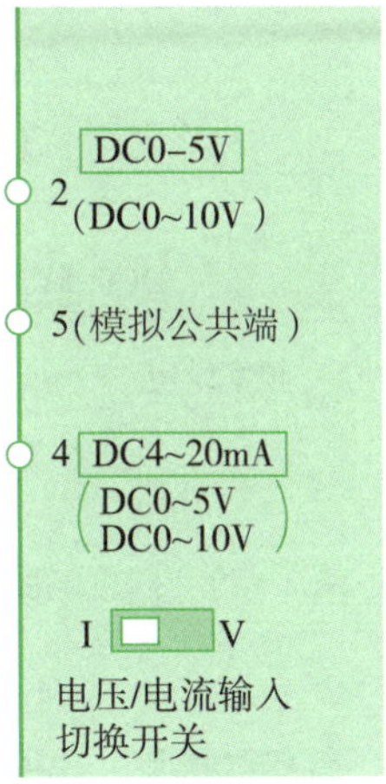

图 2－18　模拟量调速端子

2.4.1　端子 2 模拟量调速控制

当 AU 信号“OFF”时，2 号端子有效，4 号端子无效，只能利用 2～5 端子进行模拟量电压调速，电压范围选择由参数 Pr. 73 决定，其参数设置见表 2－18。

表 2－18　2 号端子模拟量输入选择

参数编号	名称	初始值	设定范围	内容	
79	运行模式选择	0	0，2，4	建议设置为 2 或 4	
73	模拟量输入选择	1	0	端子 2 输入 0～10V	无可逆运行
			1	端子 2 输入 0～5V	
			10	端子 2 输入 0～10V	有可逆运行
			11	端子 2 输入 0～5V	

频率设定信号为端子 2～5 之间输入 DC0～5V（或者 DC0～10V）的电压。输入 5V（10V）时为最大输出频率。变频器的 5～10 端子间内置有 5V 的直流电压电源，当 Pr. 73＝1 或 11 时，可以利用内置 5V 直流电压电源和旋转电位器实现变频器的模拟量电压调速，接线如图 2－19 所示。通过调节电位器旋钮，基于电阻分压原理可知，端子 2～5 之间获得 DC0～5V 的可调电压，进而实现变频器的模拟量调速。

需要注意的是，当 Pr. 79＝“2”时，正转端子 STF 或反转端子 STR 与公共端 SD 接通后才能实现模拟量调速。当 Pr. 79＝“4”时，只能通过面板“RUN”键起动模拟量调速。

当 Pr. 73＝10 或 11 时，可通过模拟量输入来切换正转、反转。通过端子 2（0～5V）输入进行可逆运行时，实施步骤如下。

（1）设定 Pr. 73＝11，可逆运行有效。在 Pr. 125 中设定最大模拟量输入时的频率。

（2）将 C3（Pr. 902）设定为 C4（Pr. 903）设定值的 1/2。

可逆运行时端子 2 输入电压与变频器输出频率的关系即 V/F 曲线，如图 2－20 所示。注意：设定为可逆运行后，没有模拟量输入（仅输入起动信号）时会以反转运行。

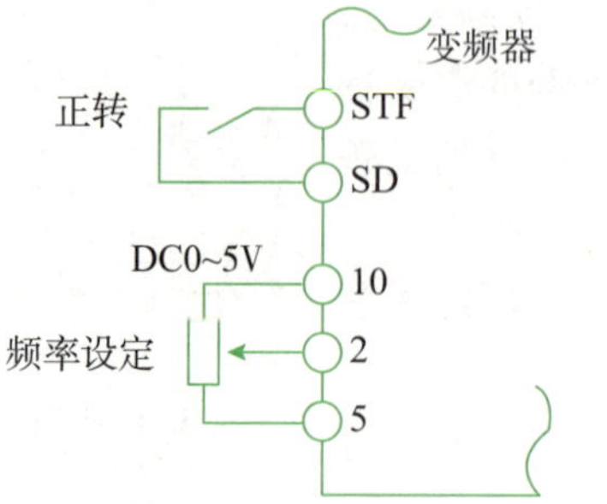

图 2-19　内置电源实现模拟调速实例

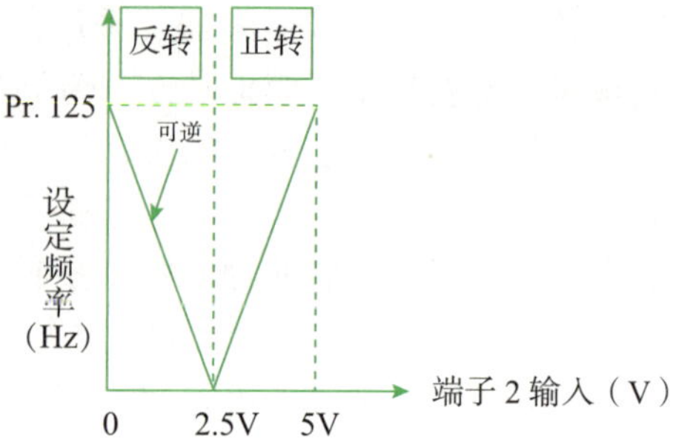

图 2-20　可逆运行 V/F 曲线

2.4.2　端子 4 模拟量调速控制

当 AU 信号“ON”时，2 号端子无效，4 号端子有效。AU 信号输入所使用的端子通过将 Pr. 178～Pr. 184（输入端子功能选择）设定为“4”来分配功能。例如将 Pr. 179 参数设置为“4”，则 STR 端子功能转换为 AU 端子功能，如图 2-21 所示。

4～5 端子能实现电流调速或电压调速，即 4～5 端子接受电流输入或电压输入。电流或电压选择由 Pr. 267 参数和变频器本体上的电压/电流输入切换开关的位置决定。电压/电流输入切换开关如图 2-22 所示。变频器出厂时，切换开关被拨到电流输入位置。

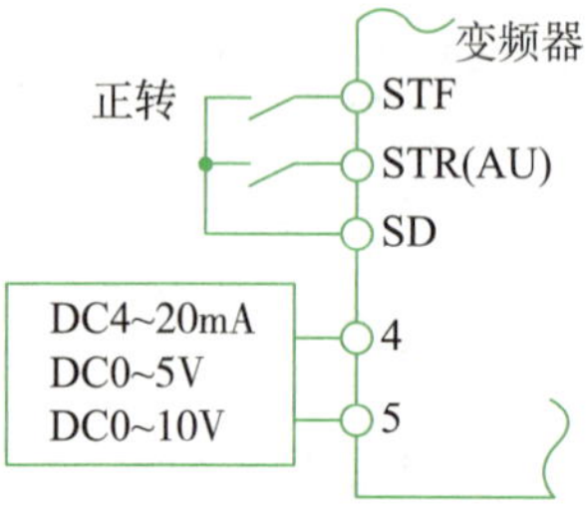

图 2-21　4 号端子模拟量调速接线图

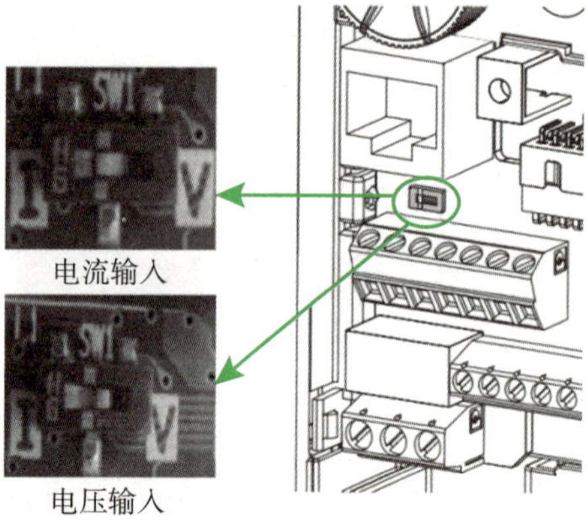

图 2-22　电压/电流输入切换开关

AU 信号“ON”时，端子 4 模拟量调速相关参数设置见表 2-19。

表 2-19　4 号端子模拟量调速相关参数设置

参数编号	名称	初始值	设定范围	内容	
79	运行模式选择	0	3、4	设置为 3 或 4	
267	端子 4 输入选择	0	0	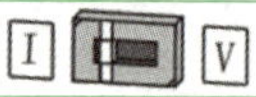	端子 4 输入 4～20mA
			1		端子 4 输入 0～5V
			2		端子 4 输入 0～10V

续表

参数编号	名称	初始值	设定范围	内容
73	模拟量输入选择	1	0	无可逆运行
			1	
			10	有可逆运行
			11	

端子 4 模拟量调速中，Pr. 73 参数决定调速有无可逆运行。

需正确设定 Pr. 267 和电压/电流输入切换开关，输入与设定相符的模拟量信号，否则可能导致变频器异常、故障和误动作的发生。

外部信号频率指令的优先次序是：点动运行＞多段速运行＞端子 2 模拟量输入＞端子 4 模拟量输入＞在操作面板上进行的数字输入。

知识拓展

变频恒压供水控制方法

项目 3

直流电动机及其控制

项目概述

在电动机的发展历史中，直流电动机（DC Motor）是最早发明的将电能转换为机械能的电动机，人类最先得到和推广的是直流电，直流电动机也是先于交流电动机产生的。直流电动机因其良好的调速性能，在电力拖动中得到广泛应用。通过本项目的学习，读者可以掌握直流电动机的结构与工作原理；直流电动机的运行特性；直流电动机的起动、调速和制动方法。

学习目标

知识目标

(1) 掌握直流电动机的特点、结构及工作原理。

(2) 掌握直流电动机的种类和运行特性。

能力目标

(1) 能够理解励磁绕组和电枢绕组的作用。

(2) 能够读懂他励或永磁式直流电动机正反转控制原理图。

(3) 能够理解直流电动机铭牌信息并正确选择电动机。

素养目标

(1) 通过对直流电动机结构与原理的学习，认识科学与技术之间的辩证关系。

(2) 通过直流电动机在生产中的应用，感悟物理知识源于生活，理解理论与实践的关系。

任务 3.1　认识直流电动机

知识导图

- 认识直流电动机
  - 直流电动机的特点、应用及种类
    - 特点：具有优良的调速性能和起动性能
    - 应用：交通运输领域、玩具和家电领域、生产机械领域等
    - 种类
      - 无刷直流电动机
      - 有刷直流电动机
        - 电磁直流电动机
          - 他励直流电动机
          - 串励直流电动机
          - 并励直流电动机
          - 复励直流电动机
          - （串励、并励、复励直流电动机：自励直流电动机）
        - 永磁直流电动机
          - 稀土永磁直流电动机
          - 铁氧体永磁直流电动机
          - 铝镍钴永磁直流电动机
  - 直流电动机的工作原理、基本结构及励磁方式
    - 工作原理：电与磁的相互作用
    - 基本结构
      - 定子
        - 主磁极：产生励磁磁场
        - 换向极：改善换向
        - 电刷装置：电枢绕组和外电路连接
        - 机座：用于固定主磁极、换向极、端盖；磁通路径
      - 转子
        - 电枢铁心：通过磁通并嵌放电枢绕组
        - 电枢绕组：产生感应电动势和电磁转矩
        - 换向器：将直流电流转换为电枢绕组内的交变电流
    - 励磁方式
      - 他励方式：励磁绕组与电枢绕组没有电的联系
      - 并励方式：励磁绕组与电枢绕组并联
      - 串励方式：励磁绕组与电枢绕组串联
      - 复励方式：励磁绕组一部分与电枢绕组串联，另一部分与电枢绕组并联
  - 直流电动机的机械特性
    - 固有机械特性
      - 他励直流电动机：硬特性
      - 自励直流电动机
        - 并励：硬特性
        - 串励：软特性
        - 复励：近似硬特性
    - 人为机械特性（他励）
      - 电枢回路串电阻：软特性
      - 降低电枢电压：硬特性
      - 减弱磁通：软特性
  - 直流电动机的铭牌数据与主要系列
    - 铭牌数据
      - 型号
      - 额定电压与额定电流
      - 转速与效率
      - 工作方式与绝缘等级
    - 主要系列：Z2系列、Z系列、ZF系列及ZT系列等

3.1.1 直流电动机的特点、应用及种类

1. 直流电动机的特点

直流电动机与交流电动机相比，具有优良的调速性能和起动性能。直流电动机具有宽广的调速范围、平滑的无级调速特性，可实现频繁的无级快速起动、制动和反转；过载能力大，能承受频繁的冲击负载；能满足自动化生产系统的特殊运行要求。

直流电动机的缺点：一是直流电动机制造工艺复杂，消耗有色金属较多，生产成本高；二是直流电动机运行时由于电刷与换向器之间容易产生火花（有刷直流电动机），因而可靠性较差，维护比较困难。所以在一些对调速性能要求不高的领域中已被交流变频调速系统所取代。但在起动和调速性能要求高的场合，直流电动机的应用仍占有较大的比重。

2. 直流电动机的应用

由于直流电动机具有良好的起动和调速性能，常应用于对起动和调速有较高要求的场合，如电力机车、内燃机车、地铁列车、电动自行车等交通运输领域；部分玩具和家电领域；大型可逆式轧钢机、矿井卷扬机、宾馆高速电梯、龙门刨床、造纸和印刷机械、船舶机械、大型精密机床和大型起重机等生产机械领域。

3. 直流电动机的种类

直流电动机按结构及工作原理可分为无刷直流电动机和有刷直流电动机。有刷直流电动机可分为电磁直流电动机和永磁直流电动机。电磁直流电动机又分为串励直流电动机、并励直流电动机、他励直流电动机和复励直流电动机。永磁直流电动机又分为稀土永磁直流电动机、铁氧体永磁直流电动机和铝镍钴永磁直流电动机。

3.1.2 直流电动机的工作原理、基本结构及励磁方式

1. 直流电动机的工作原理

直流电动机是依据电与磁相互作用原理制造的，即导体切割磁力线产生感应电动势和通电导体在磁场中受到电磁力的作用。

直流电动机工作原理如图 3－1 所示。其中，N 和 S 表示固定的磁极，产生的磁场方向为 N 极指向 S 极。abcd 为导电线圈，线圈的两端分别接到相互绝缘的两个半圆形铜片上（换向片 1 和换向片 2），它们的组合称为换向器。在每个半圆铜片上又分别放置一个固定不动而与之滑动接触的电刷 A 和 B，线圈 abcd 通过换向器和电刷接通外电路。

将外部直流电源加于电刷 A（正极）和 B（负极）上，则线圈 abcd 中流过电流，在导体 ab 中，电流由 a 指向 b，在导体 cd 中，电流由 c 指向 d，如图 3－1（a）所示。导体 ab 和 cd 分别处于磁场中，受到电磁力的作用。根据左手定则可知，导体 ab 和 cd 均受到电磁

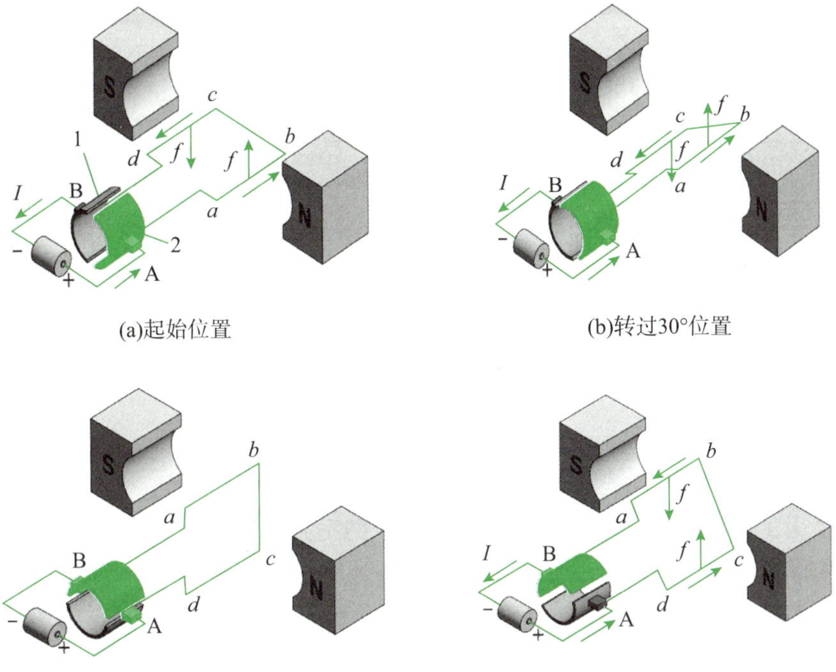

(a)起始位置　　(b)转过30°位置

(c)转过90°位置　　(d)转过120°位置

图 3-1　直流电动机工作原理

力 *f* 的作用，导体 ab 的受力方向垂直向上，导体 cd 的受力方向垂直向下，形成电磁转矩，使线圈 abcd 顺着逆时针方向旋转。当线圈 abcd 转过 30°，其电流流向及受到的电磁力 *f* 的情况如图 3-1（b）所示。当线圈 abcd 转过 90°时，如图 3-1（c）所示，线圈中无电流和电磁力，但在惯性的作用下继续旋转。当线圈 abcd 转过 120°时，其电流流向及受到的电磁力 *f* 的情况如图 3-1（d）所示，线圈中电流流向为 d—c—b—a，与图 3-1（a）和图 3-1（b）相反，但导体 ab 和 cd 受到电磁力 *f* 的作用，合成的电磁转矩方向与图 3-1（a）和图 3-1（b）相同，使线圈 abcd 继续沿着逆时针方向旋转。

由此可见，加于直流电动机的直流电源，借助换向器和电刷的作用，使直流电动机线圈中流过的电流的方向是交变的，使线圈产生的电磁转矩的方向是恒定不变的，进而保证直流电动机朝确定的方向连续旋转。

2. 直流电动机的基本结构

直流电动机由定子和转子两部分组成。定子主要用来产生磁场和在机械上支撑电动机，是直流电动机的静止部分，主要包括机座、主磁极、换向极、电刷装置等；转子是直流电动机转动的部分，也称为电枢，其作用是在定子产生的磁场作用下产生感应电动势和电流，进而产生电磁转矩，实现能量转换。主要包括电枢铁心、电枢绕组、换向器、转轴和风扇等。在定子和转子（电枢）之间有一定间隙，称为气隙。图 3-2 为直流电动机的纵向剖视图，图 3-3 为直流电动机的横向剖视图。

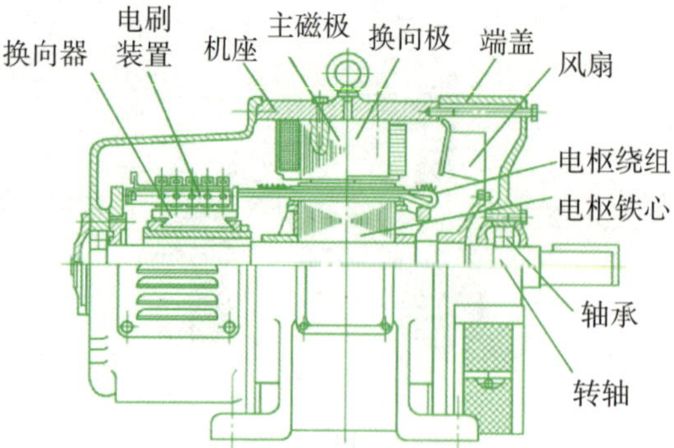

图 3-2　直流电动机纵向剖视图

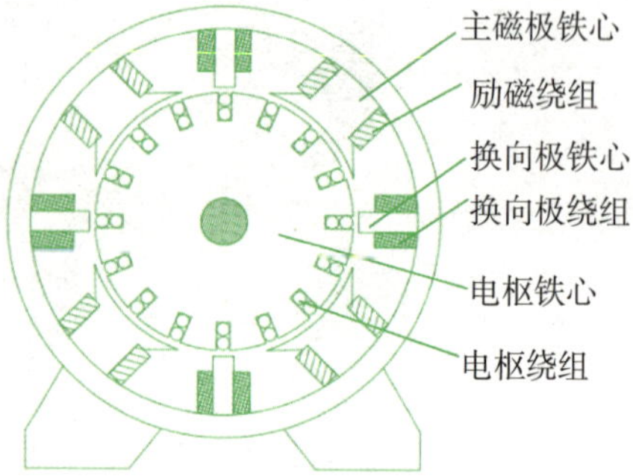

图 3-3　直流电动机横向剖视图

（1）定子。

1）主磁极。

主磁极由主磁极铁心和套装在主磁极铁心上的励磁绕组构成，如图 3-4 所示。主磁极用来产生励磁磁场。主磁极铁心由 1～1.5mm 厚的低碳钢薄板冲片叠压而成。励磁绕组用圆形或矩形纯铜绝缘电磁线制成。各磁极的励磁绕组串联连接成一路，以保证各主极励磁绕组的电流相等。直流电动机的“极数”为主磁极个数，但是该“极数”与直流电动机的转速无关。这一点与交流电动机不同。如图 3-3 所示的直流电动机，其极数为 4，即 p（磁极对数）=2，称为 4 极电动机。

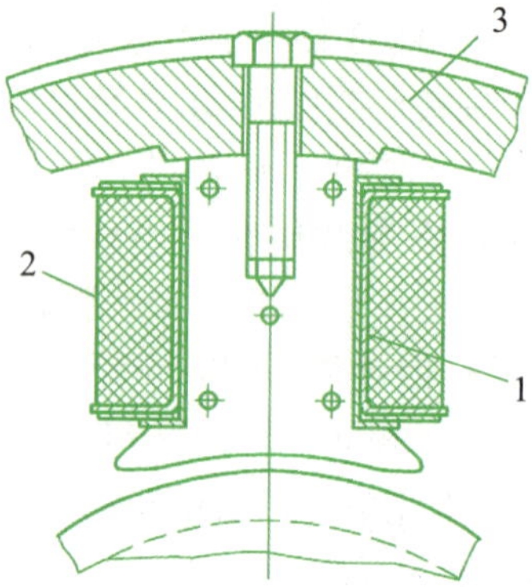

图 3-4　主磁极

1—主磁极铁心　2—励磁绕组　3—机座

2）换向极。

直流电动机运行中，电枢绕组元件经过电刷时，从一条支路进入另一条支路，该电枢绕组元件中的电流方向也发生了改变，这个过程称为换向。换向极的作用是改善换向，其目的是减小电动机运行时电刷与换向器之间可能产生的换向火花。换向极一般装在主磁极之间的几何中性线上，由换向极铁心和换向极绕组构成。换向极绕组与电枢绕组串联，即流过电枢电流，电枢电流较大，因此换向极绕组导线的截面积较大，匝数较少。换向极铁心通常由整块钢做成，一般容量超过 1kW 的直流电动机都安装有换向极。

3）电刷装置。

在直流电动机中，为了使电枢绕组和外电路连接起来，必须安装电刷装置。电刷装置一般由电刷、刷握、刷杆、刷杆座及弹簧压板等零件构成。如图 3－5、图 3－6 所示。电刷由具有良好的导电性能、较好的耐磨性能的石墨制成，置于刷握中，其上压一弹簧压板，使电枢转动时电刷与换向器表面保持一定的接触压力。刷握固定在刷杆上，刷杆装在刷杆座上，彼此之间绝缘，刷杆座装在端盖上，可移动调整电刷位置。电刷借助铜丝辫与刷杆连接，再用导线引出。

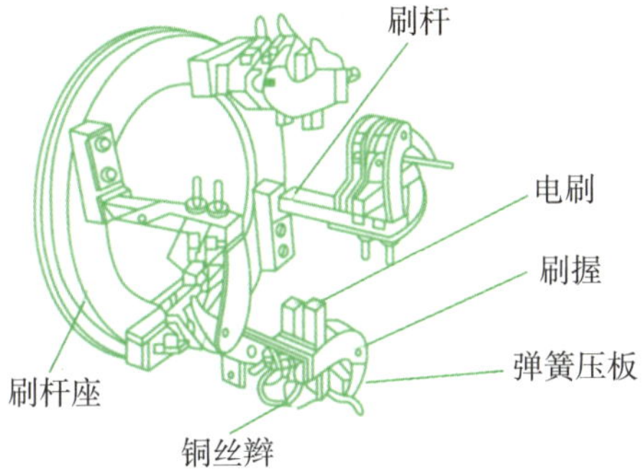

图 3－5　电刷装置

图 3－6　电刷实物图

4）机座。

直流电动机的机座用来固定主磁极、换向极、端盖等，并借助底脚将电动机固定在机座上。同时，直流电动机的机座也是磁极间的磁通路径（称为磁轭），所以用导磁性好、机械强度较高的铸钢或厚钢板制成，不能采用铸铁。

（2）转子。

转子又称为电枢，是用来产生感应电动势并实现能量转化的关键部件，主要由电枢铁心、电枢绕组、换向器和转轴组成，结构如图 3－7 所示。由图 3－1 可知，线圈旋转位置不同，所受到电磁转矩的大小也不同，这样会造成线圈转动不均匀。实际的直流电动机，转子铁心圆周上均匀地嵌放许多线圈，相应的换向器由许多换向片组成，使线圈所产生的电磁转矩足够大并且比较均匀，电动机的转速也就比较均匀。

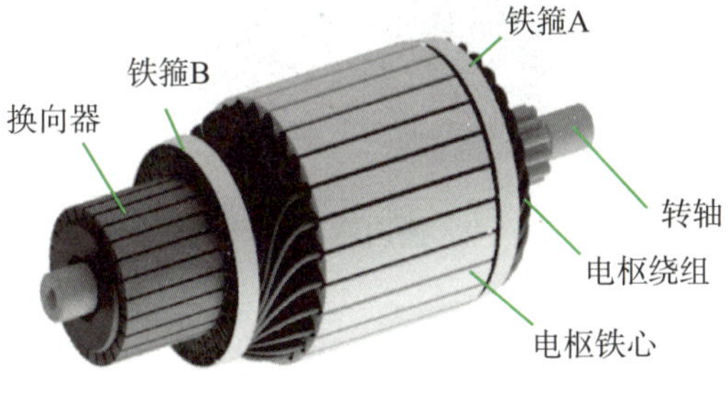

图 3－7　直流电动机电枢

1）电枢铁心。

电枢铁心用来通过磁通并嵌放电枢绕组，它被安装在转轴上，是主磁路的一部分。由于转子在定子主磁极产生的恒定磁场内旋转，因此电枢铁心内的磁通是交变的，为减少涡流和磁滞损耗，通常由两面涂绝缘漆的 0.5mm 或 0.35mm 厚的硅钢片叠压而成。硅钢片外圆有均匀分布的槽，如图 3-8 所示，使电枢铁心能够嵌放电枢绕组。

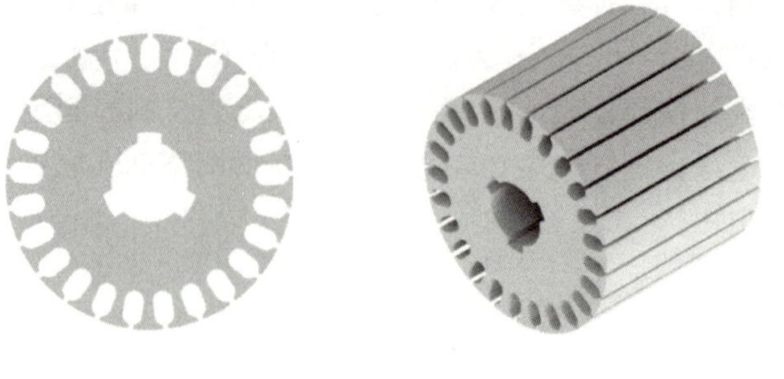

(a)硅钢片　　(b)电枢铁心

图 3-8　硅钢片及电枢铁心

2）电枢绕组。

电枢绕组由一定数目的电枢线圈按一定的规律连接而成，它是直流电动机的电路部分，也是产生感应电动势和电磁转矩、进行机电能量转换的关键部件。线圈由绝缘的圆形或矩形截面的导线绕成，分上下两层，嵌放在电枢铁心槽内，上下层、线圈与电枢铁心之间都要可靠绝缘，并用槽楔压紧。大型电动机电枢绕组的端部通常紧扎在绕组支架上。

3）换向器。

换向器由许多鸽尾形的换向片叠成一个圆筒，片与片之间用云母片绝缘，借 V 形套筒和螺纹压圈拧紧成一个整体。每个换向片的一端有高出部分，上面铣有焊线槽，供电枢绕组的线圈（称为元件）引出线与换向片焊接在一起。换向器的作用是将直流电动机输入的直流电流转换成电枢绕组内的交变电流，进而产生恒定方向的电磁转矩，使电动机连续运转。图 3-9 为换向器的结构示意图。

图 3-9　换向器结构示意图

3. 直流电动机的励磁方式

直流电动机的励磁方式是指励磁绕组获得励磁电流的方式，除永磁式直流电动机外，直流电动机的磁场都是通过励磁绕组通入电流激励而建立的，按励磁方式可分为四种：他励、并励、串励和复励，接线原理及特点见表 3-1。

表 3-1 直流电动机的励磁方式

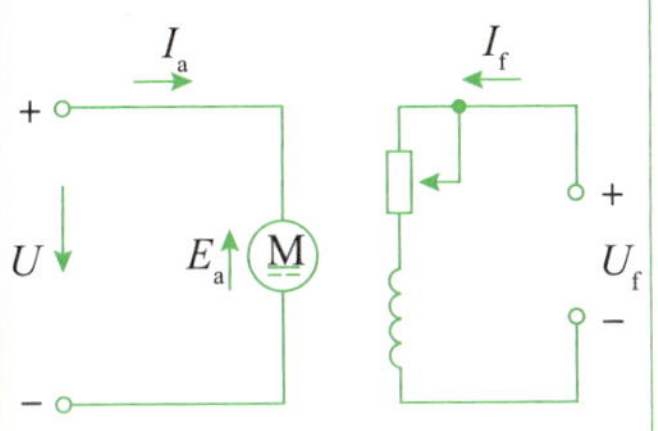 他励方式	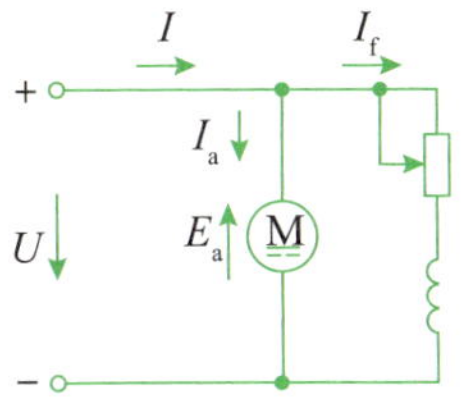 并励方式	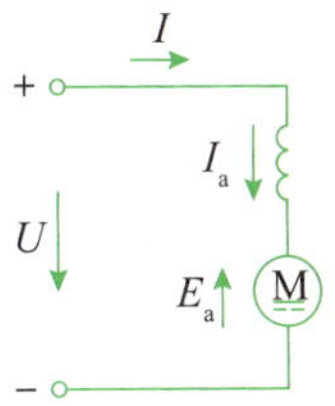 串励方式	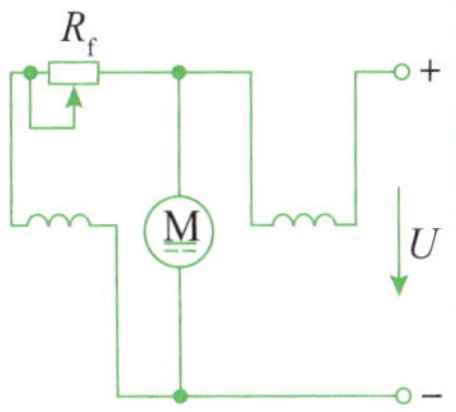 复励方式
励磁绕组与电枢绕组没有电的联系，直流电源 U 对电枢绕组供电，U_f 对励磁绕组供电。	励磁绕组与电枢绕组并联在一起，由直流电源 U 供电。	励磁绕组与电枢绕组串联在一起，由直流电源 U 供电。	励磁绕组的一部分与电枢绕组串联，另一部分与电枢绕组并联，由直流电源 U 供电。以并励为主。

不同励磁方式的直流电动机的运行特性有很大差异，可满足不同生产机械的要求。直流电动机的出线端一般标有明确的标志，以备接线，其标志含义见表 3-2。

表 3-2 直流电动机出线端标志

绕组名称	出线端标志	绕组名称	出线端标志
电枢绕组	A1 A2	串励绕组	D1 D2
换向极绕组	B1 B2	并励绕组	E1 E2
补偿绕组	C1 C2	他励绕组	F1 F2

3.1.3 直流电动机的机械特性

直流电动机的机械特性是指在某种条件下，其电磁转矩 T 与转速 n 的关系，即 $n=f(T)$。电动机的机械特性是分析电动机起动、调速和制动的重要依据。

1. 他励直流电动机的固有机械特性

他励直流电动机的固有机械特性是指当电枢电路中没有串入附加电阻，工作电压和磁通均为额定值时的机械特性。首先推导机械特性方程，借助特性方程绘制特性曲线，进而获取他励直流电动机的机械特性。他励直流电动机的电路原理图如图 3-10 所示，其中 U 所在的电路为电枢回路，U_f 所在的电路为励磁回路。

直流电动机的电磁转矩 T 的大小可表示为

$$T=K_E\Phi I_a \tag{3-1}$$

式中，K_E 为与电动机结构有关的常数；Φ 为每极磁通（Wb）；I_a 为电枢电流（A）；T 为电磁转矩（N·m）。

直流电动机电枢电动势 E_a 的大小可表示为

$$E_a=K_T\Phi n \tag{3-2}$$

式中，K_T 为与电动机结构有关的另一常数；Φ 为每极磁通（Wb）；n 为电动机转速（r/min）；E_a 为电枢电动势（V）。

直流电动机在旋转时，电枢电动势 E_a 的大小与每极磁通 Φ 和电动机转速 n 的乘积成正比，它的方向与电枢电流方向相反，因而称为反电动势，在电路中起着限制电流的作用。

在图 3-10 所示的电枢回路中，根据基尔霍夫定律可知，电动势平衡方程为

$$U=E_a+I_aR_a \tag{3-3}$$

式中，U 为电枢电压（V）；E_a 为电枢电动势（V）；I_a 为电枢电流（A）；R_a 为电枢内阻（Ω）。

将式（3-1）、式（3-2）和式（3-3）联立可得到他励直流电动机的机械特性方程为

$$n=\frac{U}{K_E\Phi}-\frac{R_a}{K_EK_T\Phi^2}T \tag{3-4}$$

根据固有机械特性的定义，式（3-4）中 U、Φ 为额定值，R_a 不变时，K_E 和 K_T 是由电动机结构决定的参数。由此得到他励直流电动机固有机械特性方程为

$$n=\frac{U_N}{K_E\Phi_N}-\frac{R_a}{K_EK_T\Phi_N^2}T=n_0-kT \tag{3-5}$$

式中，$n_0=\dfrac{U_N}{K_E\Phi_N}$ 为理想空载转速（r/min），$k=\dfrac{R_a}{K_EK_T\Phi_N^2}$ 为机械特性斜率。由此得到他励直流电动机的固有机械特性曲线，如图 3-11 所示。

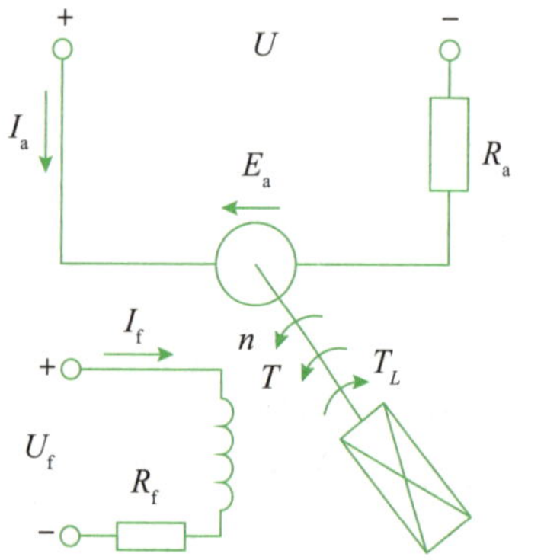

图 3-10 他励直流电动机电路原理图

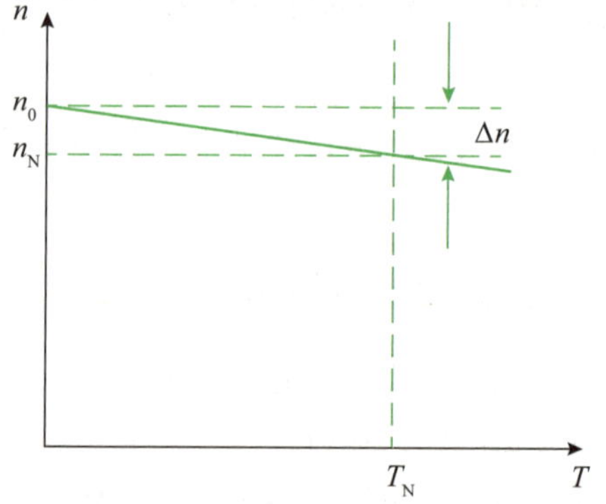

图 3-11 他励直流电动机固有机械特性曲线

实际的直流电动机电枢内阻 R_a 很小，其固有机械特性曲线的斜率 k 很小，即转速降 Δn 很小，所以他励直流电动机的固有机械特性为硬特性。

2. 他励直流电动机的人为机械特性

式（3-4）所示的机械特性方程中，将 U、Φ、R_a 三个参数中的两个参数保持不变，

人为地改变第三个参数而获得的机械特性，称为人为机械特性。因此他励直流电动机的人为机械特性有三种：电枢回路串电阻、降低电枢电压和减弱磁通。

（1）电枢回路串电阻人为机械特性。

保持 $U=U_N$ 和 $\Phi=\Phi_N$ 不变，在电枢回路中串接不同阻值 R_{ad} 时获得的人为特性，称为电枢回路串电阻人为机械特性，如图 3－12 所示。

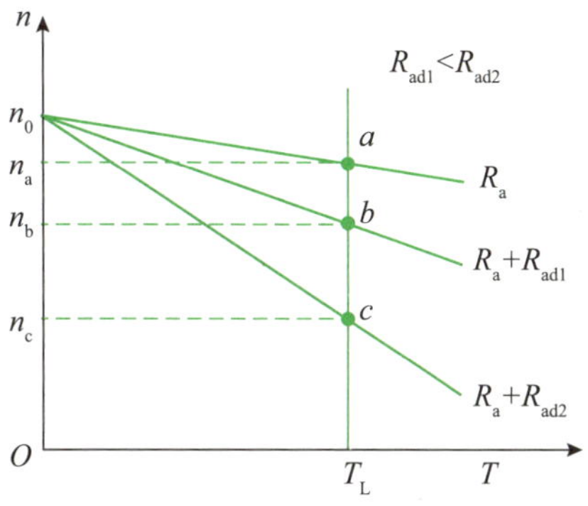

图 3－12 电枢回路串电阻人为机械特性

与固有机械特性相比，电枢回路串电阻人为机械特性的特点：理想空载转速 n_0 未变，与固有机械特性相同；由于电枢回路串入电阻，斜率 k 变大，机械特性变软。

通过观察图 3－12 可知，在一定范围内改变电枢回路的电阻，能够实现电动机的调速，因此，电枢回路串电阻主要用于电动机的调速和起动。

（2）降低电枢电压人为机械特性。

保持 $\Phi=\Phi_N$ 不变，电枢回路不串接电阻，通过改变电枢电压 U，获得其人为机械特性。由于电枢电压 U 只能基于额定供电电压 U_N 向下调节，否则会烧毁电动机，因此称为降低电枢电压人为机械特性，如图 3－13 所示。

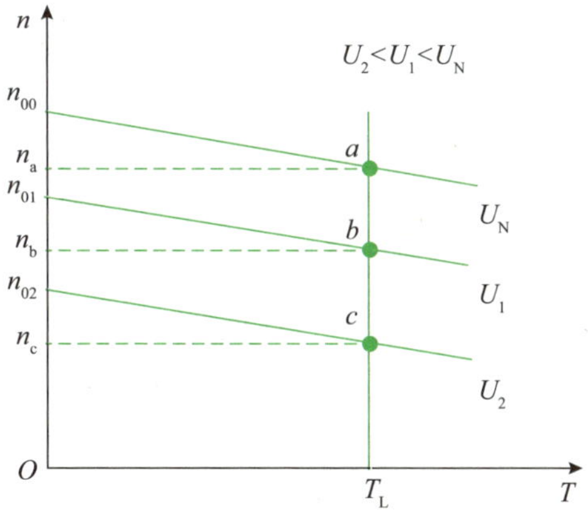

图 3－13 降低电枢电压人为机械特性

降低电枢电压人为机械特性的特点：理想空载转速 n_0 减小；与固有机械特性相比，斜率 k 未变，与固有机械特性曲线平行，属硬特性。

观察图 3-13 可知，在一定范围内改变电枢电压也能实现电动机的调速，因此，降低电枢电压主要用于电动机的调速和起动，并能保持机械特性硬度不变。

(3) 减弱磁通人为机械特性。

保持$U=U_N$，电枢回路不串接电阻，通过减弱磁通量Φ，获得其人为机械特性。由于电动机磁路接近饱和，难以做到增加每极磁通量，所以只能减弱磁通量Φ。减弱磁通人为机械特性曲线如图 3-14 所示。

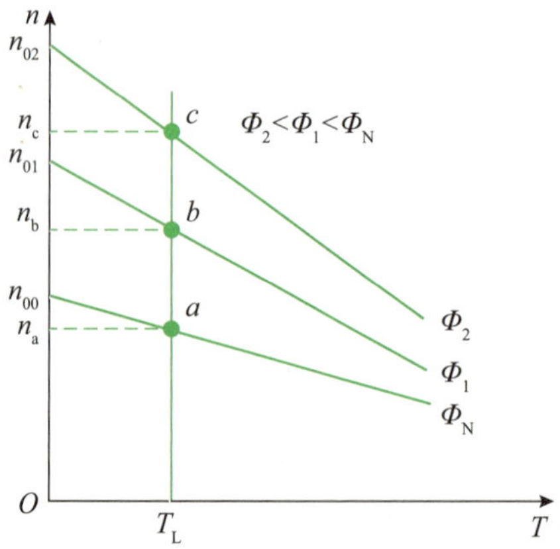

图 3-14　减弱磁通人为机械特性曲线

减弱磁通人为机械特性的特点：理想空载转速n_0与Φ成反比，减弱磁通后，理想空载转速n_0增大；斜率k变大，机械特性变软。观察图 3-14 可知，适当弱磁可以提高电动机的转速。

他励直流电动机起动和运行过程中，绝不允许断开励磁回路，因断开励磁回路会使$\Phi=0$，导致电动机转速迅速升高，甚至发生“飞车”事故。因此他励直流电动机一般配置弱磁保护装置。

由以上三种人为机械特性曲线分析可知：电枢回路串电阻和减弱磁通，机械特性变软；降低电枢电压，机械特性硬度不变。

另外，大容量和工作繁重的直流电动机中，在主磁极极靴上专门冲出一些均匀分布的槽，槽内嵌放补偿绕组，补偿绕组与电枢绕组串联，并使补偿绕组磁通势与电枢磁通势相反，以保证在任何负载下电枢磁通势都能被抵消，从而减少因电枢反应而引起的气隙磁场的畸变，也就降低了产生电位差火花和环火的可能性。

3. 自励直流电动机的固有机械特性

他励直流电动机的励磁绕组和电枢绕组是由两套电源独立供电的，二者没有电的联系。而串励、并励和复励直流电动机是由一套电源供电的，其励磁绕组与电枢绕组电流是有关系的，这三种直流电动机为自励直流电动机。并励和他励直流电动机的机械特性基本相同，这里只介绍串励和复励直流电动机的固有机械特性。

(1) 串励直流电动机的固有机械特性。

串励直流电动机的固有机械特性曲线如图 3-15 所示。

串励直流电动机的固有机械特性为双曲线，与他励直流电动机相比，其机械特性为非线性，呈现为软特性，随着转矩增加，转速下降幅度较大。由图 3－15 可知，串励直流电动机的理想空载转速 n_0 趋近于无穷大，因此串励直流电动机一般不允许空载或轻载运行。但是串励直流电动机的起动转矩和过载能力强，当负载转矩增大时电动机转速会自动下降，但输出功率几乎不变。

串励直流电动机通交流电时也能正常工作，因为串励直流电动机的励磁绕组与电枢绕组是串联的，不管电源极性怎么变，励磁电流与电枢电流是同时反向的，电枢导体的电动力方向不变，同样可输出转矩。大部分电动工具都是由串励电动机提供动力的，原则上交直流电源通用。

（2）复励直流电动机的固有机械特性。

复励直流电动机的固有机械特性曲线如图 3－16 所示，其机械特性介于他励与串励之间，因此，复励电动机既有较高的起动能力和过载能力，又可允许空载或轻载运行。

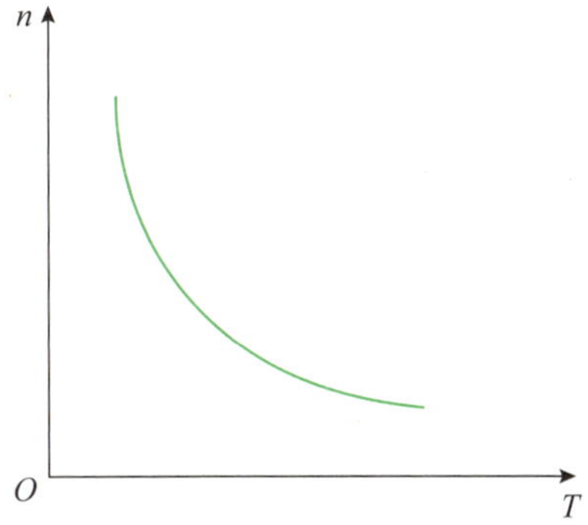

图 3－15　串励直流电动机的固有机械特性

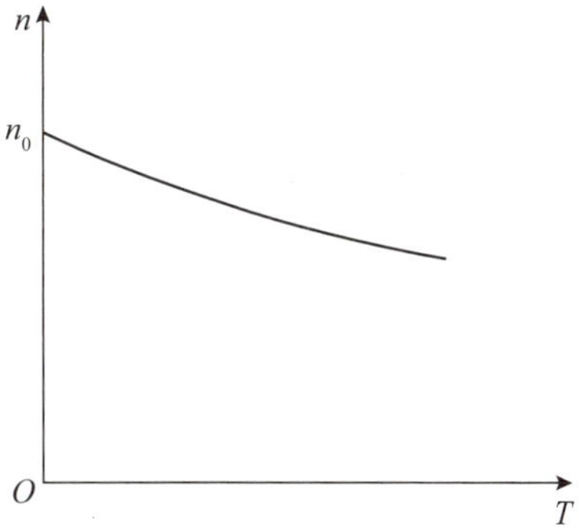

图 3－16　复励直流电动机的固有机械特性

3.1.4　直流电动机的铭牌数据与主要系列

1. 铭牌数据

每台直流电动机的机座上都有一个铭牌，其上标有电动机型号和各项额定值，用以表示电动机的主要性能和使用条件。

典型直流电动机铭牌数据见表 3－3。

表 3－3　典型直流电动机铭牌数据

直流电动机			
型号	Z4－112－2－1	励磁方式	他励
功率	90kW	励磁电压	180V
电压	440V	励磁电流	166A
电流	236A	绝缘等级	F 级

续表

转速	750r/min	效率	85%
工作方式	连续	重量	685kg
产品编号	××××	出场日期	××××年××月
××××公司			

（1）型号。

直流电动机型号一般由汉语拼音的大写字母和阿拉伯数字的组合来表示。表 3－3 中的型号 Z4－112－2－1，其含义如下。

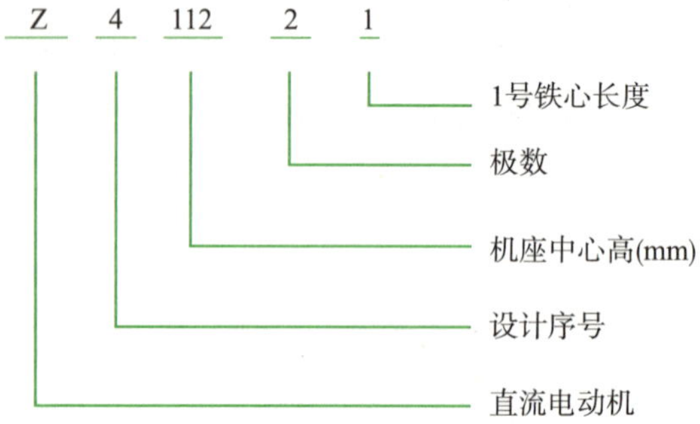

（2）额定电压与额定电流。

他励直流电动机：励磁电源和电枢电源是相互独立的。一般他励直流电动机铭牌上会标识“励磁电压”和“励磁电流”，如表 3－3 所示。他励直流电动机铭牌上标识的“电流”和“电压”是额定值，如表 3－3 所示的“电流”＝236A，表示电动机在额定工作状态时，电枢绕组流过的电流值，即额定电流。“电压”＝440V，表示电动机在额定工作状态时，加在他励直流电动机电枢绕组上规定使用的电压，即额定电压。

自励直流电动机：并励、串励和复励直流电动机的励磁绕组和电枢绕组是由一套供电电源供电的，通常上述三种直流电动机的铭牌上只标识“电压”和“电流”，“电压”和“电流”表示电动机在额定工作状态时，规定的供电电源供给直流电动机的电压与电流的大小，即额定电压和额定电流。

（3）转速与效率。

铭牌中标识的“转速”，指电动机在额定工作状态时，电动机转子轴的转动速度，即额定转速。“效率”指电动机在额定工作状态时，电动机转子轴的输出功率对电动机输入功率的比值，即额定效率。

（4）工作方式与绝缘等级。

直流电动机的工作方式与三相异步电动机的规定相同。绝缘等级也与交流异步电动机是一样的，现在多为 F 级绝缘。

2. 主要系列产品简介

这里只介绍 Z 系列直流电动机产品的特点及应用。

Z2 系列：一般用途的中小型直流电动机。

Z 和 ZF 系列：一般用途的中大型直流电动机，其中“Z”为直流电动机系列，“ZF”为直流发电机系列。

ZT 系列：用于恒功率且调速范围较宽的宽调速直流电动机。

ZZJ 系列：冶金辅助拖动机械用的起重直流电动机，具有快速起动和过载能力强的特点。

ZQ 系列：电力机车、工矿电车和铺轨架桥机用的直流牵引电动机。

ZH 系列：船舶上各种辅机用的船用直流电动机。

任务 3.2 直流电动机的起动与正反转控制

知识导图

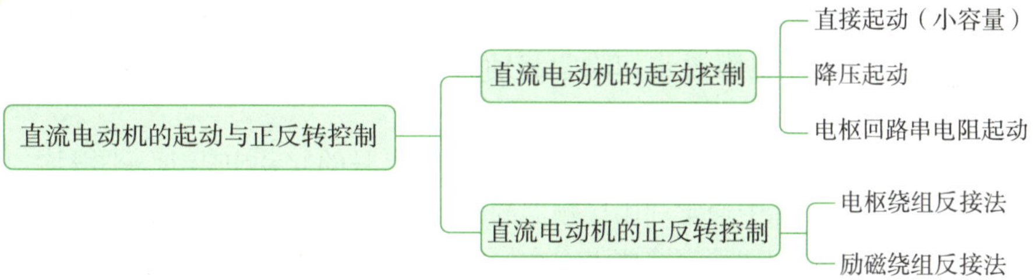

3.2.1 直流电动机的起动控制

电动机的起动是指电动机接通电源后，由静止状态加速到稳定运行的整个过程。与三相异步电动机类似，直流电动机的起动要有足够大的起动转矩，同时起动电流不能超过允许范围。

由式（3-3）可知，直流电动机的起动电流 $I_{st}=\frac{U}{R_a}$（起动瞬间 $E_a=0$），直流电动机的起动电流 I_{st} 可达到其额定电流的 10～20 倍。如此大的起动电流会使换向困难，容易产生电火花。由式（3-1）可知，电磁转矩与电枢电流成正比，直流电动机的起动转矩也过大，这对生产机械会产生较大的冲击。因此在直流电动机起动时需要限制起动电流的大小，一般要求起动电流 $I_{st}\leqq(1.5\sim2)I_N$。

对于小容量直流电动机（一般为 1kW 以下），可以采用直接起动。

由 $I_{st}=\frac{U}{R_a}$ 可知，为限制起动电流 I_{st}，可采用两种方法：一是降低电枢电源电压；二是在电枢回路串入电阻。

1. 降压起动

直流电动机的降压起动是在起动前将施加在电枢两端的电压降低，以满足起动电流的要求。起动时应先建立励磁，再给电枢加低压，随着转速升高，逐渐加大电压。降压起动的机械特性如图 3-17 所示。

电枢电压由低到高进行调节，当电枢电压 U 对应的起动转矩 T_{st} 大于负载转矩 T_L 时，如图 3-17 所示，电动机开始转动。随着转速上升，逐步升高电枢电压 U，直至达到额定电压 U_N，电动机进入稳定运行状态，即到达 A 点，降压起动过程结束。

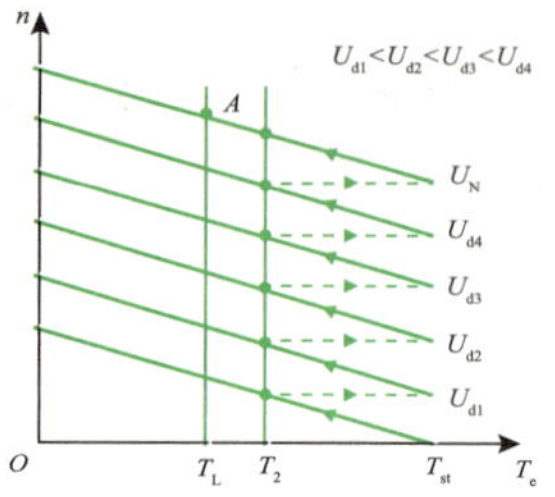

图 3-17　降压起动的机械特性

降压起动消耗能量小，起动平滑，但需要专用的电源设备。

降压起动多用于大、中型直流电动机和需要经常起动的场合。

2. 电枢回路串电阻起动

电枢回路串电阻起动是在不改变电枢电压 U 的情况下，在电枢回路串入分级起动电阻 R_{st}，在起动过程中将起动电阻逐步切除。起动时应先建立励磁，从而保证产生足够大的起动转矩。

为使电动机转速能均匀上升，起动后应把与电枢串联的起动电阻 R_{st} 平滑均匀地切除。但这样做比较困难，在实际中通常利用接触器的触点来分段短接起动电阻，实现起动电阻的分段切除，由于每段电阻的切除都需要由一个接触器控制，因此起动级数不宜过多，一般为 2～5 级。图 3-18 所示为电枢回路串电阻四级起动的电气原理图和机械特性图。

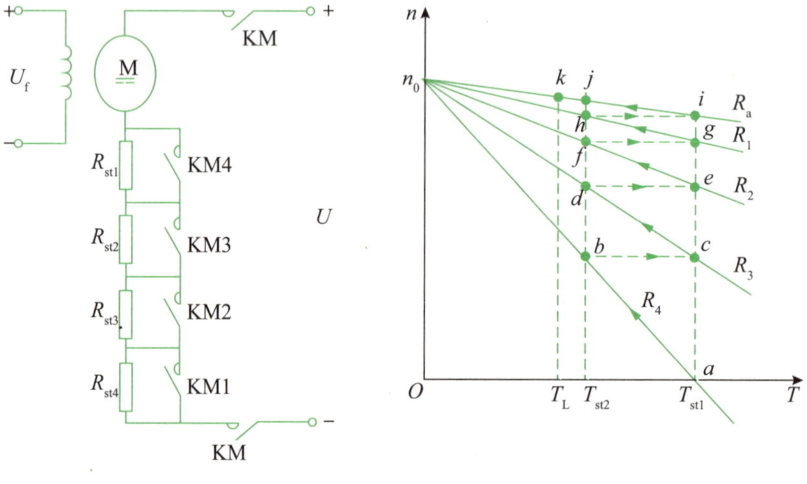

(a)电气原理图　　(b)机械特性

图 3-18　电枢回路串电阻四级起动

在图 3-18（a）所示电气原理图中，起动过程：首先接通励磁电源 U_f，然后接触器 KM 的主触点接通电枢电源 U，如图 3-18（b）所示的起动转矩 T_{st1}（a 点）大于负载转

矩 T_L，直流电动机起动开始。起动过程一般基于时间原则，利用接触器 KM1～KM4 主触点依次短接起动电阻 R_{st4}、R_{st3}、R_{st2} 和 R_{st1}，实现起动电阻的切除。图 3-18（b）对应的电动机工作点从 a 点移动到 b 点、c 点、d 点等，最后稳定在 k 点运行，起动过程结束。图 3-18（b）中，$R_4=R_a+R_{st1}+R_{st2}+R_{st3}+R_{st4}$、$R_3=R_a+R_{st1}+R_{st2}+R_{st3}$、$R_2=R_a+R_{st1}+R_{st2}$、$R_1=R_a+R_{st1}$。

电枢回路串电阻起动的设备简单，但其起动电阻有能量损耗。该方法主要应用于中小型直流电动机的起动控制。

3.2.2 直流电动机的正反转控制

直流电动机工作过程中，常常需要改变转动方向。在正常情况下，电磁转矩方向决定了电动机的转动方向。由电磁转矩公式 $T=K_E\Phi I_a$ 可知，电磁转矩的方向取决于磁通量 Φ 及电枢电流 I_a 的方向。

改变直流电动机转向的方法有两种：一是保持励磁绕组极性不变，改变电枢绕组极性，实现电枢电流 I_a 反向，称为电枢绕组反接法；二是保持电枢绕组极性不变，改变励磁绕组极性，实现磁通量 Φ 反向，称为励磁绕组反接法。这里以串励和并励直流电动机为例，说明以上两种方法的应用。

1. 串励直流电动机正反转控制

串励直流电动机外形及励磁绕组反接法的原理图，如图 3-19 所示。

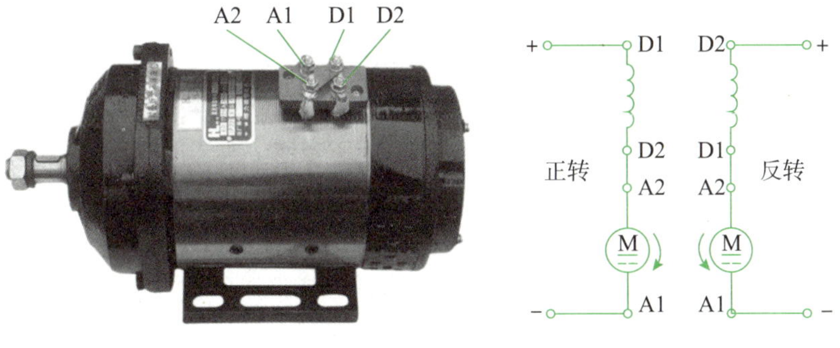

（a）外形　　（b）接线原理图

图 3-19　串励直流电动机外形及接线原理图

在图 3-19（b）中，正转和反转时励磁绕组的极性不同，而电枢绕组的极性保持不变。串励直流电动机正反转控制电路如图 3-20 所示。

如图 3-20 所示，励磁绕组反接法正反转控制电路的工作原理如下。

正转运行：合上断路器开关 QF1 和 QF2，分别接通主电路和控制电路电源。控制电路中，断电延时继电器 KT 线圈得电，延时闭合常闭触点 KT 瞬时断开。按下按钮 SB_2，接触器 KM1 线圈得电并自锁，KM1 的 2 个主触点闭合，辅助常开触点 KM1 闭合，辅助常闭触点 KM1 断开，断电延时继电器 KT 线圈失电，此时，主电路电流流向为 R→D1→

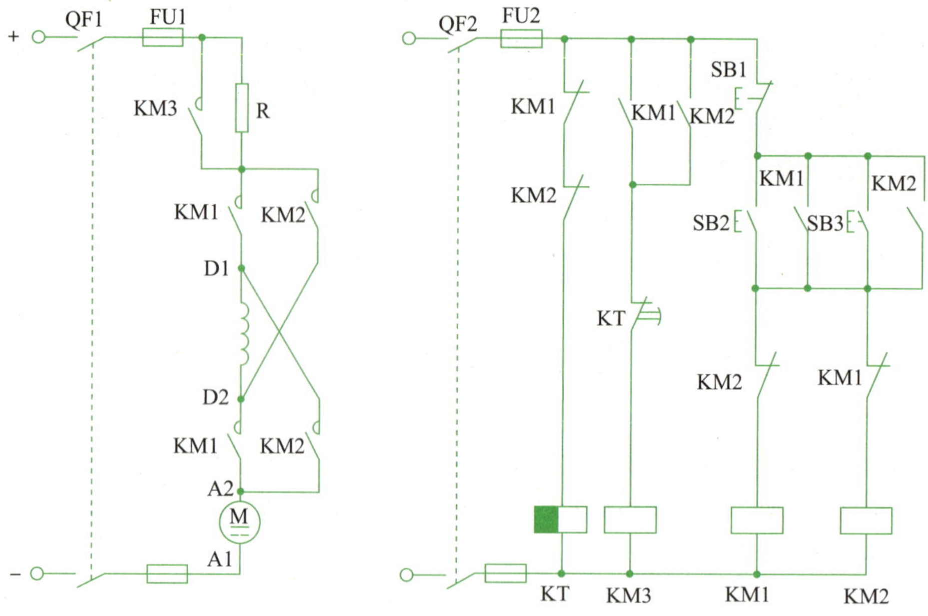

（a）主电路　　　　（b）控制电路

图 3 - 20　串励直流电动机正反转控制电路

D2→A2→A1，电动机正转起动。当时间继电器 KT 定时时间到，其延时闭合常闭触点 KT 复位，接触器 KM3 线圈得电，主触点 KM3 闭合，起动电阻 R 被短路切除，正转起动过程结束，进入正转运行阶段。

反转运行：按下停止按钮 SB1，KM1 线圈失电，KM1 的 2 个主触点断开，电动机 M 失电停转。按下按钮 SB3，接触器 KM2 线圈得电并自锁，KM2 的 2 个主触点闭合，辅助常开触点 KM2 闭合，辅助常闭触点 KM2 断开，断电延时继电器 KT1 线圈失电，此时，供电电流流向为 R→D2→D1→A2→A1，电动机反转起动。当时间继电器 KT 定时时间到，其延时闭合常闭触点 KT 复位，接触器 KM3 线圈得电，主触点 KM3 闭合，起动电阻 R 被短路切除，反转起动过程结束，进入反转运行阶段。

电动工具通常采用串励直流电动机提供动力，一般采用倒逆开关改变电枢绕组极性的方法，即采用电枢绕组反接法实现电动机正反转。以手电钻（有刷电动机驱动）为例，其内部图和正反转控制电路如图 3 - 21 所示。

对于图 3 - 21（b）中正反转控制电路的工作原理，请自行分析。

2. 并励直流电动机正反转控制

并励电动机的励磁绕组匝数很多，电感比较大，改变励磁电流方向时，会在绕组中产生很大的自感电动势，在切换开关处产生很大的火花电弧，易烧损开关。因此并励直流电动机一般采用电枢绕组反接法来实现电动机反转。并励直流电动机正反转控制电路如图 3 - 22 所示。

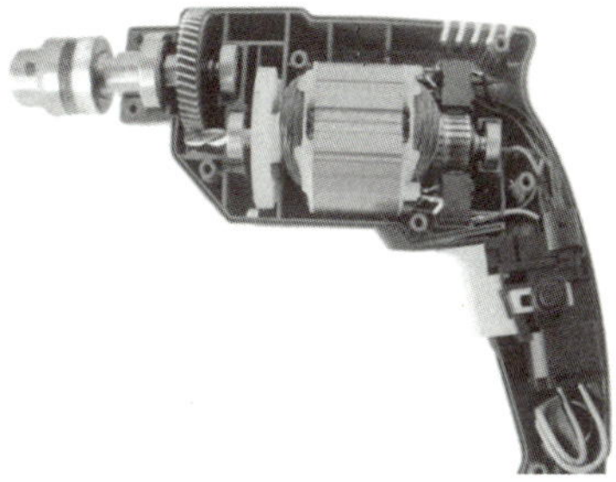

（a）手电钻内部图

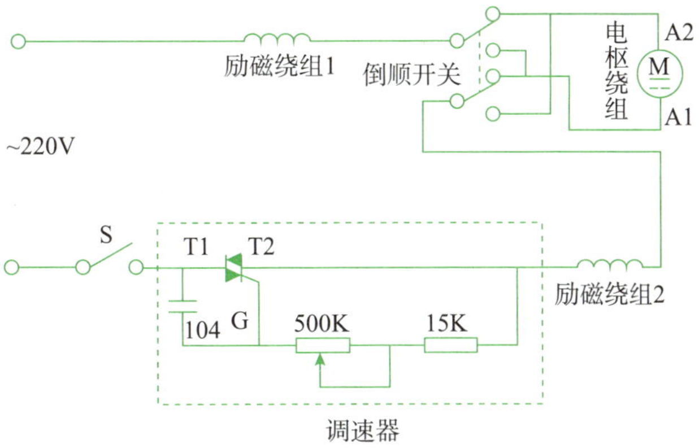

（b）正反转控制电路

图 3－21　手电钻及其正反转控制电路

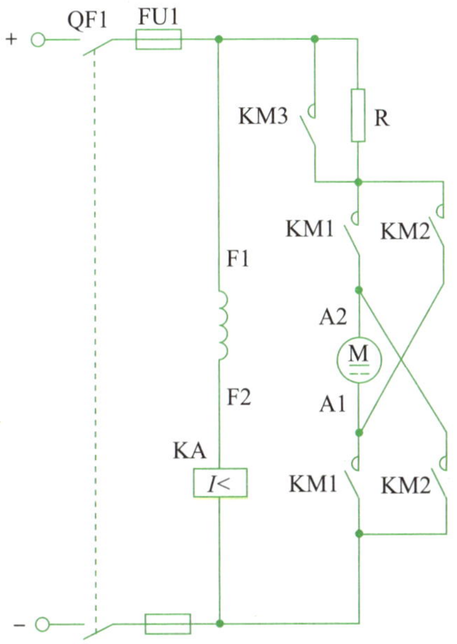

（a）主电路

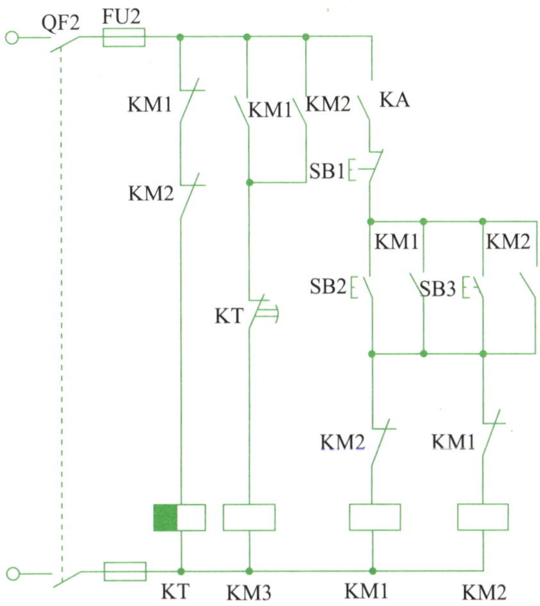

（b）控制电路

图 3－22　并励直流电动机正反转控制电路

在图 3－22 中，主电路中的励磁绕组（F1—F2）串接了欠流继电器线圈 KA，控制电路中串接了欠流继电器 KA 的常开触点。正常工作时常开触点 KA 闭合，当主电路励磁电流过低时，常开触点 KA 复位，进而断开主电路中的电枢绕组（A1—A2）回路，实现弱磁保护，防止“飞车”事故发生。正反转的工作过程与图 3－20 类似，通过控制电枢绕组（A1—A2）极性电流的流向实现正反转控制。

他励直流电动机的正反转控制方法与并励直流电动机相似，在主电路中由两个相互独立的直流电源分别对励磁绕组和电枢绕组供电，同样也需要进行弱磁保护。

任务 3.3 直流电动机的调速与制动控制

知识导图

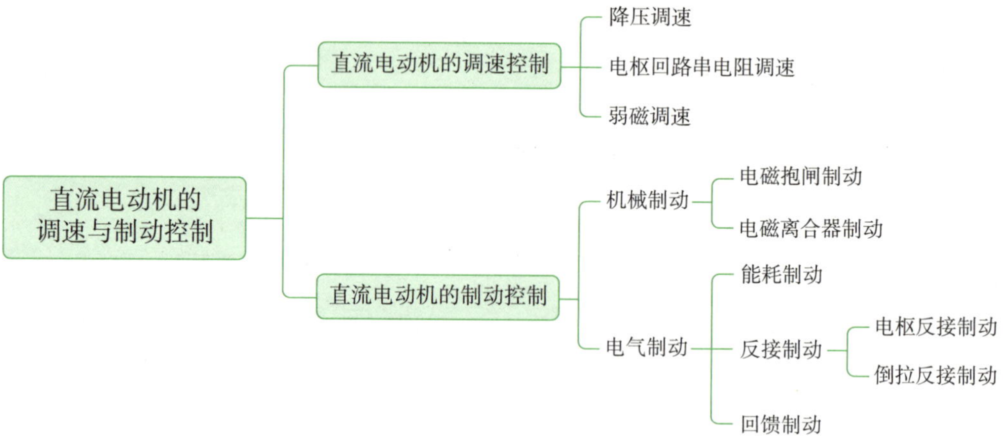

3.3.1 直流电动机的调速控制

直流电动机具有良好的调速性能，常应用于对调速有较高要求的场合。基于直流电动机的机械特性方程 $n=\frac{U}{K_{E}\Phi}-\frac{R_{a}}{K_{E}K_{T}\Phi^{2}}T$，可通过改变电枢电压 U、电枢回路电阻 R_a 和主磁通 Φ 实现调速。直流电动机有三种调速方法：降压调速、电枢回路串电阻调速和弱磁调速。下面以他励直流电动机为例，根据其人为机械特性，介绍这三种调速方法。

1. 降压调速

直流电动机的电枢电压 U 不能大于其额定电压 U_N，只能向小于额定电压的方向改变，故称降压调速。他励直流电动机降压调速的机械特性如图 3－23 所示。

假定电动机原来稳定运行在固有特性曲线上的 a 点，转速为 n_N，电枢电压为 U_N。当降低电枢电压为 U_1 后，因惯性，转速不能突变，工作点 a 过渡到 b 点。由于 b 点对应的电磁转矩 T_b 小于负载转矩 T_L，电动机立即减速，根据式（3－1）、式（3－2）和式（3－3）可知，$n\downarrow\rightarrow E_a\downarrow\rightarrow I_a\uparrow\rightarrow T\uparrow$，电磁转矩 T 沿 U_1 所在的特性曲线过渡到 c 点，电磁转矩 $T_c=T_L$，直流电动机以较低的转速 n_1 再次进入稳定运行状态，调速过程结束。

降压调速的特点如下。

（1）机械特性硬度不变，负载变化时稳定性好，调速范围广。

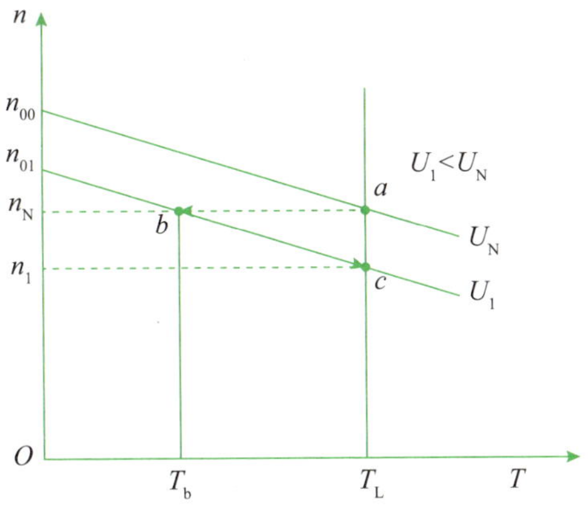

图 3－23　降压调速机械特性

（2）电源电压能够平稳调节，可以实现无级调速。

（3）电能损耗减小，调速经济性好。

（4）调压电源设备较复杂。

随着电子技术的发展，目前降压调速主要采用晶闸管整流装置或直流斩波装置实现。

2. 电枢回路串电阻调速

他励直流电动机电枢回路串电阻调速的机械特性如图 3－24 所示。

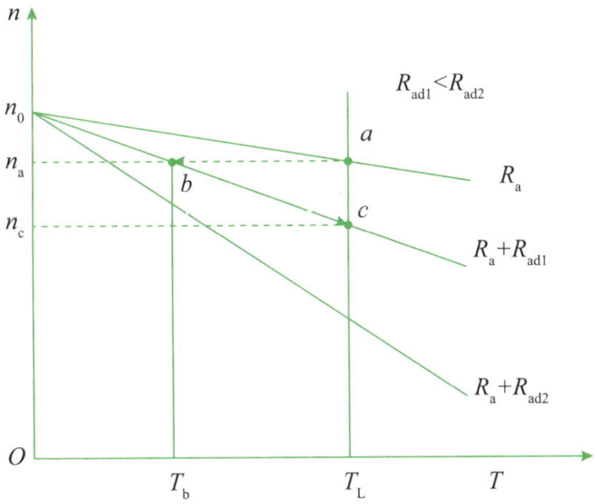

图 3－24　电枢回路串电阻调速机械特性

假定电动机稳定运行在固有特性曲线上的 a 点，转速为 n_a，电枢回路电阻为 R_a。当电枢回路串入电阻 R_{ad1} 后，因惯性，转速不能突变，工作点 a 过渡到 b 点。由于 b 点对应的电磁转矩 T_b 小于负载转矩 T_L，电动机立即减速，根据式（3－1）、式（3－2）和式（3－3）可知，$n\downarrow\rightarrow E_a\downarrow\rightarrow I_a\uparrow\rightarrow T\uparrow$，电磁转矩 T 沿电枢回路电阻为 R_a+R_{ad1} 所在的特性曲线过渡到 c 点，电磁转矩 $T_c=T_L$，直流电动机以较低的转速 n_c 再次进入稳定运行状态，调速过程结束。

电枢回路串电阻调速的特点如下。

(1) 机械特性硬度变软，低速时，负载稍有变化，转速波动大。

(2) 当空载或轻载时，调速范围很小。

(3) 只能实现有级调速，平滑性较差。

(4) 调速电阻消耗的能量大，不经济。

电枢回路串电阻调速缺点较多，目前很少采用，仅在某些起重机、卷扬机和电车等对调速性能要求不高或低速运转时间较短的传动系统中采用。

3. 弱磁调速

直流电动机磁路接近饱和，难以增加磁通量，所以只能采用减弱磁通量的方式进行调速，故称弱磁调速。他励直流电动机弱磁调速的机械特性如图 3－25 所示。

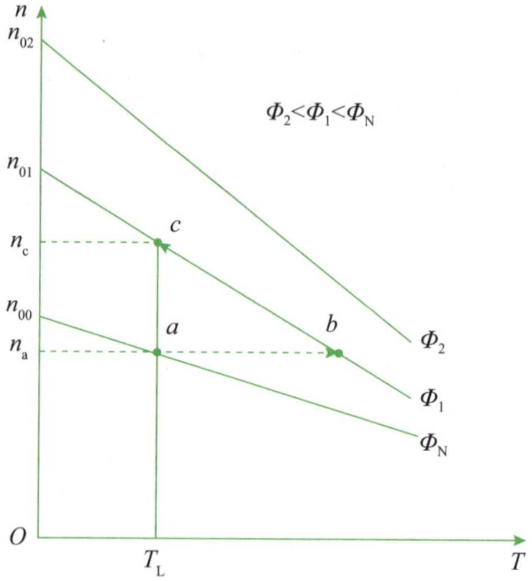

图 3－25　弱磁调速机械特性

假定电动机稳定运行在固有特性曲线上的 a 点，转速为 n_a，磁通量为 Φ_N。当磁通量由 Φ_N 降低至 Φ_1，因惯性，转速不能突变，工作点 a 过渡到 b 点。由于 b 点对应的电磁转矩 T_b 大于负载转矩 T_L，电动机立即加速，根据式（3－1）、式（3－2）和式（3－3）可知，$n\uparrow\rightarrow E_a\uparrow\rightarrow I_a\downarrow\rightarrow T\downarrow$，电磁转矩 T 沿磁通量为 Φ_1 所在的特性曲线过渡到 c 点，电磁转矩 $T_c=T_L$，直流电动机以较高的转速 n_c 再次进入稳定运行状态，调速过程结束。

弱磁调速的特点如下。

(1) 机械特性斜率加大，特性变软，调速范围较小。受机械本身强度所限，普通直流电动机一般只能调到额定转速的 1.2～2 倍。

(2) 调速平滑，可实现无级调速。

(3) 调速设备简单、经济，能量损耗小。

弱磁调速通常与降压调速配合使用，实现双向调速。为防止“飞车”事故，他励直流电动机的弱磁调速系统必须配有弱磁保护装置。

3.3.2 直流电动机的制动控制

制动是电动机的一种运行状态，其目的是使电力拖动系统停车或使拖动系统转速降低。

直流电动机的制动方法有两种，分别是机械制动和电气制动。

利用机械装置使电动机断开电源后迅速停转的方法叫机械制动，通常采用电磁抱闸制动装置或电磁离合器实现机械制动。电气制动使电动机产生一个与旋转方向相反的电磁转矩，阻碍电动机转动。电气制动的制动转矩大，操作方便，应用广泛。常用的电气制动的方法有能耗制动、反接制动和回馈制动三种。下面以他励直流电动机为例，对上述三种制动方法进行分析讨论。

1. 能耗制动

能耗制动是对处于运行状态的他励直流电动机切断电枢电源，保持励磁电流不变，将电枢回路串接一个外加的制动电阻，构成闭合回路。电动机在惯性作用下将机械能产生的电能消耗在电枢回路中，同时获得制动转矩，使电动机迅速停转。他励直流电动机能耗制动过程如图 3-26 所示。

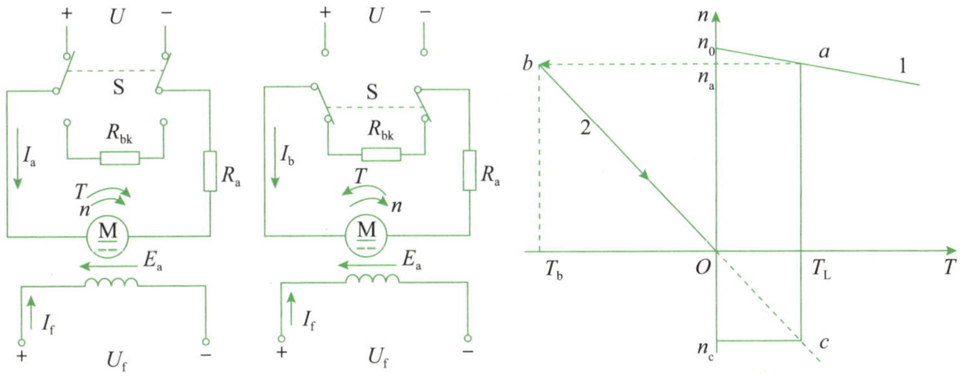

（a）接线原理图　　（b）机械特性

图 3-26　他励直流电动机能耗制动过程

假定制动前直流电动机处于电动运行状态，所带负载为 T_L，工作点位于其固有机械特性曲线的 a 点上。将开关 S 拉至下边，如图 3-26（a）所示，此时 $E_a+I_b(R_a+R_{bk})=0$，则电枢电流 $I_b=-\dfrac{E_a}{R_a+R_{bk}}$，与电动状态下的电枢电流 I_a 相反，产生的电磁转矩方向与电动机转向 n 相反，变成制动转矩，电动机开始制动。

制动电阻 R_{bk} 串接到电枢回路中时，$U=0$，机械特性方程变为 $n=-\dfrac{R_a+R_{bk}}{K_E K_T \Phi^2}T$，其机械特性为如图 3-26（b）所示的机械特性曲线 2。制动时转速 n 不能突变，工作点由 a

点平移到机械特性曲线 2 所在的 b 点，在制动转矩的作用下，工作点沿着机械特性曲线 2 下降，制动转矩逐渐减小，当 $T=0$ 时，$n=0$ 停转，制动过程结束。

如果电动机所带负载是位能性负载（如起重机、卷扬机、电梯等），当转速 $n=0$ 时，在位能性负载转矩作用下，电动机开始反转。机械特性曲线扩展至第 4 象限，工作点沿虚线继续下降，到达 c 点后，电磁转矩 T 与负载转矩相等，电动机稳定运行在 c 点，此时电动机以反转速度 n_c 稳定运行。

常见的反抗性负载的能耗制动过程，实际上是一台与电网无关的直流发电机把电动机在切断电源时所存在的机械能转化为电能，消耗在电枢回路的电阻上，直到机械能消耗完毕，电动机停止运行。

能耗制动的优点是制动准确、平稳、可靠、能量消耗少、控制电路简单，缺点是制动转矩弱、制动时间长、低速时制动转矩小。

2. 反接制动

反接制动有电枢反接制动和倒拉反接制动两种方式。

（1）电枢反接制动。

电枢反接制动是将处于运行状态的他励直流电动机电枢反接在电源上，同时电枢回路串接制动电阻。由于电枢反接后产生的电磁转矩与电动机转向相反，成为制动转矩。在制动转矩和负载转矩的共同作用下，电动机转速开始下降，当电动机转速接近零时，迅速切断电源。他励直流电动机电枢反接制动过程如图 3-27 所示。

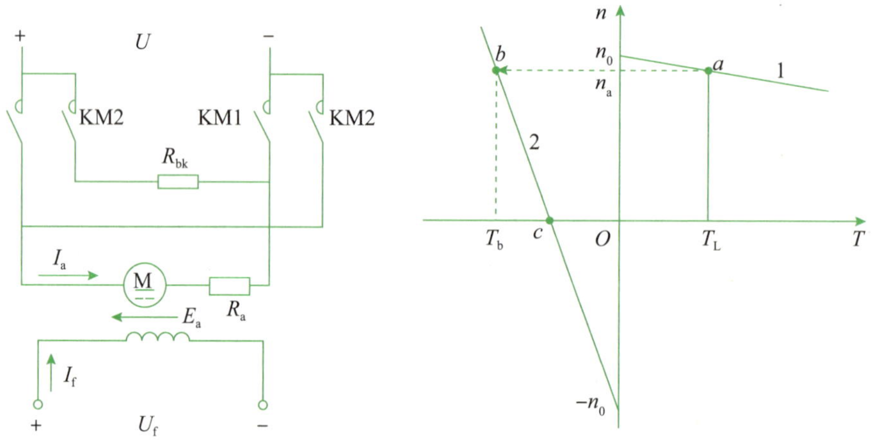

（a）接线原理图　　　　（b）机械特性

图 3-27　他励直流电动机电枢反接制动过程

假定直流电动机处于电动运行状态，即图 3-27（a）所示的 KM1 闭合，工作点位于其固有机械特性曲线的 a 点上。当 KM1 断开、KM2 闭合时，电枢电源 U 反接，则 $E_a+I_a(R_a+R_{bk})=-U$，电枢电流 $I_a=-\dfrac{(E_a+U)}{R_a+R_{bk}}$，与电动状态下的电枢电流 I_a 相反，产生的电磁转矩方向与电动机转向 n 相反，变成制动转矩，电动机开始制动。

制动电阻 R_{bk} 串接到电枢回路中，电枢电源 U 反接，机械特性方程变为 $n=-\frac{U}{K_E\Phi}-\frac{R_a+R_{bk}}{K_EK_T\Phi^2}T$，与固有机械特性方程 $n=\frac{U}{K_E\Phi}-\frac{R_a}{K_EK_T\Phi^2}T$ 相比，理想空载转速为 $-n_0$，斜率 k 变大，其机械特性为如图 3－27（b）所示的机械特性曲线 2。制动时转速 n 不能突变，工作点由 a 点平移到机械特性曲线 2 所在的 b 点，在制动转矩的作用下，工作点沿着机械特性曲线 2 下降，制动转矩逐渐减小，当转速减至零时（c 点），此刻应立即切断电枢电源，防止电动机反向起动。

电枢反接制动时的电枢电流 $\left(-\frac{(E_a+U)}{R_a+R_{bk}}\right)$ 是由电枢电源 U 和电枢电动势 E_a 共同建立的，其数值较能耗制动时的电枢电流 $\left(-\frac{E_a}{R_a+R_{bk}}\right)$ 大许多。为使制动时的电枢电流限制在允许范围内，电枢反接制动时的制动电阻要比能耗制动串入的制动电阻约大一倍。

电枢反接制动的优点是制动转矩大，制动时间短；缺点是制动准确性差，制动过程冲击强，易损坏传动零件，能量消耗大，不经济。所以，电枢反接制动主要用于不经常起动和制动的场合。

（2）倒拉反接制动。

倒拉反接制动指保持他励直流电动机电枢电源极性不变，在制动时将电枢回路串接阻值较大的制动电阻。这种方法一般应用在提升重物转为下放重物的场合。他励直流电动机倒拉反接制动过程如图 3－28 所示。

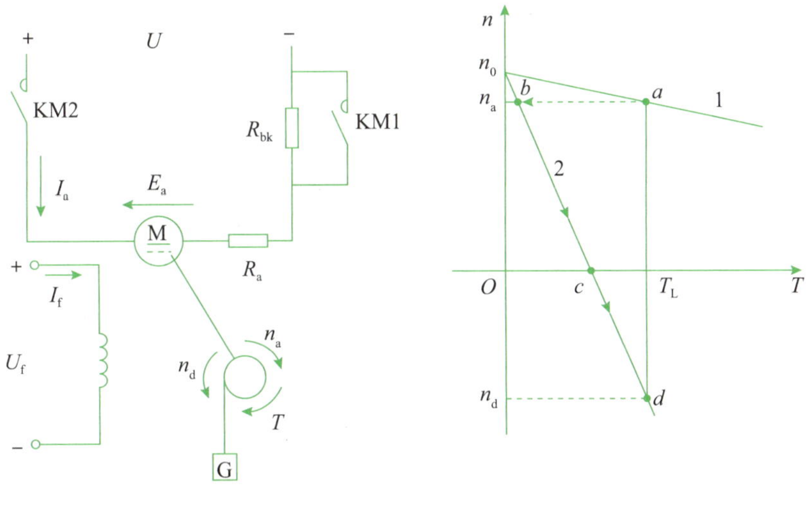

（a）接线原理图　　（b）机械特性

图 3－28　他励直流电动机倒拉反接制动过程

电动机提升重物时，接触器 KM1、KM2 主触点闭合，电动机处于电动运行状态，工作点位于其固有机械特性曲线的 a 点上。下放重物时，接触器 KM1 主触点断开，阻值较大的制动电阻 R_{bk} 被串接到电枢回路中，此时电动机的机械特性变为斜率 k 较大的机械特性曲线 2，如图 3－28（b）所示。由于电动机的转速不能突变，工作点由 a 点平移至机械特性曲线 2 所在的 b 点。在制动转矩的作用下，工作点沿着机械特性曲线 2 下降，制动转矩逐渐减小，当转速减至零时（c 点），由于 c 点的电磁转矩 T_c 小于负载转矩 T_L，电动机在负载重力作用下，被倒拉反转，电动机开始下放重物。工作点沿机械特性曲线 2 在第 4 象限继续下降，反转速度也逐渐增加，最终稳定运行在 d 点，以恒定的转速 n_d 下放重物。

3. 回馈制动

他励直流电动机运行过程中，由于某种客观原因，使电动机的转速 n 大于理想空载转速 n_0，电枢回路的反电动势 E_a 大于电枢电源电压 U，使得电枢电流 $I_a=\dfrac{(U-E_a)}{R_a}<0$。由于励磁回路产生的磁通未有变化，所以电磁转矩也与电动状态时相反，成为制动转矩。由于此时电枢回路的电流反向流回电网，电动机转换为发电机，将电能回馈给电网，故称为回馈制动。电动机的转速 n 大于理想空载转速 n_0 是回馈制动的标志性特征。

下面以他励直流电动机拖动的电车为例，说明回馈制动的过程，如图 3－29 所示。

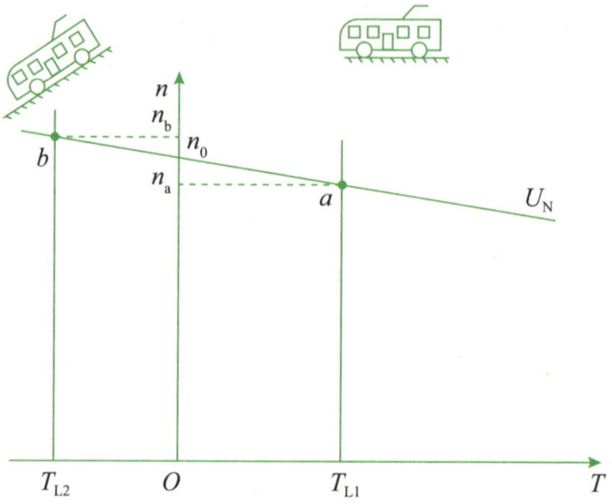

图 3－29　电车回馈制动过程

假定电车在平路上以恒速 n_a 行驶，工作点为其固有机械特性曲线上的 a 点，负载转矩为摩擦阻性转矩 T_{L1}，为反抗性负载，与电动机转速 n 方向相反。当电车在下坡路段行驶时，电车的负载转矩是位能性负载与摩擦阻性负载的合成，数值上前者大于后者，合成的负载转矩为 T_{L2}，且 $T_{L2}<0$，与电动机转速 n 方向相同。初始阶段电动机的电磁转矩 T 也与电动机的转向相同，在二者共同作用下，电动机相当于被外力拖动，使其加速运行。工作点从 a 点沿着固有机械特性曲线由第 1 象限移动到第 2 象限，第 2 象限电动机的转速 n 超过理想空载转速 n_0，电磁转矩 $T<0$，与转速 n 反向，成为制动转矩，电动机处于回馈制动状态。当电磁转矩 T 与负载转矩 T_{L2} 平衡，即到达工作点 b 时，电车以恒速 n_b 行驶。

此外，他励直流电动机在降压调速时，如果降压幅度过大，会产生回馈制动。弱磁调速时，如果增磁幅度过大，同样也会产生回馈制动。如图 3－30（a）和图 3－30（b）所示的第 2 象限的 bc 段，为动态的回馈制动。

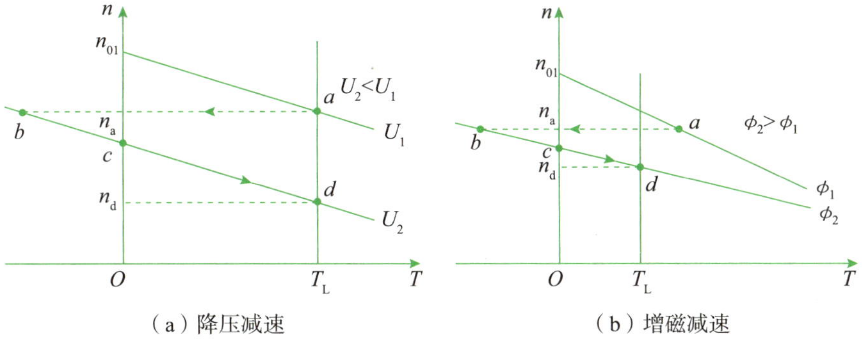

图 3-30 降压与增磁减速中的回馈制动

回馈制动不需要改接线路，电动机可从电动状态自动转为发电状态而限制转速的继续上升，并将电能回馈给电网，使电能获得利用。回馈制动多用于高速下放重物的场合，其缺点是制动速度较高，不能将转速降为零而停车。

项目4

伺服电动机及其控制

项目概述

作为控制类电动机的典型代表，伺服电动机系统因其控制精度高、响应快、稳定性好等优点而被广泛应用。通过本项目的学习，读者可以掌握伺服系统的概念、分类及应用；认识三菱 J4 系列伺服产品；掌握三菱 J4－A 系列伺服产品的参数设置；掌握三菱 J4－A 系列伺服产品的手动运行控制及基本定位控制实现。

学习目标

知识目标

(1) 掌握伺服系统的概念、种类及主要应用领域。

(2) 理解伺服系统中开环、半闭环和闭环的含义。

(3) 理解三菱伺服放大器和伺服电动机的铭牌信息。

能力目标

(1) 能够根据要求正确设置三菱 J4－A 伺服放大器参数。

(2) 能够正确完成三菱 J4－A 伺服系统的电源接线。

(3) 能够根据要求实现三菱伺服电动机的手动运行控制。

(4) 能够根据要求实现三菱伺服电动机的基本定位控制。

素养目标

(1) 养成积极思考问题、主动学习的习惯。

(2) 养成良好的团队合作精神，培养协调和组织能力。

(3) 建立自动控制系统设计的基本职业素养。

任务 4.1　认识伺服系统

知识导图

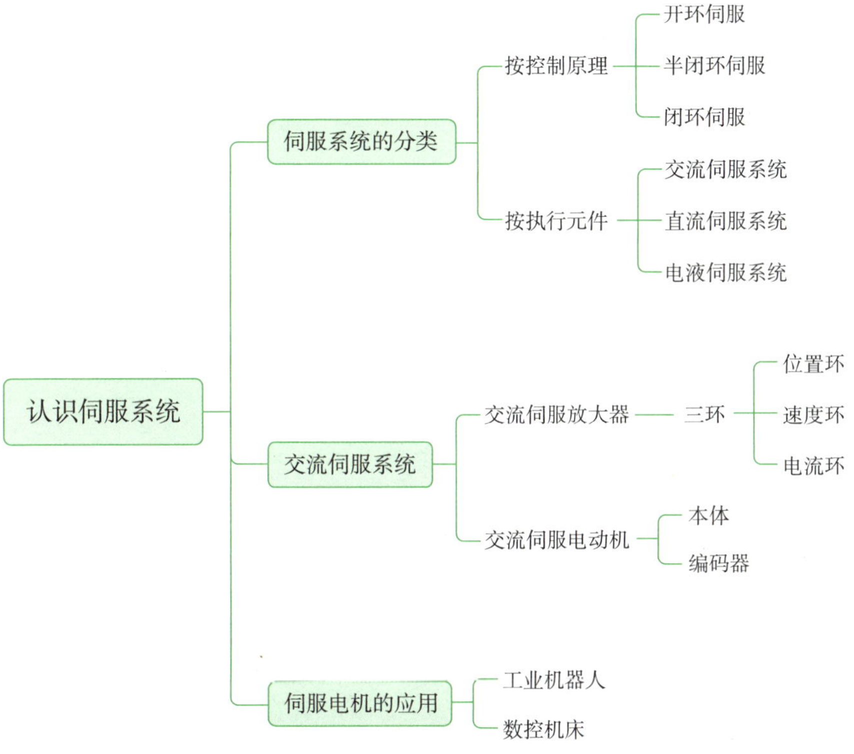

伺服系统又称随动系统，是用来精确地跟随或复现某个过程的反馈控制系统。伺服（Servo）是 ServoMechanism 一词的简写，其含义是奴隶。伺服就是指系统跟随外部指令进行人们所期望的运动，运动要素包括位置、速度和转矩等物理量。

4.1.1　伺服系统的分类

1. 按控制原理分类

伺服系统按控制原理可分为开环伺服系统、半闭环伺服系统和闭环伺服系统三类。

（1）开环伺服系统。

开环伺服系统的指令信号流程是单向的，其精度主要决定于驱动器和电动机（通常为步进电动机）的性能，无反馈。开环伺服系统比较容易稳定，成本低廉，但其定位精度相对较低。开环伺服系统的结构原理如图 4-1 所示。

图 4-1　开环伺服系统的结构原理

（2）半闭环伺服系统。

半闭环伺服系统是有反馈的，其配置有测量元件，以便获取伺服电动机转子的位置和速度信息。测量元件安装在电动机或丝杠轴端，通过角位移的测量，间接测量机床工作台的实际位置，并与指令值进行比较，用差值进行控制。半闭环控制系统以交、直流伺服电动机作为驱动元件，由位置比较电路、速度控制电路、伺服电动机等组成。半闭环伺服系统的结构原理如图 4-2 所示。

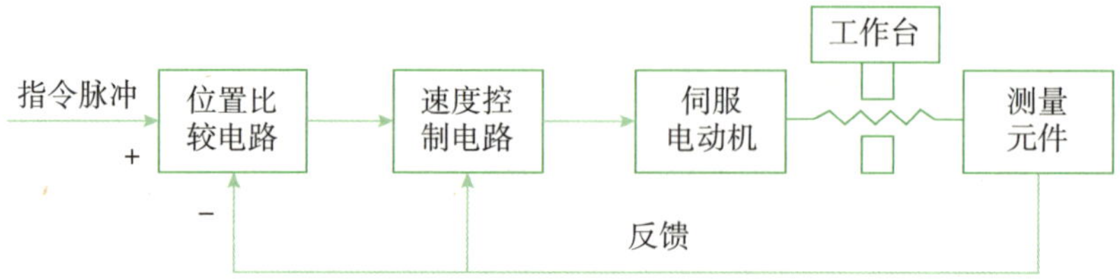

图 4-2　半闭环伺服系统的结构原理

（3）闭环伺服系统。

闭环伺服系统也是有反馈的，其位置检测装置（通常为光栅尺）安装在机床工作台上，直接测量工作台的实际位移，并与指令值进行比较，用差值进行控制。闭环控制系统以交、直流伺服电动机作为驱动元件，由位置比较电路、速度控制电路、伺服电动机等组成，用于高精度设备的控制。闭环伺服系统的结构原理如图 4-3 所示。

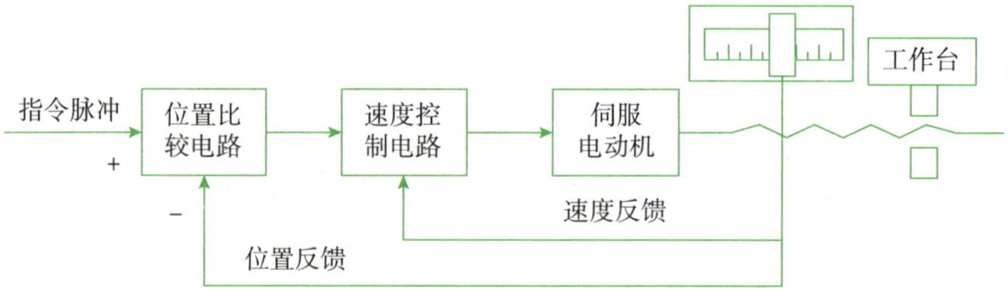

图 4-3　闭环伺服系统的结构原理

2. 按执行元件分类

伺服系统按执行元件可分为交流伺服系统、直流伺服系统和电液伺服系统三类。

（1）交流伺服系统。

交流伺服系统是指以交流伺服电动机为执行元件构成的伺服系统，其具有稳定性好、快速性好、精度高等优点。

（2）直流伺服系统。

采用直流伺服电动机作为执行元件的伺服系统，称为直流伺服系统。直流伺服电动机具有良好的起动、制动和调速性能，可在较宽范围内实现平滑的无级调速，故多应用在对调速性能要求较高的生产设备中。

（3）电液伺服系统。

电液伺服系统是指以伺服元件（伺服阀或伺服泵）为控制核心的液压控制系统，是一种由电信号处理装置和液压动力机构组成的反馈控制系统。最常见的有电液位置伺服系统、电液速度控制系统和电液力（或力矩）控制系统。

本项目主要介绍交流伺服系统（半闭环）的基本使用方法。

4.1.2　交流伺服系统

交流伺服系统主要由交流伺服放大器（或称伺服驱动器）和交流伺服电动机组成，系统以驱动器为核心，控制交流伺服电动机的运转，实现转矩、速度或位置的精准控制。

1. 交流伺服放大器

伺服放大器又称“伺服驱动器”“伺服控制器”，是用来控制伺服电动机的一种控制器，其作用类似于变频器作用于普通交流马达，属于伺服系统的一部分。交流伺服放大器主要应用于高精度的定位系统。交流伺服放大器一般是通过位置、速度和转矩三种方式对伺服马达进行控制的。

在交流伺服系统中，伺服电动机内置编码器发出的脉冲信号和伺服电动机的电流信号反馈至交流伺服放大器，伺服放大器根据这个结果并按照指令来控制伺服电动机。交流伺服放大器的反馈是通过三个环来实现的，分别是位置环、速度环和电流环，三环结构如图 4-4 所示。其中，位置环根据编码器脉冲生成的位置反馈信号，进行位置控制；速度环根据编码器脉冲生成的速度反馈信号，进行速度控制；电流环用来检测伺服电动机的电流，根据生成的电流反馈信号，进行转矩控制。

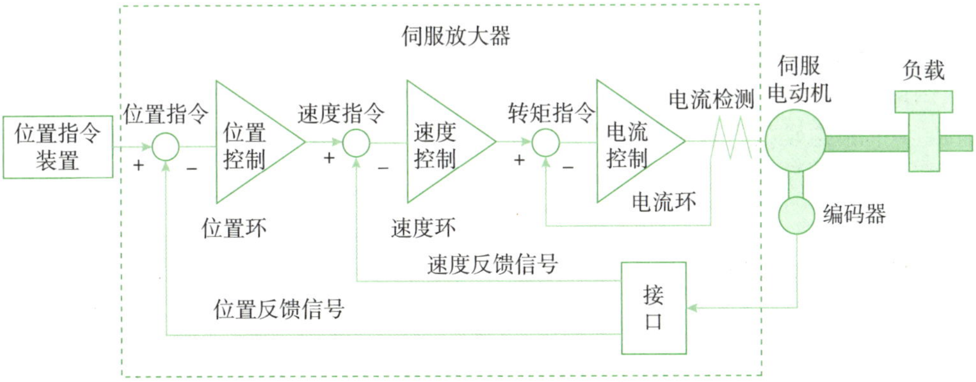

图 4-4　交流伺服放大器的三环反馈

交流伺服放大器通常有三种控制模式，分别是位置控制、速度控制和转矩控制。控制模式不同，所使用的控制环也不同，位置控制时三环都会使用，速度控制时使用速度环和电流环，转矩控制时使用电流环（空载状态下必须限制速度）。三环都朝着使指令信号与反馈信号之差为零的目标进行控制。位置环、速度环和电流环的响应速度依次升高。图 4－5 所示为三菱 J4 系列交流伺服放大器。

2. 交流伺服电动机

交流伺服电动机的类型有同步交流伺服电动机和异步交流伺服电动机，其中，同步交流伺服电动机具备十分优异的低速性能，可以实现弱磁高速控制，其调速范围宽广、动态特性和效率都很高，已经成为交流伺服系统的主导产品。异步交流伺服电动机设计成熟，运行可靠性高，支持长时间高速运行，性价比高，加工中心或数控车床的主轴多采用异步交流伺服电动机，以满足主轴高速旋转的需求。

同步交流伺服电动机的转子通常为永磁式，定子与感应电动机一样，装有三相对称绕组 U，V，W。伺服放大器控制的 U，V，W 三相电形成电磁场，转子在此磁场的作用下转动。伺服电动机内部的编码器安装在电动机后端，其转盘（光栅）与电动机同轴，如图 4－6 所示。编码器反馈信号给驱动器，驱动器根据反馈值与目标值进行比较，调整转子转动的角度和速度。

图 4－5　三菱 J4 系列交流伺服放大器

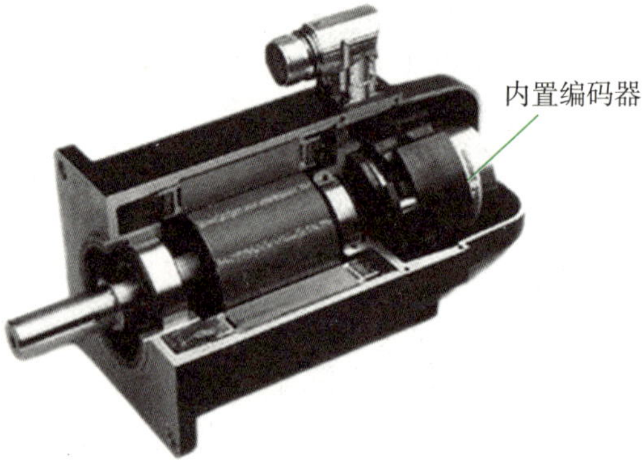

图 4－6　伺服电动机内置编码器

伺服电动机内置编码器具备发出脉冲的功能，每旋转一个角度，都会发出对应数量的脉冲，因此伺服电动机的精度决定于编码器分辨率（位数或线数）。以三菱 J4 系列伺服产品为例，其伺服电动机内置编码器的分辨率为 22 位，即伺服电动机转动 1 圈，其内置编码器向伺服放大器反馈 4 194 304（2^{22}）个脉冲。

4.1.3　伺服电动机的应用

作为控制类电动机的典型代表，伺服电动机以其优越的性能广泛应用于对位置、速度和力矩的精度要求较高的场合，例如工业机器人、数控机床、电动门、印刷机械、包装机、自动化生产线、医疗设备等。下面以工业机器人和数控机床为例，说明伺服电动机的应用。图 4－7 所示为工业机器人中常见的六轴工业机器人和三轴直角坐标机器人。

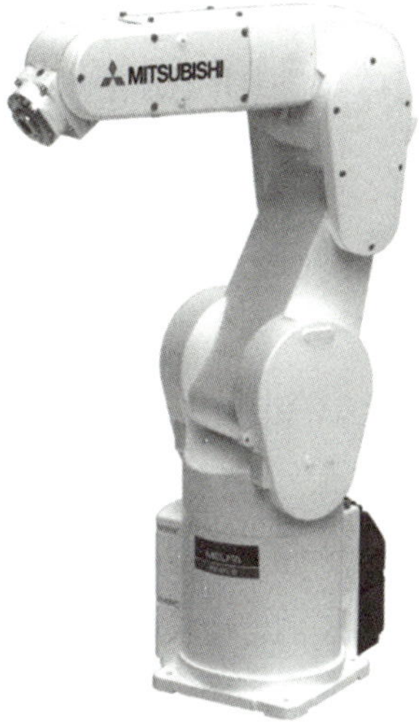

（a）六轴工业机器人

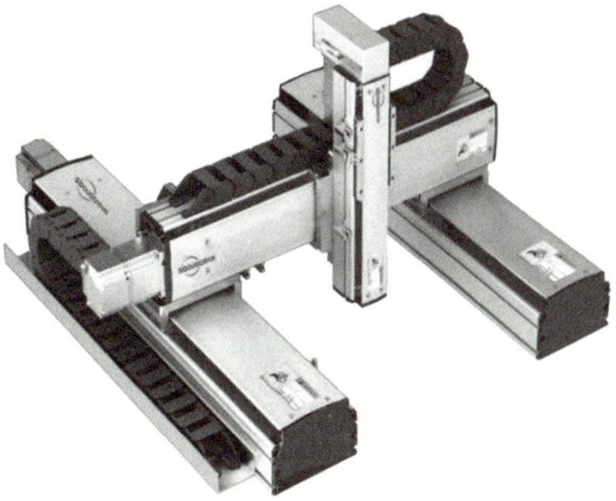

（b）三轴直角坐标机器人

图 4－7　工业机器人

工业机器人对电动机的定位精度、转矩和速度方面要求很高，大多数工业机器人的驱动系统采用的是交流伺服系统。如图 4－7（a）所示的六轴关节型机器人内置有六个伺服电动机，通过减速器驱动六个关节轴的旋转。如图 4－7（b）所示的三轴直角坐标机器人外置有三个伺服电动机，通过滚珠丝杠或同步带实现三个直线滑台的平动。

图 4－8、图 4－9 所示为数控机床中常见的数控铣床和数控车床。伺服系统是数控机床的重要组成部分，用于实现数控机床的进给伺服控制和主轴伺服控制。数控机床中进给系统和主轴系统的驱动装置通常采用交流伺服电动机。

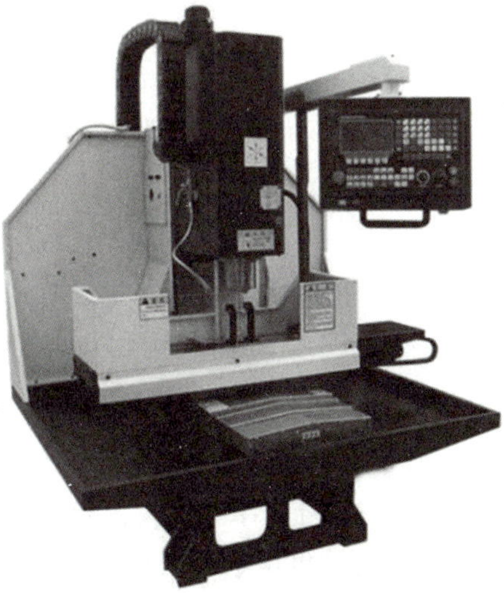

图 4－8　数控铣床

图 4－9　数控车床

任务 4.2 认识三菱 J4 系列伺服

知识导图

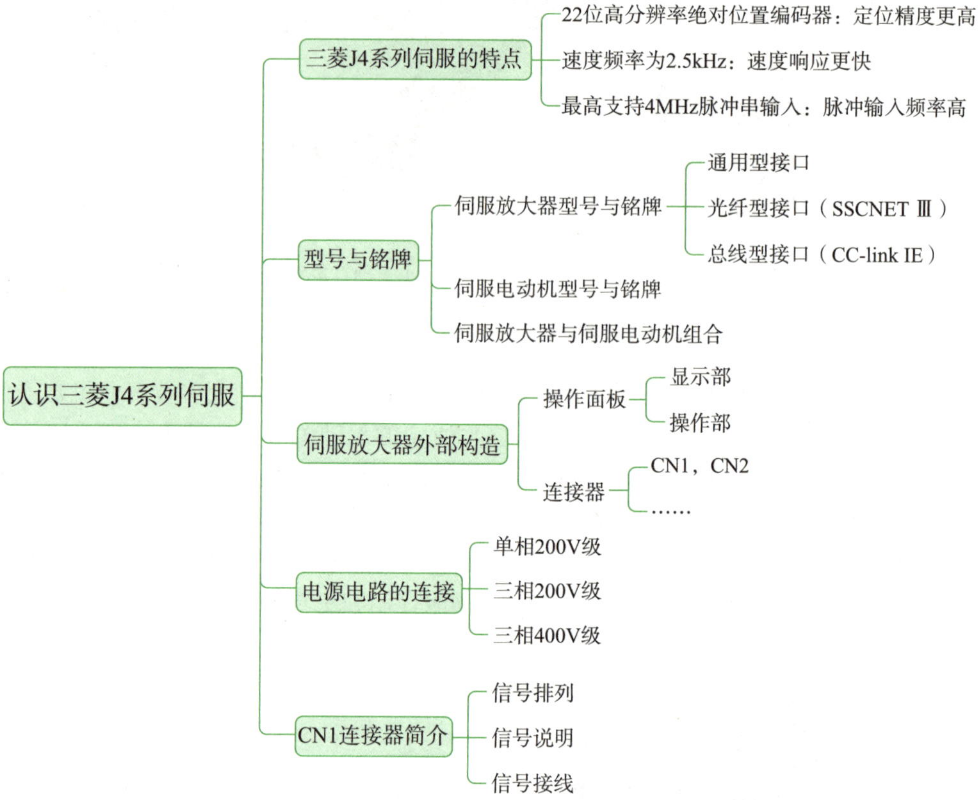

本任务将以三菱通用交流伺服 J4 系列产品为例，介绍该系列伺服产品的基本使用方法。

4.2.1 三菱 J4 系列伺服的特点

三菱通用交流伺服 J4 系列相较于之前的 J3 系列，性能更高，功能更强。J4 系列对应的旋转型伺服电动机采用的是 22 位（4 194 304pulses/rev）高分辨率绝对位置编码器，其速度频率达到 2.5kHz。J4 系列伺服拥有位置控制、速度控制和转矩控制三种控制模式，其中在位置控制模式下最大能响应 4Mpulse/s 的高速脉冲串，还可以实现位置/速度切换控制、速度/转矩切换控制和转矩/位置切换控制。

4.2.2 型号与铭牌

1. 伺服放大器型号与铭牌

三菱 J4 系列伺服放大器的型号规定如下。

MR-J4-20A

三菱通用AC伺服放大器MELSERVO-J4系列

符号	接口
A	通用
B	SSCNET Ⅲ
GF	CC-link IE 现场网络

符号	额定功率（kW）
10	0.1
20	0.2
40	0.4
60	0.6
70	0.7
100	1
200	2
350	3.5
500	5
700	7
11K	11
15K	15
22K	22

符号	电源
无	三相AC220V 或单相AC220V
1	单相AC100V
4	三相AC400V

符号	特殊规格
无	标准品
RJ	支持全闭环控制4线式
RJ010	支持CC-link IE Feild 网络运动控制
ED	动态制动去除品
PX	无再生电阻
EG	支持DC电源输入
LL	支持压力控制
……	……

三菱 J4 系列伺服接口形式有三种，分别是通用型接口、光纤型接口（SSCNET Ⅲ）、总线型接口（CC-link IE）。

通用型接口的连接形式如图 4－10 所示。

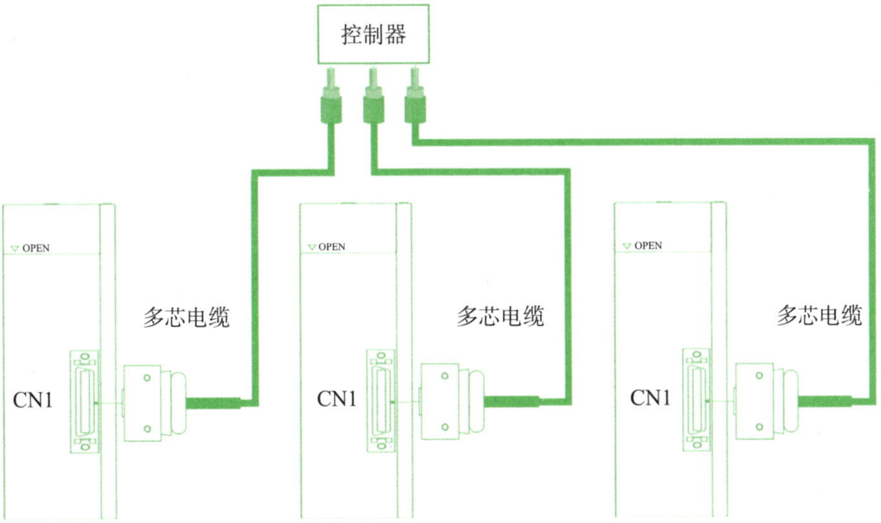

图 4－10　通用型接口的连接形式

通用型接口伺服放大器通过多芯电缆将 CN1 连接器中的相关引脚与控制器连接。该类型的伺服放大器对控制器的品牌或类型不限定，只要控制器能够按伺服放大器的规定发出脉冲串或模拟量电压即可，因此三菱 J4－A 系列伺服应用广泛。本项目将重点介绍三菱 J4－A 系列伺服，即通用型接口伺服的使用方法。

三菱 J4－B 系列伺服放大器的接口为 SSCNETⅢ光纤电缆，SSCNETⅢ即光纤接口形式，其连接形式如图 4－11 所示。

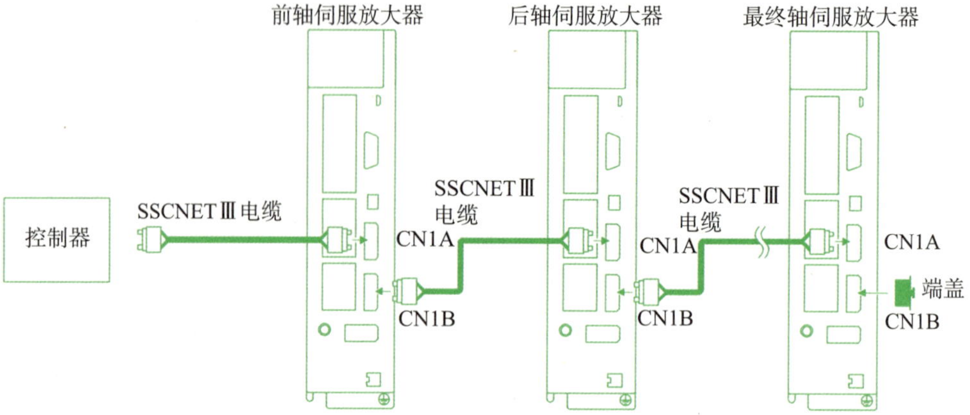

图 4－11　SSCNETⅢ接口连接形式

将连接在控制器或前轴伺服放大器上的 SSCNETⅢ电缆连接至 CN1A 连接器。将连接在后轴伺服放大器上的 SSCNETⅢ电缆连接至 CN1B 连接器。在最终轴伺服放大器的 CN1B 连接器上装上伺服放大器附带的端盖。光纤接线通信简单灵活，可进行长距离配线，抗干扰能力强，数据交换速度快；采用专用电缆连接，减少接线时间并降低错误接线的概率。支持 J4－B 系列伺服系统的控制器为 QD77MS 运动控制模块，可通过该模块实现伺服电动机的位置、速度和转矩控制。

三菱 J4－GF 系列伺服放大器的接口为 CC-link IE 现场网络，即总线型接口，可以与 CC-link IE 现场网络简单运动模块等的控制器连接。CC-link IE 现场网络是使用 Ethernet（1 000BASE-T）的高速且大容量的开放式网络，通过 1Gbps 的通信速度实现现场机器的高速控制及设备间的高速合作，并且缩短了节拍时间，其连接形式如图 4－12 所示。

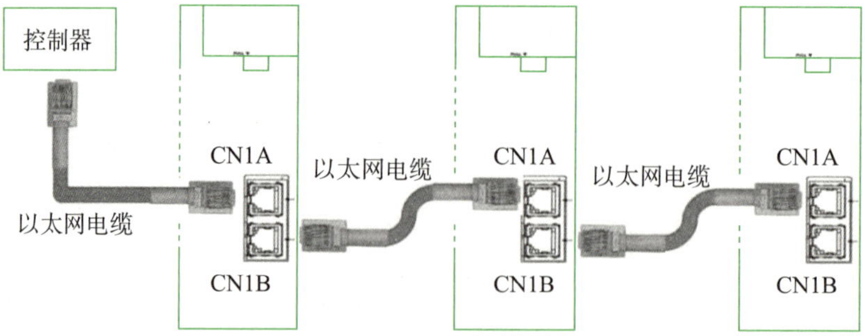

图 4－12　CC-link IE 总线接口连接形式

支持三菱 J4－GF 系列伺服系统的控制器为三菱 IQ-R 系列 PLC，其基本配置为电源模块（R62P）+CPU 模块（R04CPU）+现场网络主站模块（RJ71GF11－T2）+输入模块（RX）+输出模块（RY）。

三菱 J4－B 系列或 J4－GF 系列伺服产品需要配置与之对应的专用控制器，请在选型时注意。

三菱 J4 系列伺服放大器的铭牌如图 4－13 所示。

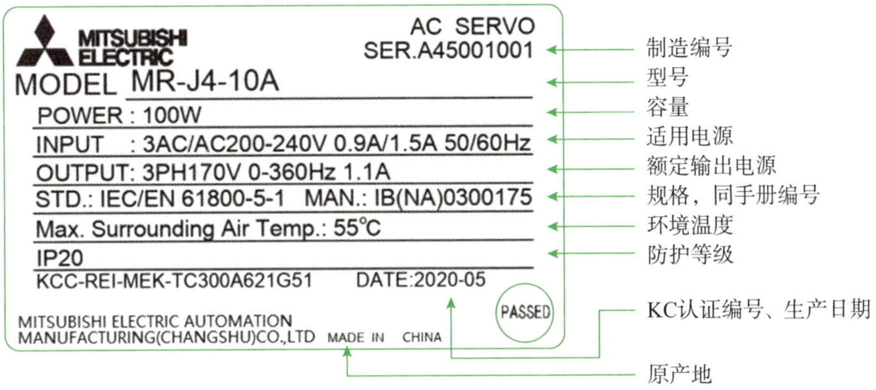

图 4－13　伺服放大器铭牌

通过如图 4－13 所示的伺服放大器的铭牌可获取以下主要信息：（1）伺服放大器的型号为 MR－J4－10A；（2）伺服放大器的容量（功率）为 100W，与伺服放大器的型号匹配；（3）电源电压为三相交流 200～240V 或单相交流 200～240V，与伺服放大器的型号匹配，三相供电时电流为 0.9A，单相供电时电流为 1.5A，交流电频率为 50Hz 或 60Hz 均可；（4）伺服放大器的输出电源为三相 170V，调节频率为 0～360Hz，额定电流为 1.1A；（5）工作环境温度为 55℃以下；（6）防护等级为 IP20；（7）原产地为中国，生产地为三菱电动机自动化机器制造（常熟）有限公司。

2. 伺服电动机型号与铭牌

某型号伺服电动机铭牌如图 4－14 所示。伺服电动机型号为 HG－KR23BJ，根据上述伺服电动机型号的规定可知：（1）伺服电动机为小容量、低惯性电动机；（2）电动机功率为 200W；（3）额定转速为 3 000（r/min）；（4）具有电磁制动功能；（5）带有油封；（6）标准直轴无法兰；其中额定转速和额定功率在铭牌上直接体现。铭牌上的其他信息：防护等级为 IP65、电动机质量为 1.4kg、绝缘等级为 B 级、生产地为中国、工作环境温度为 40℃以下等。

3. 伺服放大器与伺服电动机组合

伺服放大器的型号不同，与之配套的伺服电动机的型号也不同。200V 级别的三菱 J4－A、J4－B 系列伺服放大器与伺服电动机组合见表 4－1。表 4－1 为 200V 级别功率 1kW 以内的伺服放大器与伺服电动机的组合。超过 1kW 或 400V 级别、100V 级别的组合，请查阅三菱伺服放大器 J4 系列相关的使用手册。

HG-KR 05 3 □□□□

符号	伺服电动机系列
HG-KR	低惯性 小容量
HG-MR	超低惯性 小容量
HG-SR	中惯性 中容量
HG-JR	低惯性 中大容量
HG-RR	超低惯性 中容量
HG-UR	扁平型 中容量

符号	额定功率（kW）	符号	额定功率（kW）
05	0.05	50	5.0
1	0.2	60	6.0
2	0.2	70	7.0
4	0.4	80	8.0
5	0.5	90	9.0
7	0.75	11K	11
8	0.85	12K	12
10	1.0	15K	15
12	1.2	20K	20
15	1.5	22K	22
20	2.0	25K	25
30	3.0	30K	30
35	3.5	37K	37
42	4.2		

符号	额定转速(r/mim)
1	1000
1M	1500
2	2000
3	3000

符号	电磁制动
无	无
B	附带

符号	油封
无	无
J	附带

符号	轴端
无	标准直轴
K	带键槽的轴
D	D-CUT轴

符号	减速机
无	无
G1	普通设备法兰安装
G1H	普通设备支架安装
G5	高精度设备法兰安装 法兰输出型
G7	高精度设备法兰安装 轴输出型

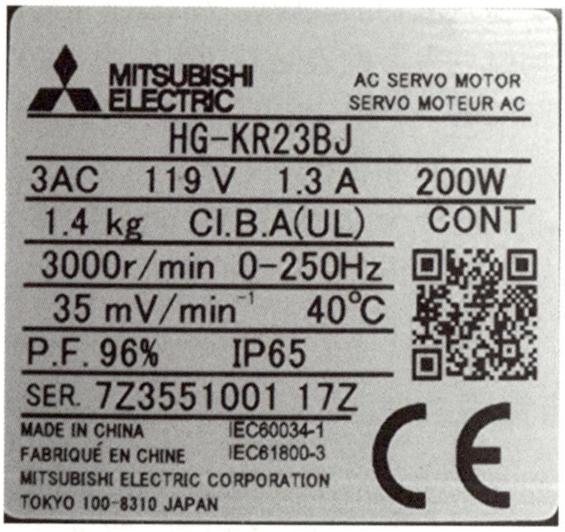

图 4-14 伺服电动机铭牌

表 4-1 伺服放大器与伺服电动机组合

伺服放大器	旋转型伺服电动机
MR-J4-10B（-RJ）；MR-J4-10A（-RJ）	HG-KR053，HG-KR13，HG-MR53，HG-MR13
MR-J4-20B（-RJ）；MR-J4-20A（-RJ）	HG-KR23，HG-MR23
MR-J4-40B（-RJ）；MR-J4-40A（-RJ）	HG-KR43，HG-MR43
MR-J4-60B（-RJ）；MR-J4-60A（-RJ）	HG-SR51，HG-SR52，HG-JR53
MR-J4-70B（-RJ）；MR-J4-70A（-RJ）	HG-KR73，HG-MR73，HG-JR73，HG-UR72
MR-J4-100B（-RJ）；MR-J4-100A（-RJ）	HG-SR81，HG-SR102，HG-JR53，HG-JR103

不同品牌的伺服放大器与伺服电动机不具有互换性，例如三菱伺服放大器无法与松下伺服电动机匹配，这点与变频器有所不同。变频器驱动的是三相异步电动机，只要是功率合适的三相异步电动机，一般都可匹配。

我国的伺服产业起步较晚，但发展较快，随着国产新兴伺服厂商的不断涌现，如汇川、禾川、信捷和雷赛等，国产伺服实现了弯道超车。

4.2.3 伺服放大器外部构造

200V 级 MR－J4－200A 以下伺服放大器，由操作面板和连接器组成，各部位标识如图 4－15 所示，操作面板由显示部和操作部组成，显示部的 5 位 7 段的 LED 用于显示伺服的状态及报警编号，操作部由“MODE”“UP”“DOWN”“SET”4 个按键组成，用于状态显示、诊断、报警及参数设置的操作。CNP1、CNP2 等连接器的名称及功能见表 4－2。若想了解其他电压等级或功率 MR－J4 产品的外部构造，请查阅《MR－J4－A（－RJ）伺服放大器技术资料集- 1602》。

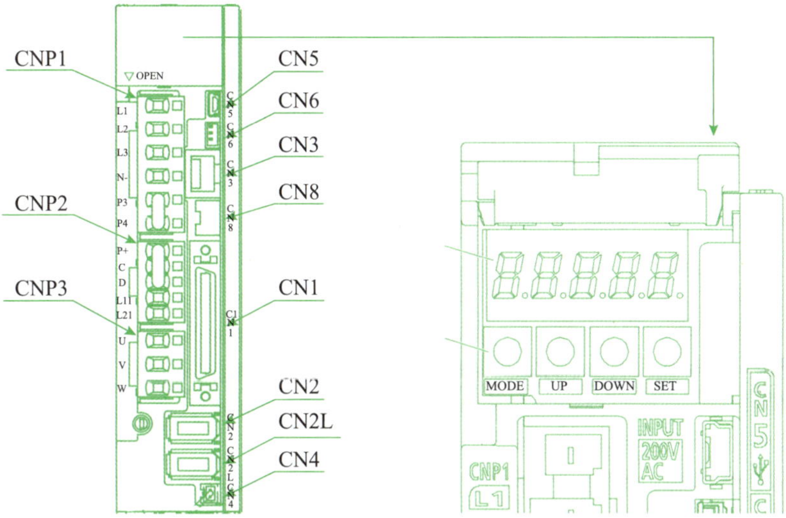

图 4－15 200V 级 MR－J4－200A 以下伺服放大器外部构造

表 4－2 连接器及其功能

标识	名称	功能
CNP1	主电路电源连接器	连接主电路电源
CNP2	控制电路电源连接器	连接控制电路电源、再生选件
CNP3	伺服电动机电源输出连接器	连接伺服电动机
CN1	输入输出（IO）信号用连接器	连接数字输入输出信号
CN2	编码器连接器	连接伺服电动机编码器或外部编码器
CN2L	外部编码器用连接器	连接外部编码器

续表

标识	名称	功能
CN3	RS-422/RS-485 连接器	连接 RS-422/RS-485 通信控制器或参数模块
CN4	电池用连接器	连接绝对位置数据保持用电池
CN5	USB 通信用连接器	与计算机连接，可通过 MR Configurator2 软件进行参数设置
CN6	模拟监视连接器	连接模拟监视
CN8	STO 输入信号用连接器	连接 MR-J3-D05 安全逻辑模块和外部安全继电器

伺服放大器附带有 CNP1、CNP2 和 CNP3 连接器接头（插入型），如图 4-16 所示。CNP1、CNP2 和 CNP3 连接器的接线用购置伺服放大器时所附带的压接工具完成，CNP3 连接器的接线示例如图 4-17 所示。

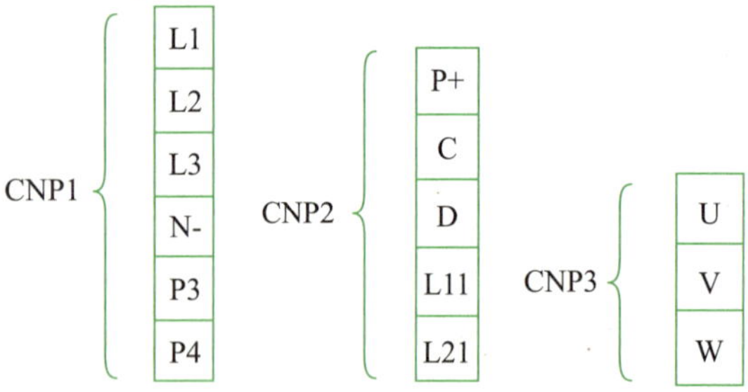

图 4-16　CNP1、CNP2 和 CNP3 连接器接头

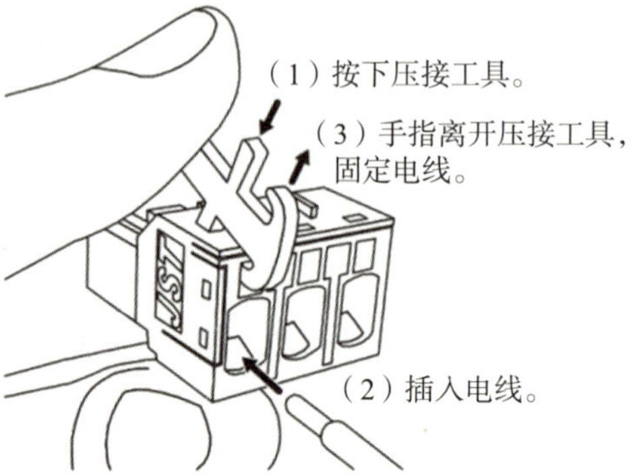

图 4-17　CNP3 连接器接线示例

4.2.4　电源电路的连接

三相 200V 级电源电路接线如图 4-18 所示，单相 200V 级电源电路接线如图 4-19 所示。单相 AC 200V～240V 电源需连接到 L1 和 L3 上。此外，伺服正常工作情况下 ALM（故障）端子为“ON”（ALE 端子与 DOCOM 端子接通），即未发生故障时中间继电器 KA 线圈得电。

控制电路电源（L11・L21）应与主电路电源同时或比主电路电源先接通。不接通主电路电源时，操作面板上会显示警告，一旦接通主电路电源，警告就会消失，设备正常动作。

如图 4-18 和图 4-19 所示，电源电路的上电过程：闭合断路器 QF，L11 和 L21 端子先通电，伺服放大器控制电路电源接通，按下通电按钮 SB1，接触器 KM 线圈通电并自锁，接触器主触点闭合，伺服放大器的主电路电源接通，伺服放大器通电完成。正常工作状态下，按下停止按钮 SB2 或急停按钮 SB3，接触器 KM 线圈断电，接触器 KM 主触点断开，主电路电源断电，断开断路器 QF，伺服放大器控制电路电源断开。

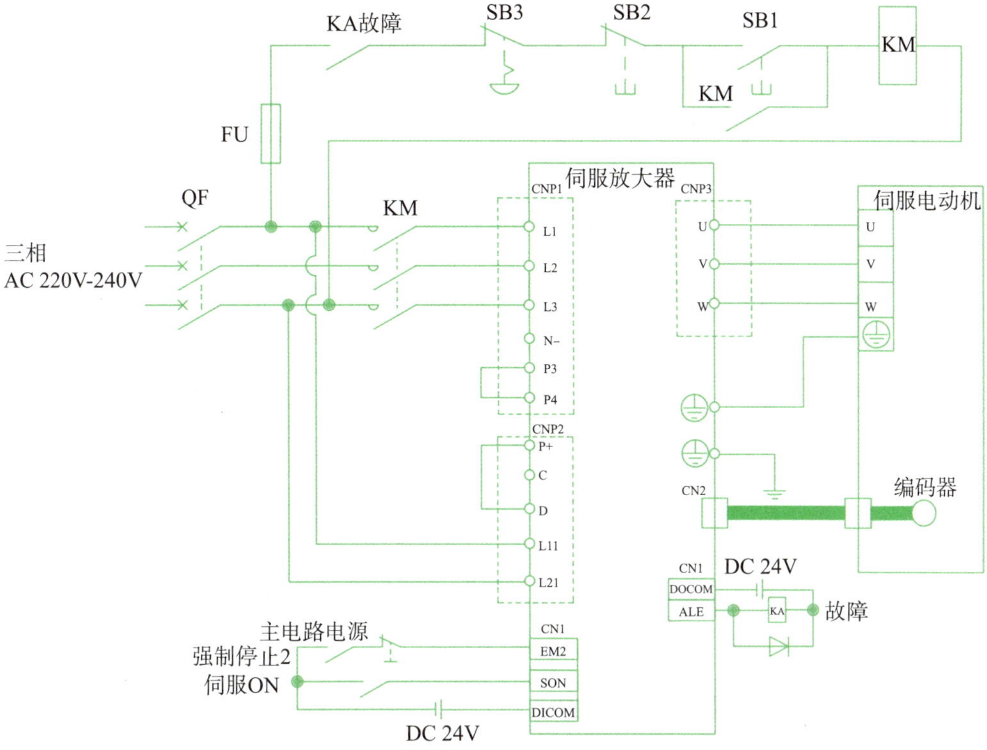

图 4－18　三相 200V 级电源电路接线

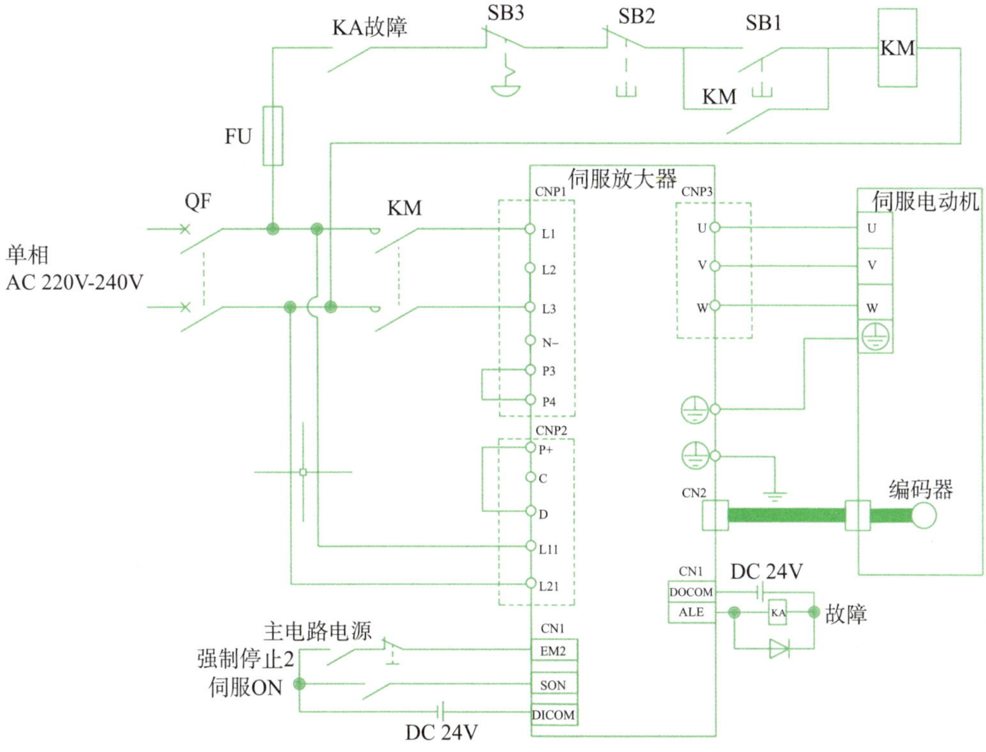

图 4－19　单相 200V 级电源电路接线

当伺服放大器发生故障时，ALE端子为“OFF”（参数［Pr. PD34］设定为“_ _ 1 _”），即ALE端子与DOCOM端子断开，此时中间继电器KA线圈断电，其常开触点KA复位断开，接触器KM线圈断电，主触点KM断开，伺服放大器主电路电源自动断开，此时伺服电动机处于脱机状态。由于控制电路电源端子L11和L21处于接通状态，可以通过操作面板读取报警代码。

可以通过设置参数“PD01”选择是否启用“强制停止2”和“伺服ON”功能。

知识微课堂

电源电路连接实操演示

P3和P4端子用于连接“功率因数改善DC电抗器”，不使用“功率因数改善DC电抗器”时，将P3和P4之间连接起来（出厂状态为已接线）。P+、C和D端子用于连接“外部再生电阻”，使用伺服放大器“内置再生电阻”时，将P+和D之间连接起来（出厂状态为已接线）。上述端子说明适用于200V级MR-J4-500A（-RJ）以下产品。

注意：伺服放大器的电源输出（U·V·W）和伺服电动机的电源输入（U·V·W）进行直接接线。勿在接线之间连接电磁接触器等，否则可能造成异常运行和故障。

4.2.5 CN1连接器简介

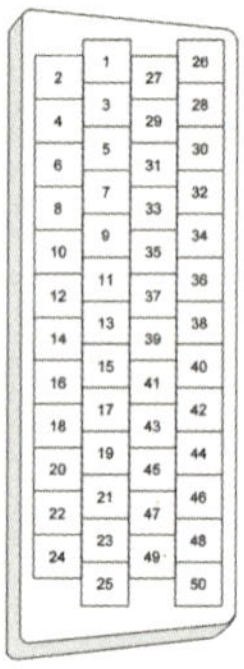

图4-20 CN1连接器的引脚排列

CN1连接器是伺服放大器的输入输出信号接口，下面介绍CN1连接器引脚信号的排列，并对常用引脚功能进行说明。

1. 连接器信号排列

知识微课堂

连接器信号排列

CN1连接器的引脚排列如图4-20所示。根据伺服放大器的控制模式，选择其对应的CN1连接器引脚进行接线。控制模式不同时，连接器引脚的功能或简称也不同，部分引脚可以通过相关软元件（参数）的设置实现其功能变更。不同控制模式下CN1连接器引脚编号所对应的简称见表4-3。

表4-3 CN1连接器引脚编号所对应的简称

引脚编号	I/O	不同控制模式时的输入输出信号					
		P	P/S	S	S/T	T	T/P
1		P15R	P15R	P15R	P15R	P15R	P15R
2	I		—/VC	VC	VC/VLA	VLA	VLA/—
3		LG	LG	LG	LG	LG	LG
4	O	LA	LA	LA	LA	LA	LA
5	O	LAR	LAR	LAR	LAR	LAR	LAR
6	O	LB	LB	LB	LB	LB	LB
7	O	LBR	LBR	LBR	LBR	LBR	LBR

续表

引脚编号	I/O	不同控制模式时的输入输出信号					
		P	P/S	S	S/T	T	T/P
8	O	LZ	LZ	LZ	LZ	LZ	LZ
9	O	LZR	LZR	LZR	LZR	LZR	LZR
10	I	PP	PP/—	注（3）	注（3）	注（3）	—/PP
11	I	PG	PG/—				—/PG
12		OPC	OPC/—				—/OPC
13	O	注（4）	注（4）	注（4）	注（4）	注（4）	注（4）
14	O	注（4）	注（4）	注（4）	注（4）	注（4）	注（4）
15	I	SON	SON	SON	SON	SON	SON
16	I		—/SP2	SP2	SP2/SP2	SP2	SP2/—
17	I	PC	PC/ST1	ST1	ST1/RS2	RS2	RS2/PC
18	I	TL	TL/ST2	ST2	ST2/RS1	RS1	RS1/TL
19	I	RES	RES	RES	RES	RES	RES
20		DICOM	DICOM	DICOM	DICOM	DICOM	DICOM
21		DICOM	DICOM	DICOM	DICOM	DICOM	DICOM
22	O	INP	INP/SA	SA	SA/—		— \ INP
23	O	ZSP	ZSP	ZSP	ZSP	ZSP	ZSP
24	O	INP	INP/SA	SA	SA/—		— \ INP
25	O	TLC	TLC	TLC	TLC/VLC	VLC	VLC/TLC
26							
27	I	TLA	TLA	TLA	TLA/TC	TC	TC/TLA
28		LG	LG	LG	LG	LG	LG
29							
30		LG	LG	LG	LG	LG	LG
31							
32							
33	O	OP	OP	OP	OP	OP	OP
34		LG	LG	LG	LG	LG	LG
35	I	NP	NP/—	注（3）	注（3）	注（3）	—/NP
36	I	NG	NG/—				—/NG
37	I	PP2	PP2/—	注（5）	注（5）	注（5）	—/PP2
38	I	NP2	PP2/—	注（5）	注（5）	注（5）	—/PP2

续表

引脚编号	I/O	不同控制模式时的输入输出信号					
		P	P/S	S	S/T	T	T/P
39							
40							
41	I	CR	CR/SP1	SP1	SP1/SP1	SP1	SP1/CR
42	I	EM2	EM2	EM2	EM2	EM2	EM2
43	I	LSP	LSP	LSP	LSP/—		—/LSP
44	I	LSN	LSN	LSN	LSN/—		—/LSN
45	I	LOP	LOP	LOP	LOP	LOP	LOP
46		DOCOM	DOCOM	DOCOM	DOCOM	DOCOM	DOCOM
47		DOCOM	DOCOM	DOCOM	DOCOM	DOCOM	DOCOM
48	O	ALM	ALM	ALM	ALM	ALM	ALM
49	O	RD	RD	RD	RD	RD	RD
50							

注：

(1) I 为输入信号，O 为输出信号。

(2) P 为位置控制模式，S 为速度控制模式，T 为转矩控制模式，P/S 为位置/速度控制切换模式，S/T 为速度/转矩控制切换模式，T/P 为转矩/位置控制切换模式。

(3) 可作为漏型接口的输入软元件使用。初始状态下没有分配输入软元件。使用时，请根据需要通过［Pr. PD43］～［Pr. PD46］分配软元件，且只能在软件版本 B3 以上的 MR-J4-_A_-RJ 伺服放大器中使用。

(4) 初始状态下没有分配输出软元件。请根据需要通过［Pr. PD47］分配输出软元件。

(5) 可作为源型接口的输入软元件使用。初始状态下没有分配输入软元件。使用时，请根据需要通过［Pr. PD43］～［Pr. PD46］分配软元件。

2. 连接器信号说明

下面对 CN1 连接器中常用的引脚信号进行功能和用途的说明，见表 4-4。

表 4-4　CN1 连接器引脚信号的功能与用途说明

信号名称	简称	引脚编号	功能和用途	IO 分类
强制停止 2	EM2	CN1-42	［Pr. PA04］设定为“2 _ _ _”时可以使用。 EM2 为 OFF（与输入公共端 DICOM 断开），伺服电动机强制停止。 EM2 为 ON（与输入公共端 DICOM 短接），可解除强制停止状态。 强制停止减速后 MBR（电磁制动互锁）变为 OFF。 不进行强制停止减速，MBR（电磁制动互锁）变为 ON。 ［Pr. PD01］设定为“1 _ _ _”时，EM2 内部变更为自动 ON。(EM2 外部不接线，即“强制停止”功能失效)	I

续表

信号名称	简称	引脚编号	功能和用途	IO 分类
强制停止 1	EM1	CN1 - 42	[Pr. PA04] 设定为“0 _ _ _”时可以使用。伺服电动机的强制停止、解除与 EM2 相同。 MBR（电磁制动互锁）输出信号状态与 EM2 时相反，不进行强制停止减速，MBR（电磁制动互锁）变为 OFF。强制停止减速后，MBR（电磁制动互锁）变为 ON。 [Pr. PD01] 设定为“1 _ _ _”时，EM1 内部变更为自动 ON。（EM1 外部不接线，即“强制停止”功能失效）	I
正转行程末端	LSP	CN1 - 43	运行时，需将 LSP 及 LSN 变为 ON。否则伺服将紧急停止并保持伺服锁定状态。 将 [Pr. PD30] 设定为“_ _ _ 1”时，伺服将减速停止。LSP 或 LSN 变为 OFF 时，发生 [AL. 99 行程限制警告]。若伺服电动机正转时，LSP 变为 OFF，可以反转运行；若伺服电动机反转时，LSN 变为 OFF，可以正转运行。 将 [Pr. PD01] 设定为“ _ C _ _”时，LSP 和 LSN 在内部变更为自动 ON（常闭）。（LSP 和 LSN 不接线，伺服电动机的限位报警功能失效）	I
反转行程末端	LSN	CN1 - 44		
伺服 ON	SON	CN1 - 15	SON 为 ON 时主电路中有电源进入，伺服电动机处于可运行的状态。（伺服 ON 状态） SON 为 OFF 时主电路被内部切断，伺服电动机呈自由运行状态。 将 [Pr. PD01] 设定为“_ _ _4”时，SON 内部变更为自动 ON。（SON 外部不接线，不启用外部信号实现“伺服 ON”的功能，而是上电后伺服自动 ON）	I
复位	RES	CN1 - 19	RES 为 ON50 毫秒以上时，可以让报警复位解除。也存在 RES 为 ON 时无法解除的报警，请参照《MR - J4 - A (- RJ) 伺服放大器技术资料集- 1602》第 8 章。 在没有发生报警的状态下，将 RES 设为 ON 会切断主电路。将 [Pr. PD30] 设定为“_ _ 1 _”，将不会切断主电路。 不可用于停止操作，即在运行中勿将 RES 设为 ON。	I
控制模式切换	LOP	CN1 - 45	用于位置/速度模式、速度/转矩模式和转矩/位置模式的切换，[Pr. PA01] 参数将对此进行说明。	I
清除	CR	CN1 - 41	CR 为 ON 时沿清除位置控制计数器中的滞留脉冲。将脉冲幅度设置在 10 毫秒以上。 将 [Pr. PD32] 设定为“_ _ _ 1”，则在 CR 为 ON 的期间会始终执行清除。	I
正转脉冲串 反转脉冲串	PP NP PP2 NP2 PG NG	CN1 - 10 CN1 - 35 CN1 - 37 CN1 - 38 CN1 - 11 CN1 - 36	输入指令脉冲串 (1) 集电极开路方式时。 最大输入频率为 200kpulses/s。A 相、B 相脉冲串时，200kpulses/s 为 4 倍频后的频率。 1) 漏型输入接口。 在 PP 和 DOCOM 之间输入正转脉冲串，在 NP 和 DOCOM 之间输入反转脉冲串。	I

续表

信号名称	简称	引脚编号	功能和用途	IO 分类
			2）源型输入接口。 在 PP2 和 PG 之间输入正转脉冲串，在 NP2 和 NG 之间输入反转脉冲串。 （2）差动输入方式时。 最大输入频率为 4kpulses/s。A 相、B 相脉冲串时，4Mpulses/s 为 4 倍频后的频率。 在 PG 和 PP 之间输入正转脉冲串，在 NG 和 NP 之间输入反转脉冲串。 指令输入脉冲串形式、脉冲串逻辑，指令输入脉冲串滤波器，通过［Pr. PA13］进行变更。 指令脉冲串大于 1Mpulse/s 且小于 4Mpulses/s 时，将［Pr. PA13］设定为“_ 0 _ _”。	
故障	ALE	CN1－48	不发生报警时，接通电源 2.5 秒～3.5 秒后 ALM 变为 ON。将［Pr. PD34］设定为“_ _ 1 _”，发生报警或警告时，ALM 变为 OFF。	O
准备完成	RD	CN1－49	伺服 ON 后进入可运行状态时，RD 变为 ON。	O
到位	INP	CN1－22 CN1－24	滞留脉冲在设定的到位范围内时，INP 为 ON。到位范围可以通过［Pr. PA10］变更。	O
速度到达	SA		伺服电动机转速到达下列范围时，SA 为 ON。 设定速度±((设定速度×0.05)＋20) r/min 设定速度在 20r/min 以下，则始终为 ON。	O
速度限制中	VLC	CN1－25	通过转矩控制模式［Pr. PC05 内部速度限制 1］～［Pr. PC11 内部速度限制 7］或 VLA（模拟速度限制）达到限制速度时，VLC 变为 ON。VLC 在 SON（伺服 ON）为 OFF 时，变为 OFF。	O
转矩限制中	TLC		输出转矩时，到达［Pr. PA11 正转转矩限制］、［Pr. PA12 反转转矩限制］或 TLA（模拟转矩限制）设定的转矩时，TLC 变为 ON。	O
零速检测	ZSP	CN1－23	伺服电动机转速在零速以下时，ZSP 变为 ON。零速可以通过［Pr. PC17］变更。	O
数字输入接口公共端	DICOM	CN1－20 CN1－21	接入输入接口用 DC 24V 电压（DC 24V±10% 500mA）。是伺服放大器 SON 等输入信号的公共端子。 漏型接口连接 DC 24V 外部电源的正极。源型接口连接 DC 24V 外部电源的负极。	
数字输出接口公共端	DOCOM	CN1－46 CN1－47	是伺服放大器 ALE 等输出信号的公共端子。和 LG 是隔离的。 漏型接口连接 DC 24V 外部电源的负极。源型接口连接 DC 24V 外部电源的正极。	
集电极开路电源输入	OPC	CN1－12	以集电极开路方式输入脉冲串时，该端子连接 DC 24V 外部电源的正极。	

续表

信号名称	简称	引脚编号	功能和用途	IO 分类
DC 15V 电源	P15R	CN1 - 1	在 P15R 和 LG 间输出 DC 15V 电压。可作为 TC/TLA/VC/VLA 电源使用。允许电流为 30mA。	
控制公共端	LG	CN1 - 3 CN1 - 28 CN1 - 30 CN1 - 34	是 TLA/TC/VC/VLA/OP/MO1/MO2/P15R 的公共端子。各引脚在内部已连接。	

若要了解 CN1 连接器其他编号端子的功能与用途，请查阅《MR - J4 - A（- RJ）伺服放大器技术资料集- 1602》第 3 章。

3. 连接器信号接线

（1）数字输入接口。

表 4 - 4 中的 EM2（EM1）、LSP、LSN、SON、RES、LOP 和 CR 7 个数字输入接口的信号接线如图 4 - 21 所示。

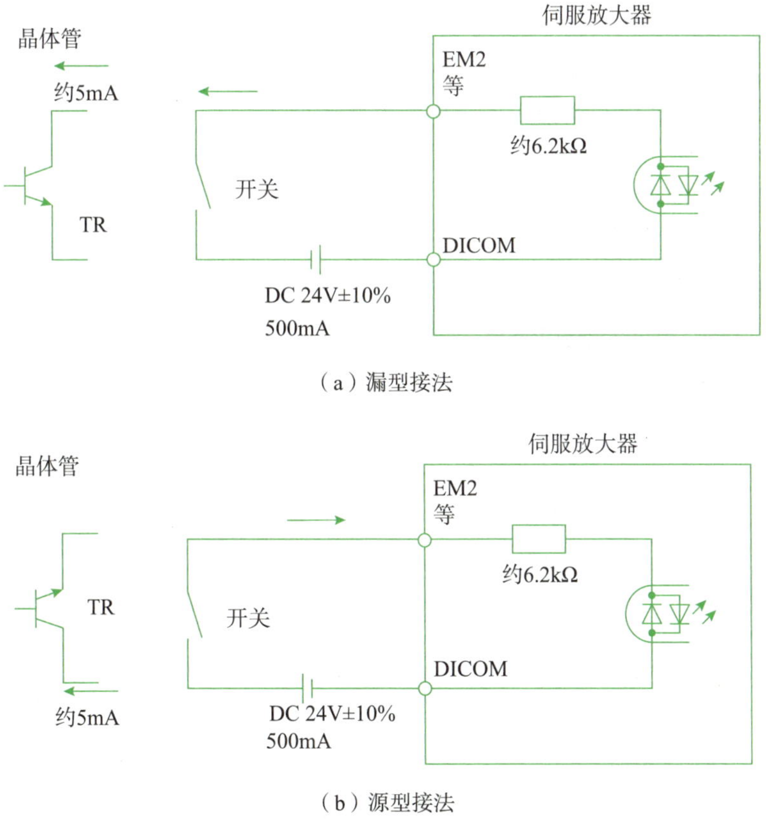

图 4 - 21　数字输入信号接线

但是，CN1 - 10 引脚及 CN1 - 35 引脚为数字输入接口时，引脚接线如图 4 - 22 所示。

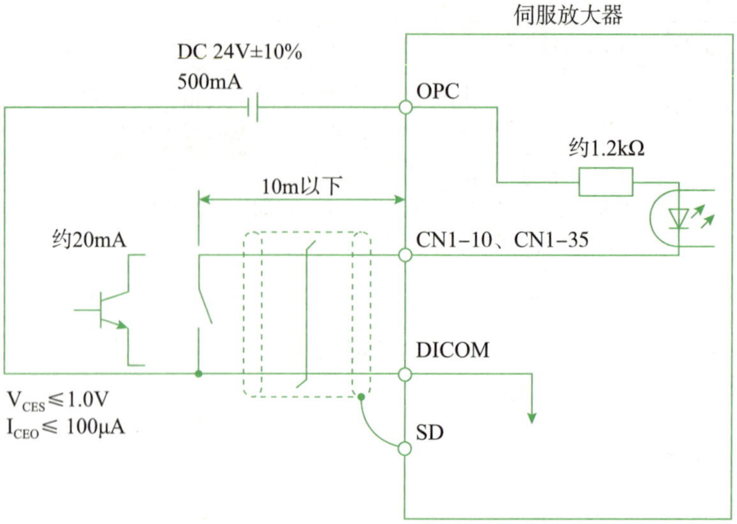

图 4-22　CN1-10 和 CN1-35 引脚接线

(2) 脉冲串输入接口。

如表 4-4 所示，PP、NP、PP2、NP2、PG 和 NG 6 个端子为脉冲串输入接口，在位置控制模式时用于接收控制器发来的脉冲串。脉冲串有集电极开路脉冲和差动脉冲两种。差动脉冲抗干扰好，其信号传输距离比集电极开路脉冲远。PLC 控制器通常输出的是集电极开路脉冲串，运动控制卡通常输出差动脉冲串。脉冲串波形有三种，分别是正反脉冲串、带符号脉冲串和 AB 相脉冲串。

如果上位机控制器发出的脉冲种类是集电极开路型脉冲串，接线示例如图 4-23 所示。

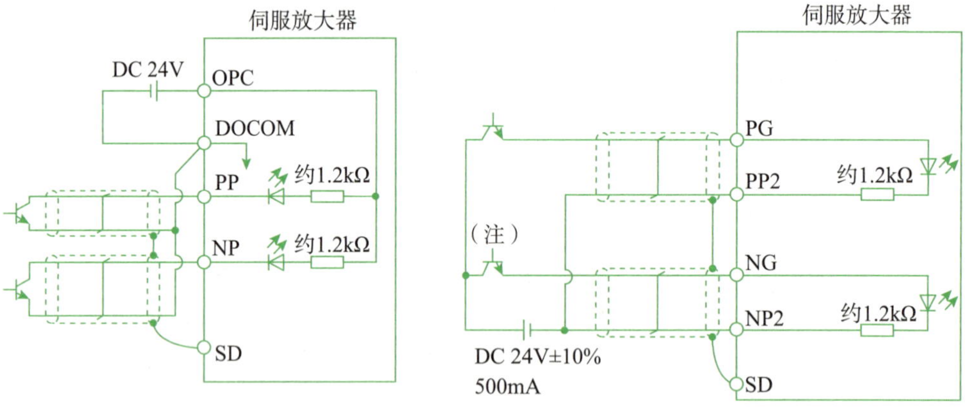

(a) 漏型接法　　(b) 源型接法

图 4-23　集电极开路脉冲串接线

伺服放大器参数 [Pr. PA13]，用以确定伺服放大器接收脉冲串的形态。[Pr. PA13] 设定为“_ _ 1 0”时，脉冲形态为正反脉冲串，输入波形为负逻辑，集电极开路脉冲接法时，脉冲串波形如图 4-24 所示。

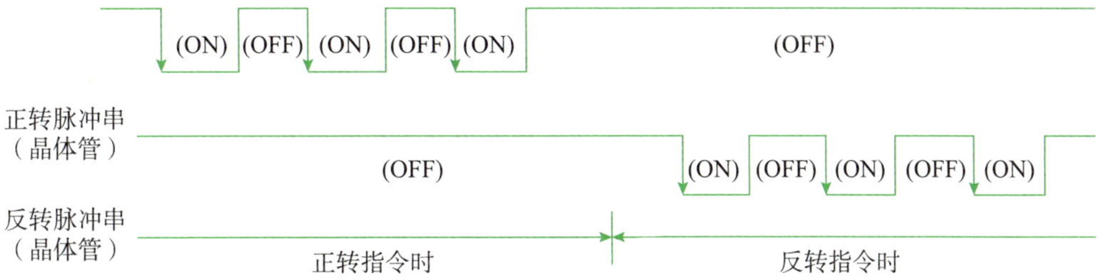

图 4-24　正反脉冲串波形

[Pr. PA13] 设定为“_ _ 1 0”时，脉冲形态为正反脉冲串，输入波形为负逻辑，差动脉冲串接线及波形如图 4-25 所示。

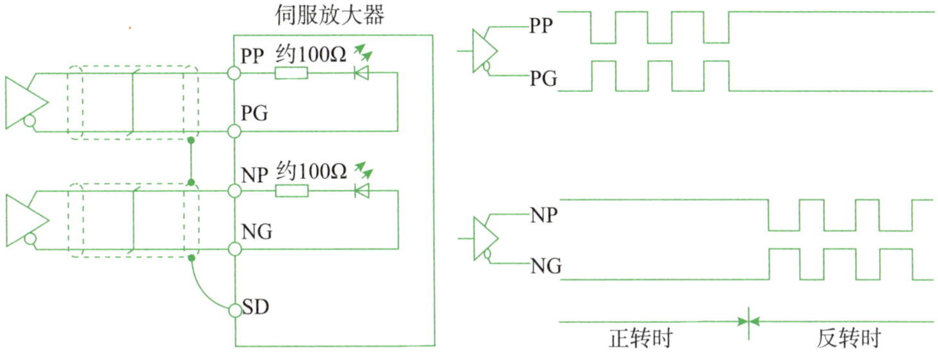

（a）差动脉冲串接线　　（b）差动脉冲串波形

图 4-25　差动脉冲串接线及波形

（3）数字输出接口。

如表 4-4 所示，ALE、RD、INP、SA、VLC、TL 和 CZSP 7 个端子是数字输出接口，为晶体管集电极输出电路。漏型连接时，输出公共端 DOCOM 接电源负极，若输出晶体管变为 ON，电流从负载流向输出端子，为流入型的输出。源型连接时，输出公共端 DOCOM 接电源正极，若输出晶体管变为 ON 时，电流从输出端子流向负载，为流出型的输出。电感性负载时需配置二极管（D），接线如图 4-26 所示。

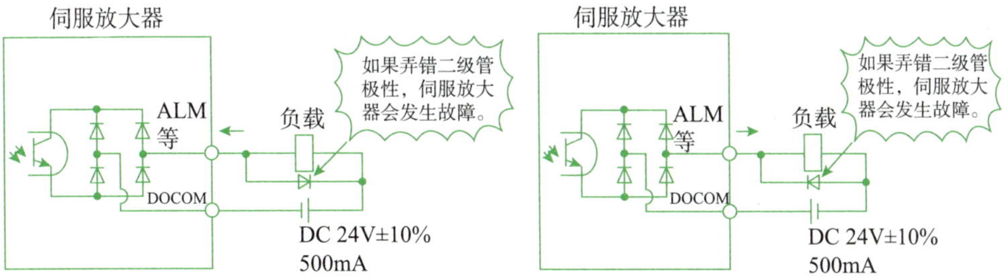

（a）漏型接法　　（b）源型接法

图 4-26　数字输出信号接线

（4）模拟输入。

伺服放大器有专用的端口，用于接收外部或内部的模拟量电压输入，用以实现速度或转矩控制。通过设置运行模式参数［Pr. PA01］，选择速度或转矩控制模式。速度模式下模拟量输入接线如图 4－27 所示，转矩模式下模拟量输入接线如图 4－28 所示。

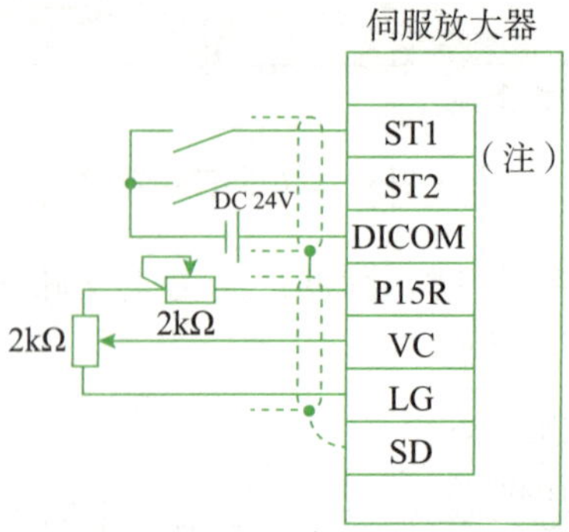

图 4－27　速度模式下模拟量输入接线

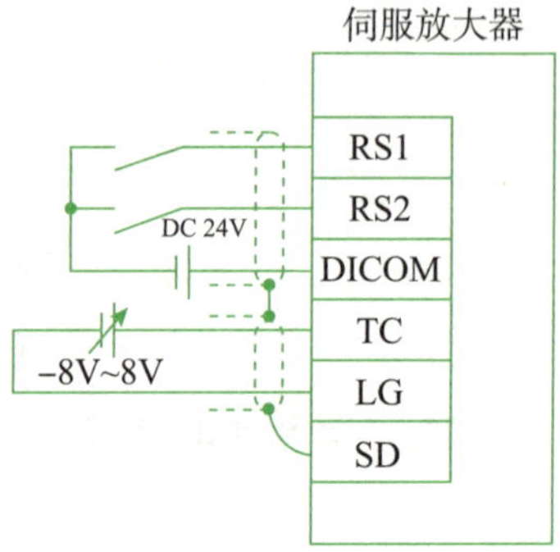

图 4－28　转矩模式下模拟量输入接线

图 4－27 是通过内部提供的 15V 电源（P15R 和 LG 之间）、外部电阻、可调电阻器实现的模拟量电压调速，通过分压方式使 VC 和 LG 端子间获得 0～10V 的可调电压。按照 VC（模拟量速度指令）的外加电压设定的转速运行。VC（模拟量速度指令）的外加电压和伺服电动机转速的关系如图 4－29 所示。初始设定中±10V 对应额定转速。±10V 时对应的转速可以通过［Pr. PC12］进行变更。

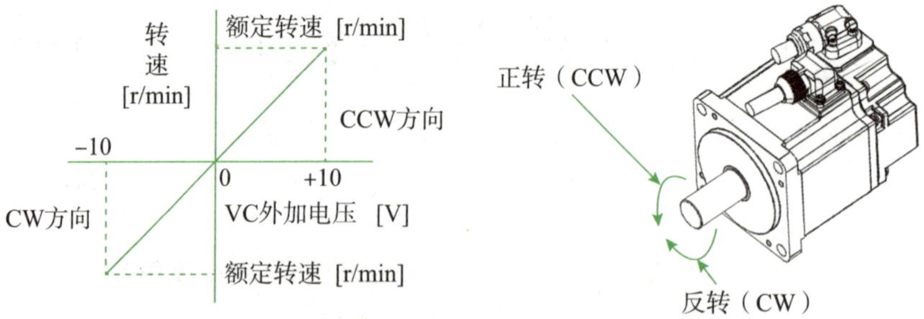

图 4－29　外加电压和伺服电动机转速的关系

根据 ST1（正转起动）及 ST2（反转起动）的通断组合确定伺服电动机的旋转方向，见表 4－5。

表 4－5　伺服电动机的旋转方向与 ST1 和 ST2 的关系

输入端子		伺服电动机旋转方向		
ST2	ST1	VC（模拟量电压）		
		＋（正）	0V	－（负）
0	0	停止（伺服锁定）	停止（伺服锁定）	停止（伺服锁定）
0	1	CCW	停止（伺服锁定）	CW
1	0	CW		CCW
1	1	停止（伺服锁定）	停止（伺服锁定）	停止（伺服锁定）

在如图 4－28 所示的转矩控制时，TC（模拟量转矩指令）的外加电压和伺服电动机的转矩关系如图 4－30 所示。±8V 电压输出最大转矩。此外，输入±8V 电压时对应的输出转矩可以通过［Pr. PC13］变更。

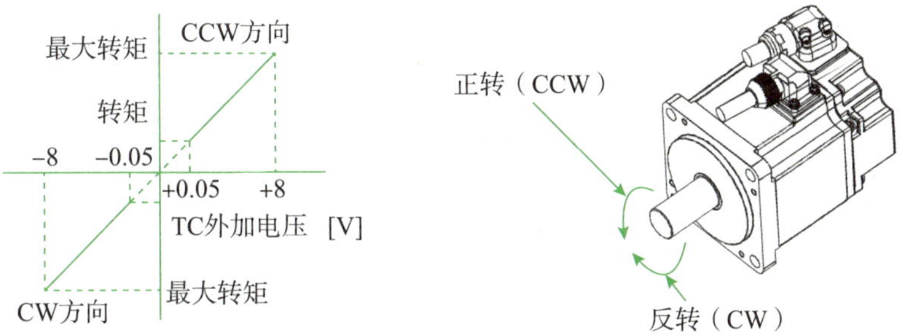

图 4－30　外加电压和伺服电动机转矩的关系

与输入电压相对应的输出转矩值根据产品种类会有约 5%的偏差。电压较低（－0.05V～0.05V）且实际速度接近限制值时，转矩可能会变动。使用 TC（模拟量转矩指令）时，由 RS1（正转选择）及 RS2（反转选择）所决定的转矩输出方向见表 4－6。

表 4－6　伺服电动机转矩输出方向与 RS1 和 RS2 的关系

输入端子		伺服电动机旋转方向		
RS2	RS1	TC（模拟量电压）		
		＋（正）	0V	－（负）
0	0	不输出转矩	不输出转矩	不输出转矩
0	1	CCW（正转运行）		CW（反转运行）
1	0	CW（反转运行）		CCW（正转运行）
1	1	不输出转矩		不输出转矩

任务 4.3　伺服电动机的手动控制

知识导图

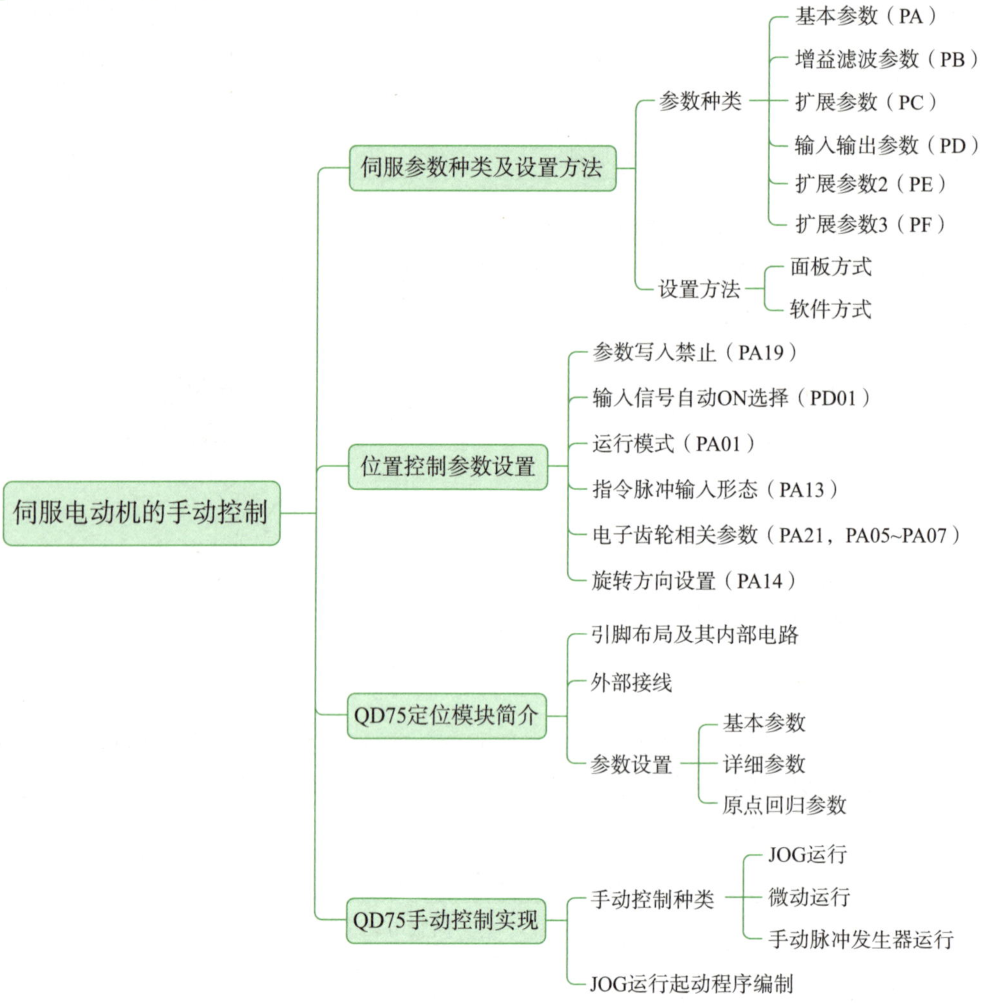

本任务将以三菱伺服电动机驱动的单轴直线滑台为载体，重点介绍三菱 J4 系列伺服电动机手动控制的实施过程，主要包括位置模式下伺服参数设置、QD75 定位模块简介、定位模块与伺服放大器的连接、手动控制程序编制与功能验证四部分。

4.3.1　伺服参数种类及设置方法

正确设置伺服放大器参数是伺服系统正常工作的必要条件，下面以三菱 MR－J4－A

（RJ）系列伺服为例，介绍参数的种类和参数设置的方法。

知识微课堂

参数种类及设置方法

1. 参数种类

三菱 MR－J4－A（RJ）系列伺服有六种参数，分别是基本参数（PA）、增益滤波参数（PB）、扩展参数（PC）、输入输出参数（PD）、扩展参数 2（PE）和扩展参数 3（PF）。本节将介绍基本参数（PA）和输入输出参数（PD）中与位置控制有关的部分参数，若想了解其他种类参数的功能及设置方法，请查阅《MR－J4－A（－RJ）伺服放大器技术资料集-1602》第 5 章。

基本参数（PA）主要用来设置伺服放大器的运行模式、电子齿轮、指令脉冲形态、正反转矩限制和旋转方向等。输入输出参数（PD）主要用来设置伺服放大器输入输出端子的功能，为输入输出端子分配软元件。

2. 设置方法

三菱 MR－J4－A 系列伺服放大器参数设置的方法有两种，分别是面板方式和软件方式。

（1）面板方式。

伺服放大器的操作面板如图 4－31 所示，包括数码显示和操作按键两部分。数码显示为 5 位，用于显示伺服的状态和报警编号，操作按键可进行伺服放大器的状态、报警、参数的设定。使用“MODE”按钮设置各参数模式时，按“UP”或“DOWN”按钮，将循环显示各类参数。参数值为 5 位以下（包含 5 位）和参数值为 6 位以上（包含 6 位）的参数设置操作有所不同。

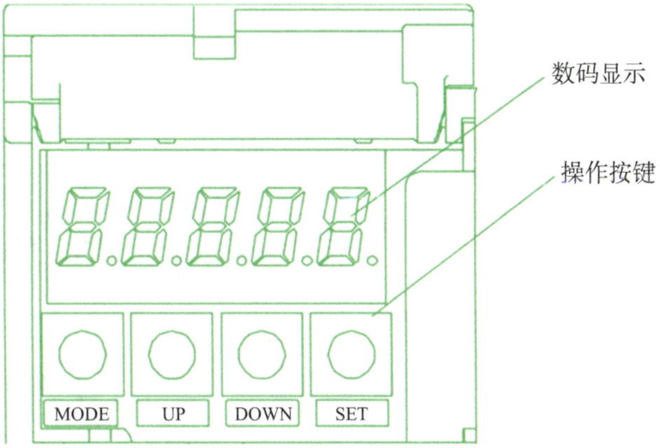

图 4－31　伺服放大器的操作面板

将 PA01（参数值为 4 位）由“1000”设置为“1002”，按“MODE”键找到 PA01 参数后，修改参数过程如下。

移动到下一个参数时，按一下“UP”或“DOWN”按钮。当变更 PA01 参数时，需伺服放大器断电，重新起动后才能生效。

PA06 参数值设置范围是 1～16 777 215，参数值超过 6 位。将 PA06 由初值“1”设置为“123456”，操作过程如下。

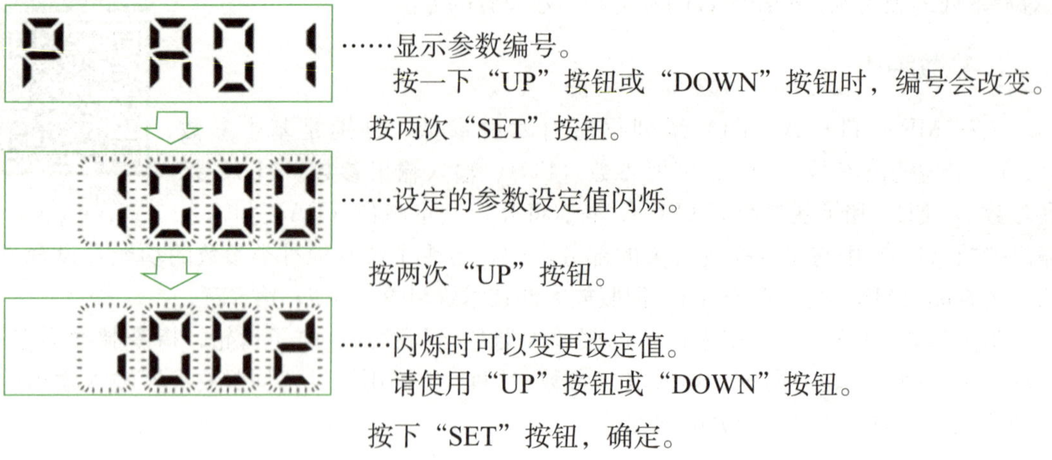

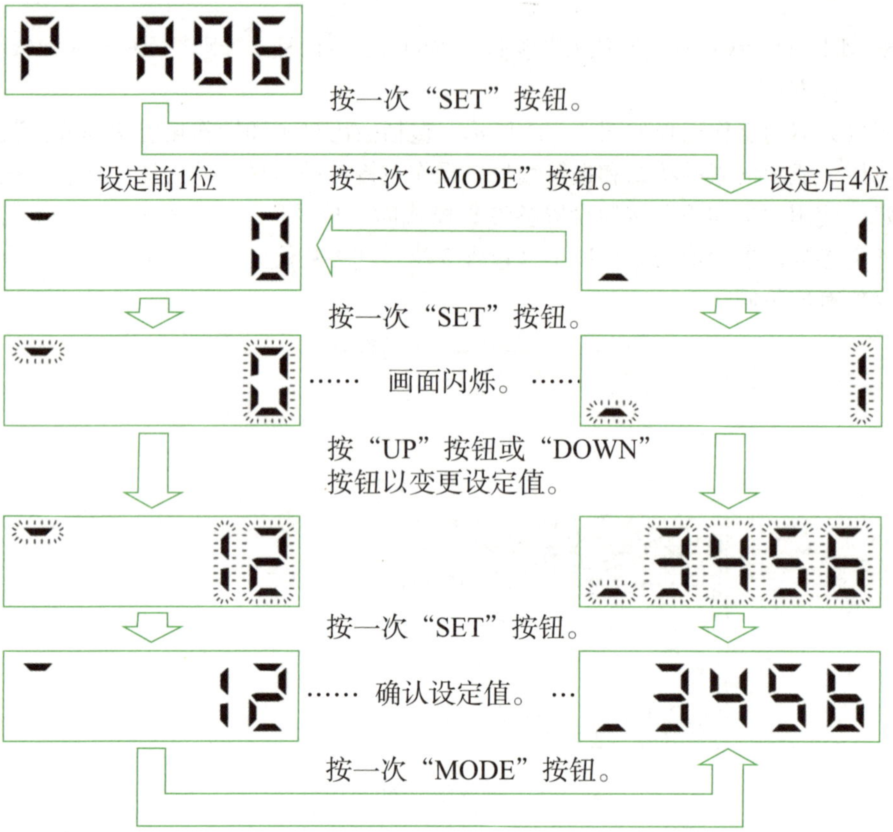

PA06 参数值修改后立即生效，不需要伺服放大器断电及重新起动。

（2）软件方式。

如图 4-32 所示，通过软件方式对伺服参数进行设置，计算机需要安装“MR Configurator2”软件，通过 USB 电缆（Mini-USB 口）与伺服放大器的 CN5 连接器连接。

通过“MR Configurator2”软件进行伺服放大器参数设置的过程如下。

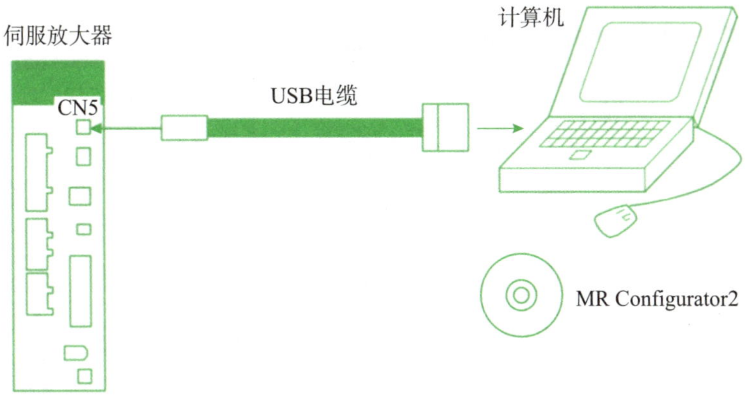

图 4-32　软件方式参数设置

1）新建工程。

双击打开“MR Configurator2”软件→新建工程→选择机种“MR-J4-A（-RJ）”，完成工程创建，如图 4-33 所示。

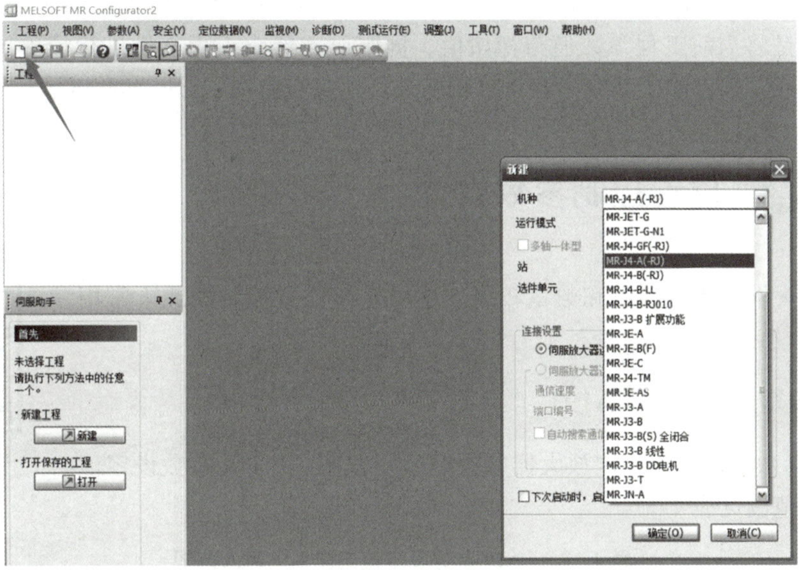

图 4-33　创建工程

2）参数写入。

双击菜单“轴 1”菜单下的“参数”，显示“参数设置”界面，在“列表显示”中将看到 MR-J4-A（-RJ）系列伺服放大器的所有参数。如图 4-34 所示，显示的是 PA 参数。选择需要重新设置的参数，对参数值进行修改后，单击“选择项目写入”或“轴写入”控件，完成参数的写入。“选择项目写入”是将选中行的参数写入，“轴写入”是将所有的参数写入伺服放大器。参数简称中带“*”的，写入后需要伺服放大器断电后重新起动，断电时间不少于 5s。参数简称中不带“*”的，参数写入后立即生效，不需要伺服放大器断电后重新起动。

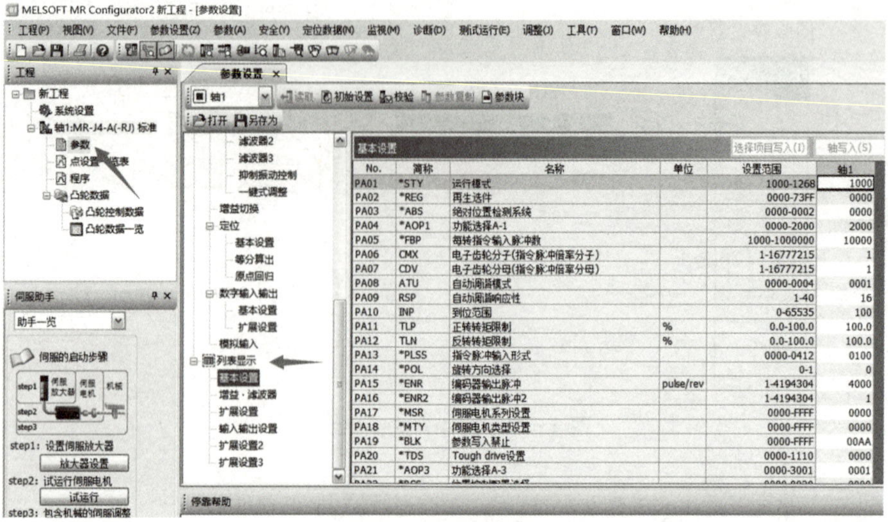

图 4-34 参数列表

“参数设置”界面中，“初始设置”控件的功能是将所有参数值恢复到初始值，“校验”控件的功能是将当前工程参数值与初始值、伺服放大器或工程文件进行校验比对。“MR Configurator2”软件除了具有参数设置功能外，还具有监视、诊断和测试运行等功能。

4.3.2 位置控制参数设置

知识微课堂

PA19参数设置实操演示

伺服放大器的参数种类和数量较多，这里介绍位置控制模式下常用参数的含义及设置方法。

1. 参数写入禁止（PA19）

PA19 参数的设定值决定放大器参数的读写权限，PA19 参数设定值与读入・写入范围见表 4-7。

表 4-7 PA19 参数设定值与读入・写入范围

PA19	设置值操作	PA	PB	PC	PD	PE	PF
000AH	读入	仅限 19					
	写入	仅限 19					
000BH	读入	○	○	○			
	写入	○	○	○			
000CH	读入	○	○	○	○		
	写入	○	○	○	○		

续表

PA19	设置值操作	PA	PB	PC	PD	PE	PF
00AAH 初始值	读入	○	○	○	○	○	
	写入	○	○	○	○	○	
00ABH	读入	○	○	○	○	○	○
	写入	○	○	○	○	○	○
100BH	读入	○					
	写入	仅限 19					
100CH	读入	○	○	○	○		
	写入	仅限 19					
10AAH 10ABH	读入	○	○	○	○	○	○
	写入	仅限 19					
上述以外	读入	○					
	写入	○					

PA19 设置为初始值（00AA）时，只对 PA～PE 参数有读写权限。PA19 设置为 000A 时，仅对 PA19 参数有读写权限。当所有伺服参数设置完成，建议将 PA19 参数设置为 000A，以防止非专业人员修改伺服参数，影响设备的运行。

知识微课堂

PD01参数设置实操演示

2. 输入信号自动 ON 选择（PD01）

PD01 参数设置值决定是否通过外部信号实现伺服放大器的“急停”“伺服 ON”“限位”等功能。PD01 参数值由 4 位 16 进制组成，其设定位和功能见表 4 - 8。

表 4 - 8　PD01 参数设定位及功能

设定位	功能	初始值
_ _ _□（H）	_ _ _x（B）：厂商设定用	0H
	_ _ x _（B）：厂商设定用	
	_ x _ _（B）：SON（伺服 ON） 0：无效（需外部输入信号）1：有效（自动 ON）	
	x _ _ _（B）：厂商设定用	
_ _□_（H）	_ _ _ x（B）：PC（比例控制） 0：无效（需外部输入信号）1：有效（自动 ON）	0H
	_ _ x _（B）：TL（转矩控制） 0：无效（需外部输入信号）1：有效（自动 ON）	
	_ x _ _（B）：厂商设定用	
	x _ _ _（B）：厂商设定用	

续表

设定位	功能	初始值
_ □ _ _(H)	_ _ _ x(B)：厂商设定用	0H
	_ _ x _(B)：厂商设定用	
	_ x _ _(B)：LSP（正转限位末端） 0：无效（需外部输入信号）1：有效（自动 ON）	
	x _ _ _(B)：LSN（反转限位末端） 0：无效（需外部输入信号）1：有效（自动 ON）	
□ _ _ _(H)	_ _ _ x(B)：EM2（强制停止 2）/EM1（强制停止 1） 0：无效（需外部输入信号）1：有效（自动 ON）	0H
	_ _ x _(B)：厂商设定用	
	_ x _ _(B)：厂商设定用	
	x _ _ _(B)：厂商设定用	

若 PD01＝0000H（初始值），即全部为“无效（需要外部输入信号）”，PD01 参数相关端子的外部接线如图 4－35 所示。

如果不启用正反转末端限位功能，即正反转末端限位端子 LSP 和 LSN 不接线，则需要将其对应位设置为“1”，即“有效（自动 ON）”，在伺服放大器工作过程中且不使用比例控制（PC）或转矩控制（TL）功能时，即只保留 EM2 和 SON 两个端子的外部触发功能，则 PD01＝0C00H，外部接线如图 4－36 所示。

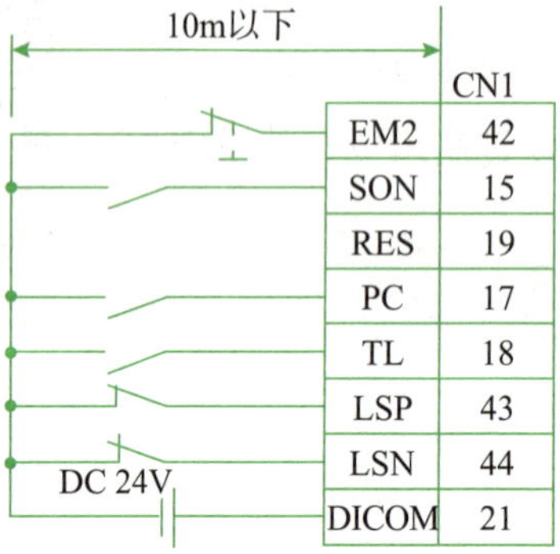

图 4－35　PD01＝0000H

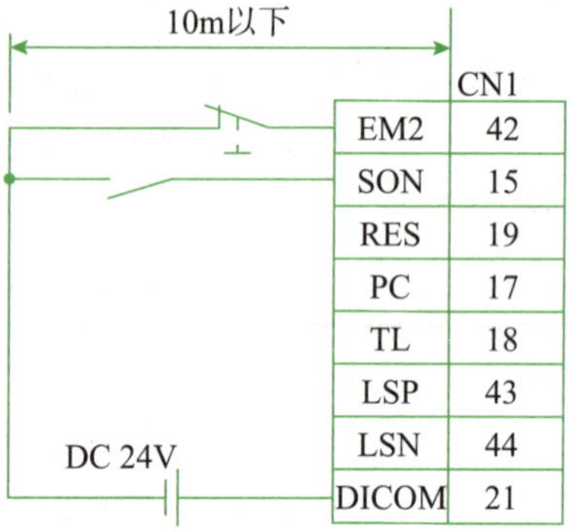

图 4－36　PD01＝0C00H

如果只保留 SON 端子的外部触发功能，则 PD01＝1C00H，外部接线如图 4－37 所示。如果不启用所有 PD01 参数相关端子的功能，即如图 4－35 所示的输入端子都不接线，则 PD01＝1C04H。

“MR Configurator2”软件中有专门“输入信号自动 ON 选择”的控件，如图 4－38 所示。单击“自动 ON 分配”后，进入“自动 ON 分配”页面，如图 4－39 所示。

如图 4－39 所示，页面中前 6 个端子均是与 PD01 参数相关的端子，例如选择将“SON”“LSP”“LSN”“EM2/1”四个输入端子设置为“ON”，确认后 PD01 参数被自动修改为“1C04”，如图 4－40 所示。

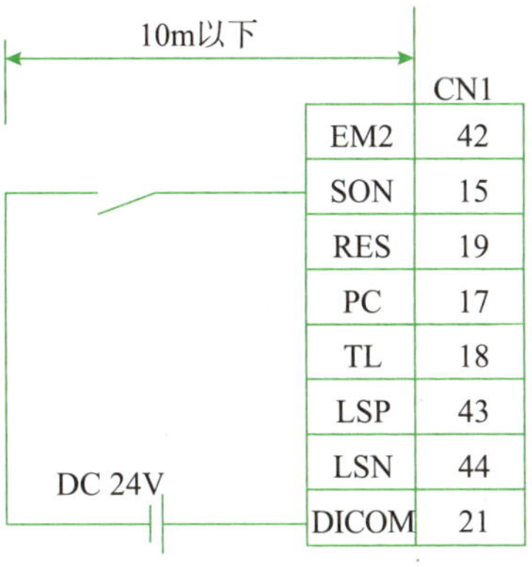

图 4－37　PD01＝1C00H

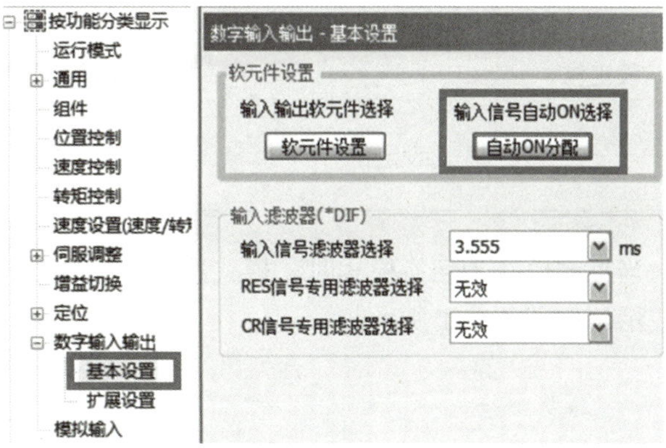

图 4－38　“输入信号自动 ON 选择”控件

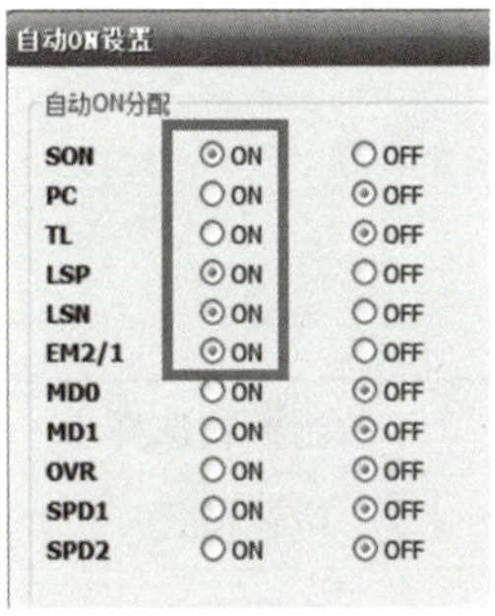

图 4－39　“自动 ON 分配”页面

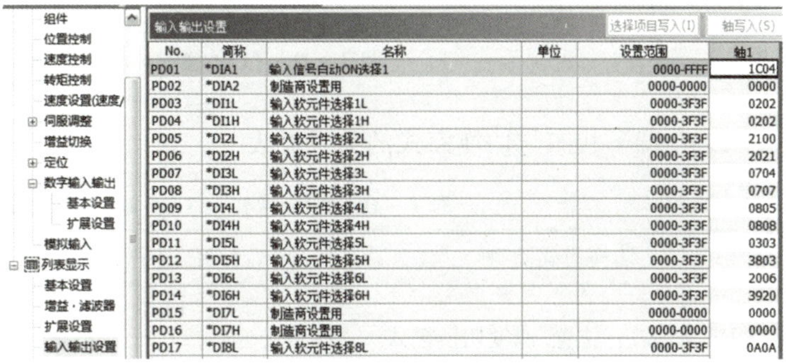

图 4－40　PD01 参数自动修改页面

3. 运行模式（PA01）

PA01 参数用来设定伺服放大器的控制和运行模式。PA01 参数设定位及功能见表 4－9。

表 4－9　PA01 参数设定位及功能

设定位	功能	初始值
_ _ _ □	控制模式选择 0：位置模式 1：位置/速度控制切换模式 2：速度控制模式 3：速度/转矩控制切换模式 4：转矩控制模式 5：转矩/速度控制切换模式	0H
_ _ □ _	运行模式选择 0：标准控制模式 1：全闭环控制模式 4：线性伺服电动机控制模式 6：DD 电动机控制模式 设定上述以外的值时，将发生“AL. 37 参数异常”报警。	0H

续表

设定位	功能	初始值
_ □ _ _	厂商设定用	0H
□ _ _ _		1H

当控制模式为切换模式时，模式选择由控制切换端子 LOP 的状态决定，LOP 端子的接线示例如图 4 - 41 所示。

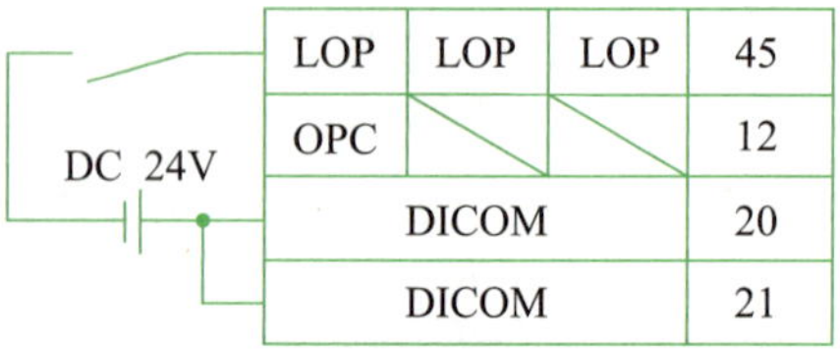

图 4 - 41　LOP 端子的接线示例

LOP 端子状态与切换模式的关系见表 4 - 10。

表 4 - 10　切换模式与 LOP 端子状态的关系

切换模式类型	LOP 端子状态	控制模式选择
PA=1001：位置/速度切换模式	OFF	位置模式
	ON	速度模式
PA=1003：速度/转矩切换模式	OFF	速度模式
	ON	转矩模式
PA=1005：转矩/位置切换模式	OFF	转矩模式
	ON	位置模式

4. 指令脉冲输入形态（PA13）

参数 PA13 用来确定伺服放大器接收指令脉冲串的形态。脉冲串有集电极开路脉冲和差动脉冲两种。脉冲串波形有三种，分别是正反脉冲串、带符号脉冲串和 AB 相脉冲串。PA13 参数设定位及功能见表 4 - 11。

表 4 - 11　PA13 参数设定位及功能

设定位	功能	初始值
_ _ _ □	指令输入脉冲串形态选择 0：正转、反转脉冲串 1：带符号脉冲串 2：A 相、B 相脉冲串（伺服放大器以 4 倍频获取输入脉冲）	0H
_ _ □ _	脉冲串逻辑选择 0：正逻辑 1：负逻辑	0H

续表

设定位	功能	初始值
_ □ _ _	指令输入脉冲串滤波器选择 选择和指令脉冲频率匹配的滤波器，可以提高抗干扰能力。 0：指令输入脉冲串在 4Mpulses/s 以下时 1：指令输入脉冲串在 1Mpulse/s 以下时 2：指令输入脉冲串在 500Kpulses/s 以下时 3：指令输入脉冲串在 200Kpulses/s 以下时 设定为比实际指令高的值会使抗干扰能力下降。 设定为比实际指令低的值会导致位置偏移。	1H
□ _ _ _	厂商设定用	0H

集电极开路型指令输入脉冲串的形态见表 4－12。

表 4－12　集电极开路型指令输入脉冲串的形态

PA13 设定值	脉冲串形态		正转指令脉冲串形态	反转指令脉冲串形态
_ _ 10H	负逻辑	正反脉冲串	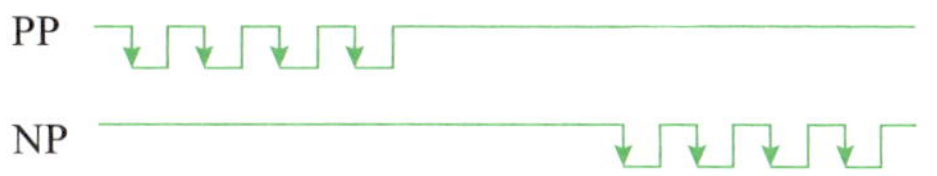	
_ _ 11H		脉冲串＋符号	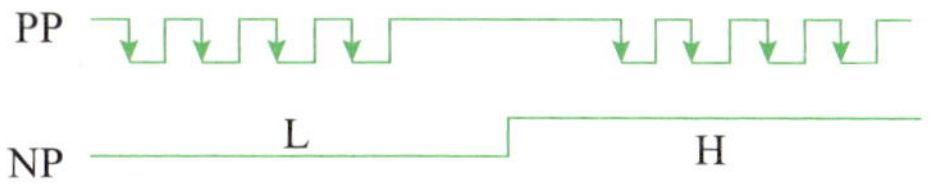	
_ _ 12H		AB 相脉冲串		
_ _ 00H	正逻辑	正反脉冲串	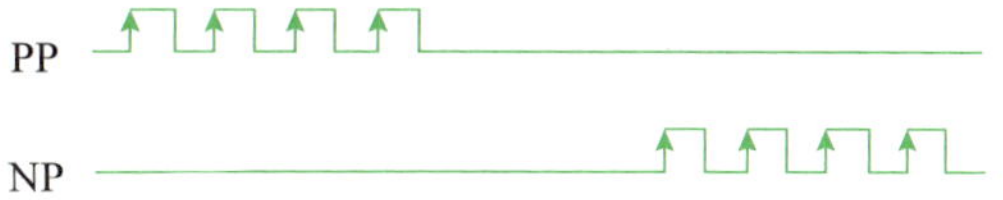	
_ _ 01H		脉冲串＋符号	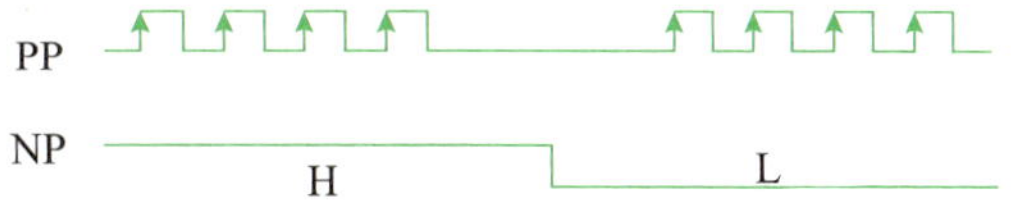	
_ _ 02H		AB 相脉冲串		

上位机控制器发出的指令脉冲串形态与 PA13 设置的脉冲串形态要相互匹配。

5. 电子齿轮相关参数

三菱 MR－J4－A 系列伺服放大器电子齿轮设置相关参数为 PA21（功能选择 A－3）、PA06（电子齿轮分子）、PA07（电子齿轮分母）和 PA05（每转的指令输入脉冲数）。电子齿轮设置规则如图 4－42 所示。

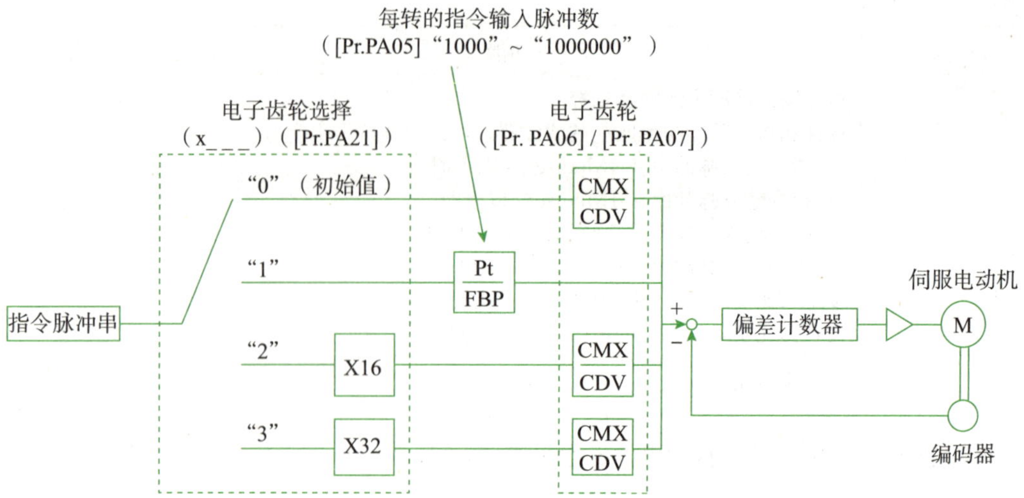

图 4-42　电子齿轮设置规则

当 PA21 最高位设置为初始值“0”时，电子齿轮的分子（CMX）为 PA06、分母（CDV）为 PA07，此时电子齿轮的设定范围：$\frac{1}{10}<\frac{CMX}{CDV}<4\ 000$。

当 PA21 最高位设置为“1”时，电子齿轮采用每转脉冲数方法进行设置，即电子齿轮的分子（Pt）被固定为编码器的分辨率 4 194 304（2^{22}），分母（FBP）为 PA05，设定范围：1 000～1 000 000。例如，当 PA05＝5 000 时，伺服放大器每接收 5 000 个指令脉冲，伺服电动机旋转 1 周。

当 PA21 最高位设置为“2”或“3”时，为“J3 电子齿轮兼容模式”或“J2S 电子齿轮兼容模式”，即对指令脉冲串分别乘以 16 或 32 后，再做电子齿轮运算。

为了防止设定错误引起伺服电动机预料外的动作，电子齿轮的设定必须在伺服电动机停止的状态下进行。

6. 旋转方向设置（PA14）

通过设置 PA14 参数及输入脉冲串，选择伺服电动机的旋转方向，设定值与伺服电动机旋转方向的关系见表 4-13。伺服电动机旋转方向（CCW 和 CW）的规定，如图 4-43 所示。

表 4-13　伺服电动机旋转方向设置

PA14 设定值	伺服电动机旋转方向	
	正转脉冲串输入	反转脉冲串输入
0	CCW	CW
1	CW	CCW

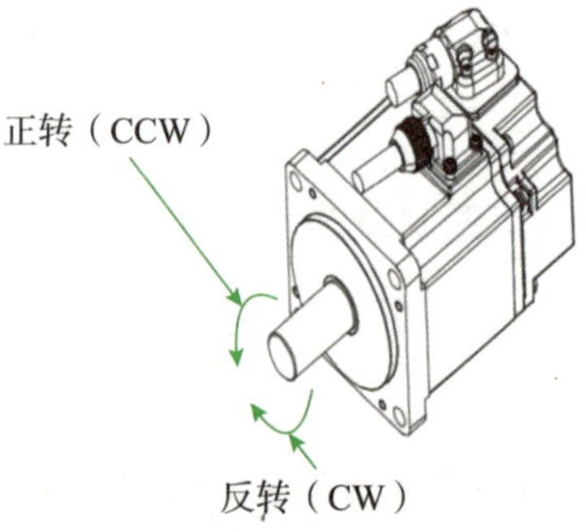

图 4-43　伺服电动机 CCW 和 CW 转向规定

4.3.3 QD75 定位模块简介

本项目实施选用的是三菱 Q 系列 PLC 产品，CPU 模块型号为 Q03UDE，定位模块为 QD75 系列模块。

QD75 定位模块共计三个系列产品：集电极开路脉冲输出 QD75P 系列、差动脉冲输出 QD75D 系列和 SSCNET 高速总线输出 QD75M 系列。每个模块需要单独插槽并占用 32 个专用 I/O 通道。其中 QD75M 系列产品仅支持 MR－J2（S）－□B 系列或 MR－J3－□B 系列伺服，本项目所用定位模块为 QD75P 系列产品，QD75P 系列和 QD75D 系列产品有带“N”和不带“N”两种规格，“N”代表新品或升级品，区别如下。

QD75D□N：脉冲频率为 4MHz，电缆最长 10m。

QD75D□：脉冲频率为 1MHz，电缆最长 10m。

QD75P□N 或 QD75P□：脉冲频率为 200kHz，电缆最长 2m。

本项目所有定位模块的型号均为 QD75P4N，即 4 轴集电极开路脉冲输出型，其实物外形及模块添加方法如图 4－44 所示。

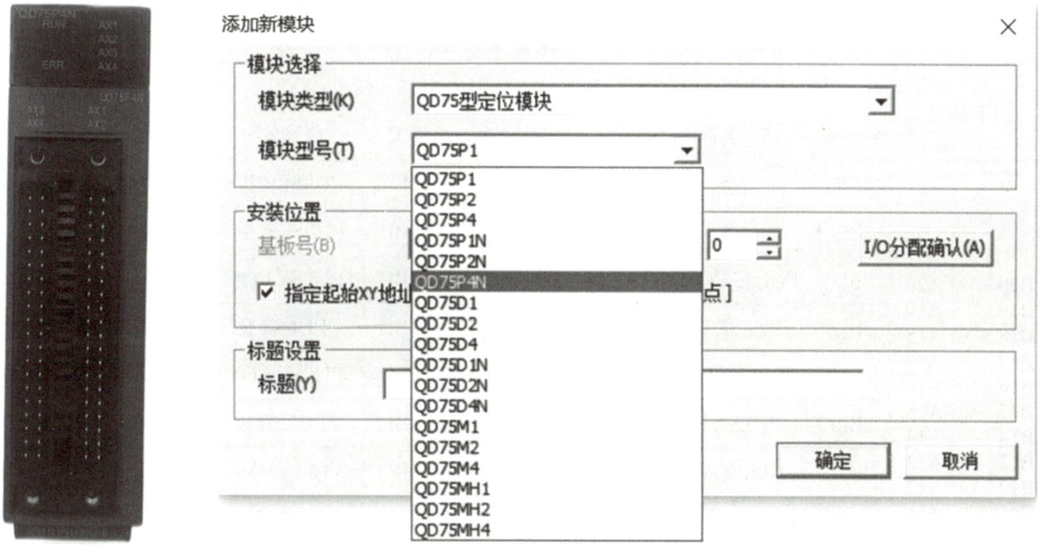

（a）实物外形　　（b）模块添加方法

图 4－44　QD75P4N 定位模块实物外形及模块添加方法

1. QD75P4N 引脚布局及内部电路

（1）引脚布局。

QD75P1N、QD75P2N 和 QD75P4N 定位模块连接器外形如图 4－45 所示。

QD75P4N 定位模块连接器的信号排列见表 4－14。

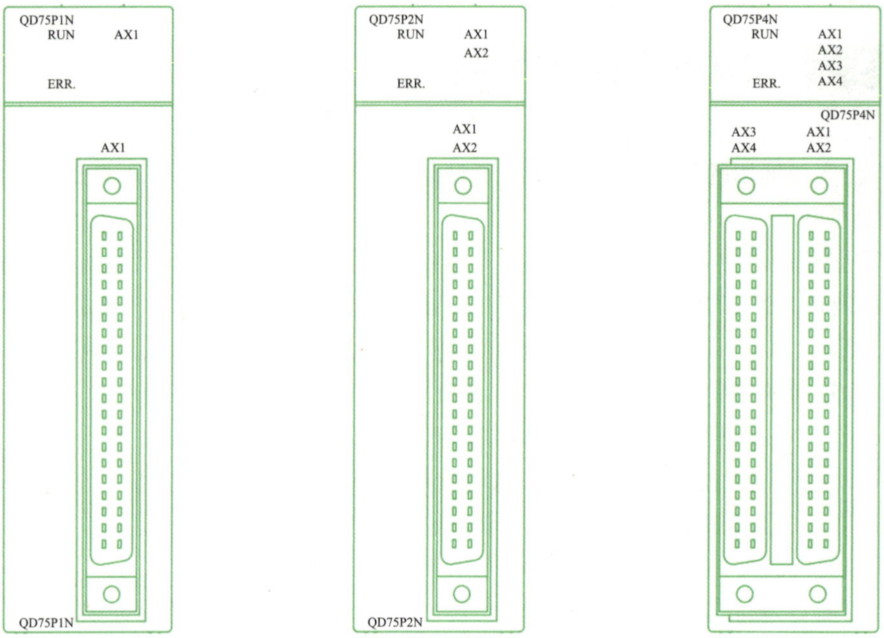

图 4-45　QD75P□N 定位模块连接器外形

表 4-14　QD75P4N 定位模块连接器的信号排列

针脚排列	轴 4（AX4）		轴 3（AX3）		轴 2（AX2）		轴 1（AX1）	
	针编号	信号名称	针编号	信号名称	针编号	信号名称	针编号	信号名称
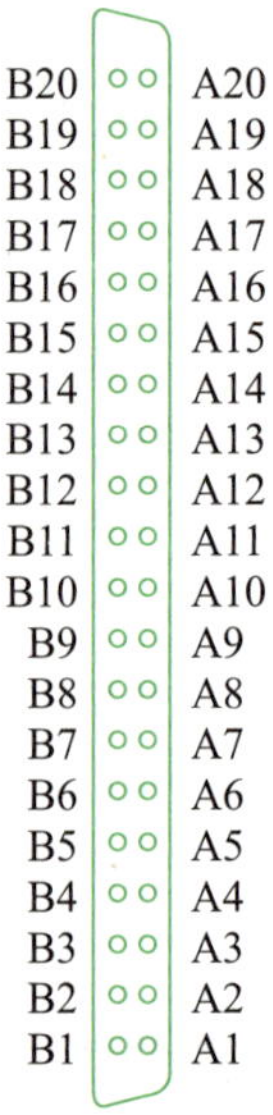	2B20	空余	2A20	空余	1B20	PULSER B−	1A20	PULSER B+
	2B19	空余	2A19	空余	1B19	PULSER A−	1A19	PULSER A+
	2B18	PULSE COM	2A18	PULSE COM	1B18	PULSE COM	1A18	PULSE COM
	2B17	PULSE R	2A17	PULSE R	1B17	PULSE R	1A17	PULSE R
	2B16	PULSE COM	2A16	PULSE COM	1B16	PULSE COM	1A16	PULSE COM
	2B15	PULSE F	2A15	PULSE F	1B15	PULSE F	1A15	PULSE F
	2B14	CLRCOM	2A14	CLRCOM	1B14	CLRCOM	1A14	CLRCOM
	2B13	CLEAR	2A13	CLEAR	1B13	CLEAR	1A13	CLEAR
	2B12	RDYCOM	2A12	RDYCOM	1B12	RDYCOM	1A12	RDYCOM
	2B11	READY	2A11	READY	1B11	READY	1A11	READY
	2B10	PG0COM	2A10	PG0COM	1B10	PG0COM	1A10	PG0COM
	2B9	PG05	2A9	PG05	1B9	PG05	1A9	PG05
	2B8	PG024	2A8	PG024	1B8	PG024	1A8	PG024
	2B7	COM	2A7	COM	1B7	COM	1A7	COM
	2B6	COM	2A6	COM	1B6	COM	1A6	COM

续表

针脚排列	轴 4（AX4）		轴 3（AX3）		轴 2（AX2）		轴 1（AX1）	
	针编号	信号名称	针编号	信号名称	针编号	信号名称	针编号	信号名称
	2B5	CHG	2A5	CHG	1B5	CHG	1A5	CHG
	2B4	STOP	2A4	STOP	1B4	STOP	1A4	STOP
	2B3	DOG	2A3	DOG	1B3	DOG	1A3	DOG
	2B2	RLS	2A2	RLS	1B2	RLS	1A2	RLS
	2B1	FLS	2A1	FLS	1B1	FLS	1A1	FLS

（2）连接器输入输出信号的含义。

QD75P4N 定位模块的连接器输入输出信号的含义见表 4－15。

表 4－15　连接器输入输出信号的含义

<table>
<tr><th rowspan="2">信号名称</th><th colspan="4">针编号</th><th rowspan="2">功能和用途
（外部输入输出信号的逻辑选择为负逻辑）</th></tr>
<tr><th>AX1</th><th>AX2</th><th>AX3</th><th>AX4</th></tr>
<tr><td>手动脉冲发生器 A 相
（PULSER A＋）</td><td>1A19</td><td colspan="3" rowspan="2"></td><td rowspan="4">用于输入手动脉冲发生器 A 相、B 相的脉冲信号。
A 相与 B 相相比其位相超前时，在各相的上升沿、下降沿处增加定位地址。
B 相与 A 相相比其位相超前时，在各相的上升沿、下降沿处减少定位地址。
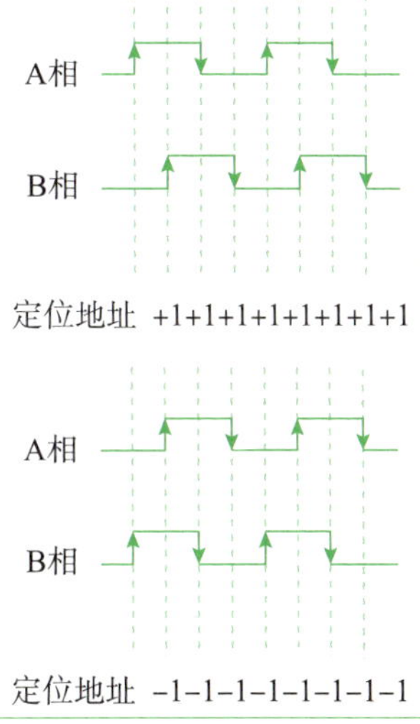</td></tr>
<tr><td>手动脉冲发生器 B 相
（PULSER B＋）</td><td>1A20</td></tr>
<tr><td>手动脉冲发生器 A 相公共端（PULSER A－）</td><td rowspan="2"></td><td>1B19</td><td colspan="2" rowspan="2"></td></tr>
<tr><td>手动脉冲发生器 B 相公共端（PULSER B－）</td><td>1B20</td></tr>
<tr><td>脉冲输出 F（PULSE F）</td><td>1A15</td><td>1B15</td><td>2A15</td><td>2B15</td><td rowspan="4">输出集电极开路脉冲串（QD75P 系列）。</td></tr>
<tr><td>脉冲输出 F 公共端
（PULSE COM）</td><td>1A16</td><td>1B16</td><td>2A16</td><td>2B16</td></tr>
<tr><td>脉冲输出 R（PULSE R）</td><td>1A17</td><td>1B17</td><td>2A17</td><td>2B17</td></tr>
<tr><td>脉冲输出 R 公共端
（PULSE COM）</td><td>1A18</td><td>1B18</td><td>2A18</td><td>2B18</td></tr>
</table>

续表

信号名称	针编号				功能和用途（外部输入输出信号的逻辑选择为负逻辑）
	AX1	AX2	AX3	AX4	
偏差计数器清除（CLEAR）	1A13	1B13	2A13	2B13	机械原点复归时自动输出（计数式 2 方式除外）。用于对驱动模块中的内部偏差计数器的脉冲滞留量进行复位。对于 MR－J4－A 系列伺服放大器，CN1－41 引脚为其位置控制时滞留脉冲清除输入端。实际应用中 CN1－41 引脚与该信号端连接。
偏差计数器清除公共端（CLR COM）	1A14	1B14	2A14	2B14	
驱动模块就绪（READY）	1A11	1B11	2A11	2B11	当驱动装置（例如伺服放大器）工作正常且可以接受进给脉冲时，该信号变成 ON。如果定位期间该信号变成 OFF，则系统会停止。即使该信号再次变成 ON，系统也不会起动。 对于 MR－J4－A 系列伺服放大器，伺服 ON 后进入可运行状态时，即可认为其工作正常，可以接收进给脉冲，此时 CN1－49 引脚（RD）变为 ON。实际应用中 CN1－49 引脚与该信号端连接。
驱动模块就绪公共端（RDY COM）	1A12	1B12	2A12	2B12	
零点信号（＋24V）（PG024）	1A8	1B8	2A8	2B8	输入机械原点复归时的原点信号。 使用脉冲编码器的零点信号等。 机械原点复归方法为止挡停止，将原点复归结束，从外部输入时也使用本信号。 OFF→ON 时，对零点信号进行检测。 对于 MR－J4－A 系列伺服放大器，通常 PG05 和 PG0COM 分别连接伺服放大器的 CN1－8（LZ）和 CN1－9（LZR）。
零点信号（＋5V）（PG05）	1A9	1B9	2A9	2B9	
零点信号公共端（PG0COM）	1A10	1B10	2A10	2B10	零信号（＋5V）和零信号（＋24V）的公共端。
上限极限信号（FLS）	1A1	1B1	2A1	2B1	从行程上限位置安装的限位开关输入该信号。 当该信号变成 OFF 时，定位会停止。 当 OPR 重试有效时，为找到近点狗信号的上限。
下限极限信号（RLS）	1A2	1B2	2A2	2B2	从行程下限位置安装的限位开关输入该信号。 当该信号变成 OFF 时，定位会停止。 当 OPR 重试有效时，为找到近点狗信号的下限。
近点狗信号（DOG）	1A3	1B3	2A3	2B3	该信号用于检测 OPR 期间的近点狗。
停止信号（STOP）	1A4	1B4	2A4	2B4	输入该信号以停止定位。 当该信号变成 ON 时，QD75 将停止正在执行的定位，并且会使起动信号变成 OFF。此后，即使该信号从 ON 变成 OFF，也不会起动系统。

续表

信号名称	针编号				功能和用途 （外部输入输出信号的逻辑选择为负逻辑）
	AX1	AX2	AX3	AX4	
外部命令信号（CHG）	1A5	1B5	2A5	2B5	速度-位置或位置-速度切换控制期间输入控制切换信号。 使用该信号作为来自外部源的定位起动、变速请求和跳跃请求的输入信号。
公共端	1A6	1B6	2A6	2B6	上限/下限、近点狗、停止和外部命令信号的公共端。
	1A7	1B7	2A7	2B7	

（3）内部电路。

输入接口内部电路如图 4 - 46 所示。

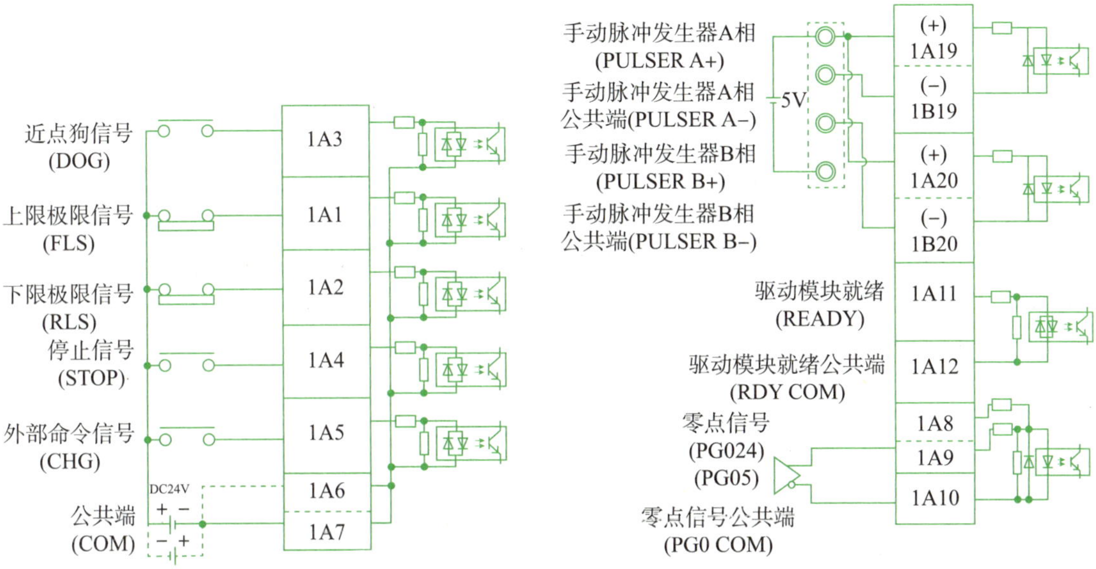

图 4 - 46　输入接口内部电路

输入信号的 ON/OFF 状态取决于外部配线以及逻辑设置。例如，近点狗信号（DOG）的情况见表 4 - 16，其他输入信号与近点狗信号（DOG）的动作相同。

表 4 - 16　逻辑设置与输入信号 ON/OFF 的关系

逻辑设置	外部配线	QD75 一侧近点狗信号 （DOG）的 ON/OFF 状态
负逻辑 （初始值）	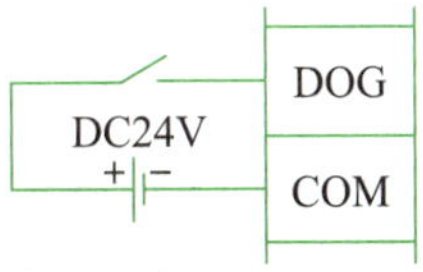	OFF

续表

逻辑设置	外部配线	QD75一侧近点狗信号（DOG）的ON/OFF状态
负逻辑（初始值）	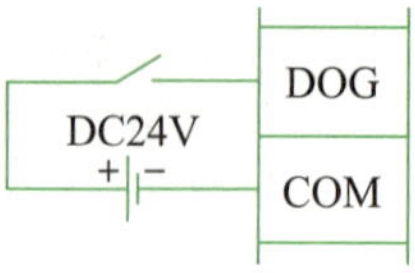	ON
正逻辑	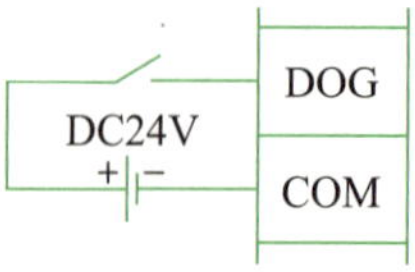	ON
	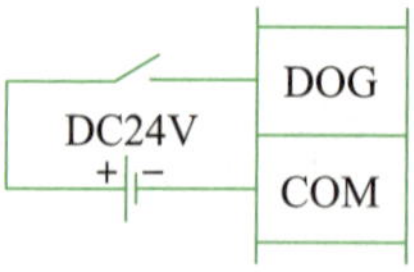	OFF

逻辑设置是在QD75定位模块参数设置“输入信号逻辑选择”中进行设置的。在使用上限极限信号（FLS）、下限极限信号（RLS）的情况下，必须在负逻辑设置中作为常闭触点进行配线。当上限方向运行时，如果FLS信号为“OFF”，定位模块停止该方向的脉冲串输出，但可以输出相反方向的脉冲串，反之亦然。

输出接口内部电路如图4－47所示。

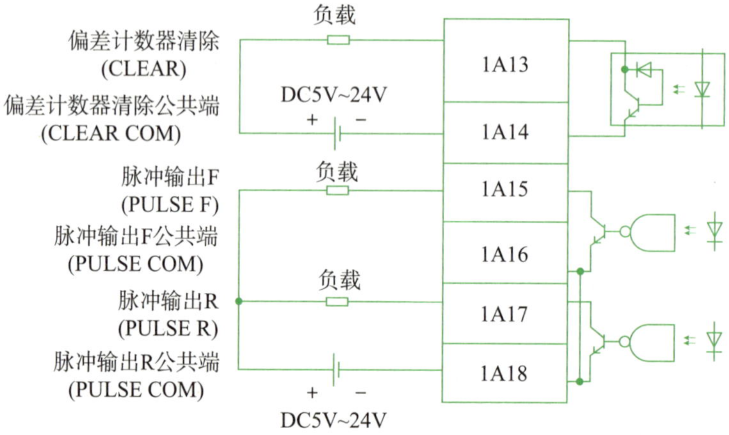

图4－47 输出接口内部电路

（4）QD75与PLC之间的数据通信。

QD75通过32个输入点（X）和32个输出点（Y）与PLC CPU进行数据通信。假定QD75安装在主机板的0号插槽，QD75与PLC CPU输入/输出信号的通信关系，见表4－17。软元件X指的是从QD75输入到PLC CPU的信号，软元件Y指的是从PLC CPU输出到QD75的信号。

表 4-17　QD75 与 PLC CPU 输入/输出信号的通信关系

信号方向：QD75→PLC CPU			信号方向：PLC CPU→QD75		
软元件地址	信号名称		软元件地址	信号名称	
X0	QD75 READY		Y0	PLC READY	
X1	同步标志		Y1	禁止使用	
X2	禁止使用		Y2		
X3			Y3		
X4	轴 1	M 代码 ON	Y4	轴 1	轴停止
X5	轴 2		Y5	轴 2	
X6	轴 3		Y6	轴 3	
X7	轴 4		Y7	轴 4	
X8	轴 1	出错检测	Y8	轴 1	正向 JOG 运行
X9	轴 2		Y9	轴 1	反向 JOG 运行
XA	轴 3		YA	轴 2	正向 JOG 运行
XB	轴 4		YB	轴 2	反向 JOG 运行
XC	轴 1	BUSY	YC	轴 3	正向 JOG 运行
XD	轴 2		YD	轴 3	反向 JOG 运行
XE	轴 3		YE	轴 4	正向 JOG 运行
XF	轴 4		YF	轴 4	反向 JOG 运行
X10	轴 1	起动完成	Y10	轴 1	定位起动
X11	轴 2		Y11	轴 2	
X12	轴 3		Y12	轴 3	
X13	轴 4		Y13	轴 4	
X14	轴 1	定位完成	Y14	轴 1	执行禁止标志
X15	轴 2		Y15	轴 2	
X16	轴 3		Y16	轴 3	
X17	轴 4		Y17	轴 4	
X18～X1F	禁止使用		Y18～Y1F	禁止使用	

2. QD75P□N 外部接线

（1）QD75P□N 与伺服放大器之间的接线。

QD75 发送脉冲串给伺服放大器，PLC 通过控制 QD75 发送脉冲串的频率和数量实现对伺服电动机转速和角位移的控制。伺服放大器接收到 1 个脉冲时，其机械侧的移动量称为“脉冲当量”，该值是工件移动的最小值，为电气的定位精度。

除了脉冲信号外，QD75 侧的其他三组信号包括偏差计数器清除信号（针脚编号 13 和 14）、零点信号（针脚编号 9 和 10）和驱动模块就绪信号（针脚编号 11 和 12）。

假定伺服放大器侧的脉冲串接收采用漏型接法，如图 4 - 23（a）所示，其引脚为 CN1 - 10（PP）、CN1 - 35（NP）和 CN1 - 12（OPC）。结合图 4 - 46、图 4 - 47 和表 4 - 15，QD75P□N 与 MR - J4 -□A 伺服放大器之间的接线示例如图 4 - 48 所示。

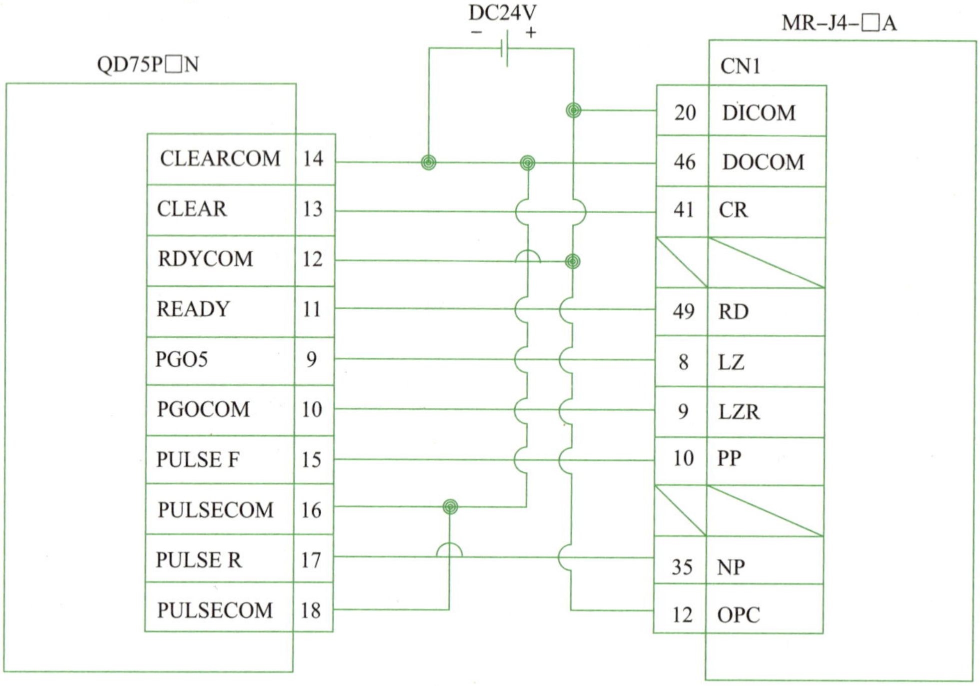

图 4 - 48　QD75P□N 与 MR - J4 -□A 伺服放大器之间的接线示例

定位模块侧的“偏差计数器清除信号（针脚编号 14 和 13）”与“零点信号（针脚编号 9、10）”的接线是为提供系统的定位精度，这两组信号是否与伺服放大器侧对应的引脚连接，与定位模块所选择的原点回归方式有关。当定位模块原点回归方式选择“计数型 2”方式时，上述两组信号可以选择不接线。

定位模块侧的“驱动模块就绪信号（针脚编号 11 和 12）”与伺服放大器侧的“伺服准备完成信号（RD）”连接。当伺服放大器正常使能（伺服 ON），伺服侧“RD”输出低电平，定位模块侧的“RDYCOM”接 24V，此时“RDYCOM”与“READY”之间获得 24V 电压，内部电路导通，定位模块可以正常工作，反之定位模块会停止工作。上述方法的优点：当伺服放大器工作过程中出现报警或警告时，定位模块也会停止向伺服放大器发送脉冲串。

（2）QD75 的独立接线。

除手动脉冲发生器外，QD75 定位模块独立接线包括近点狗（DOG）、上限极限（FLS）、下限极限（RLS）、停止（STOP）和外部指令（CHG）五个输入信号，接线示例如图 4 - 49 所示。

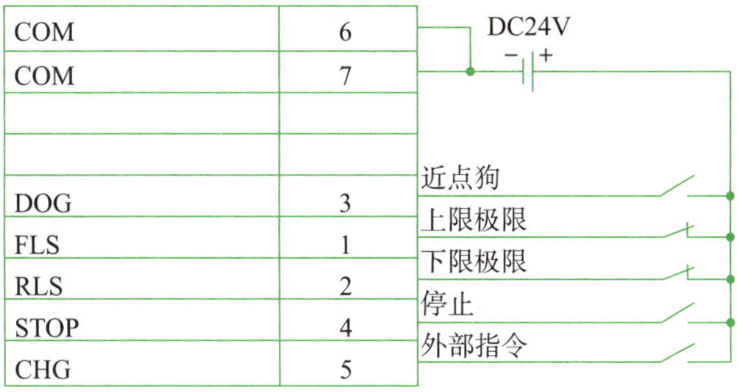

图 4－49　QD75 独立接线示例

注意事项：

（1）在图 4－49 中，近点狗（DOG）等输入信号的逻辑选择全部为“负逻辑”。

（2）如果伺服放大器配置正转行程末端（LSP）和反转行程末端（LSN），则定位模块的上限极限（FLS）及下限极限（RLS）应配置在伺服放大器的极限开关内侧。

（3）可选择“驱动器模块就绪”“上限极限”“下限极限”的信号逻辑，由默认的“负逻辑”变更为“正逻辑”，则对应的针脚可以不进行配线。

3. QD75 参数设置

QD75 定位模块有六类参数：基本参数 1、基本参数 2、详细参数 1、详细参数 2、原点回归基本参数和原点回归详细参数。

（1）基本参数 1 和基本参数 2。

基本参数 1 和基本参数 2 要根据伺服电动机及所驱动的机械设备情况进行设置。基本参数设置界面如图 4－50 所示。

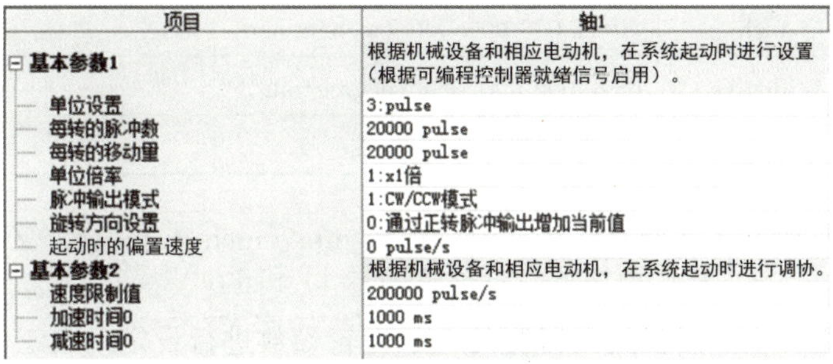

项目	轴1
基本参数1	根据机械设备和相应电动机，在系统起动时进行设置（根据可编程控制器就绪信号启用）。
单位设置	3:pulse
每转的脉冲数	20000 pulse
每转的移动量	20000 pulse
单位倍率	1:x1倍
脉冲输出模式	1:CW/CCW模式
旋转方向设置	0:通过正转脉冲输出增加当前值
起动时的偏置速度	0 pulse/s
基本参数2	根据机械设备和相应电动机，在系统起动时进行调协。
速度限制值	200000 pulse/s
加速时间0	1000 ms
减速时间0	1000 ms

图 4－50　基本参数设置界面

基本参数 1 设置见表 4－18。

表 4－18　基本参数 1 设置

项目	设置值或设定范围	初始值
单位设置	0：mm 1：inch 2：degree 3：pulse	3：pulse

续表

项目	设置值或设定范围		初始值
每转的脉冲数	1～65 535		20 000
每转的移动量	单位设置	设定范围（单位）	
	0：mm	0.1～6 553.5（μm）	2 000.0
	1：inch	0.000 01～0.655 35（inch）	0.200 00
	2：degree	0.000 01～0.655 35（degree）	0.200 00
	3：pulse	1～65 535（pulse）	20 000
单位倍率	1：1 倍 10：10 倍 100：100 倍 1 000：1 000 倍		1：1 倍
脉冲输出模式	0：PULSE/SIGN 模式 1：CW/CCW 模式 2：A 相/B 相（4 倍频） 3：A 相/B 相（1 倍频）		1：CW/CCW 模式
旋转方向设置	0：通过正转脉冲输出增加当前值 1：通过反转脉冲输出增加当前值		0：通过正转脉冲输出增加当前值
起动时的偏置速度	单位设置	设定范围（单位）	
	0：mm	0～20 000 000.00（mm/min）	0
	1：inch	0～2 000 000.000（inch/min）	0
	2：degree	0～2 000 000.000（degree/min）	0
	3：pulse	0～1 000 000（pulse/s）	0

单位设置：驱动负载进行直线运动时，选择 mm、inch 或 pulse；驱动负载进行旋转运动时，选择 degree。

每转的脉冲数：根据伺服放大器侧的电子齿轮参数进行设定，假定伺服放大器接收 5 000 个指令脉冲伺服电动机旋转 1 周，将该参数设定为 5 000。

每转的移动量：指电动机每旋转一周，其所带负载的移动量或转动量，该参数设置与机械系统的构造有关。假定机械系统的模型如图 4－51 所示，将单位设置为“mm”。

PB 为进给丝杠导程（mm/rev），减速机的减速比为 $1/n$。

假定丝杠的导程 PB＝5mm，减速比＝1/2。则每转的移动量＝$\text{PB}\times 1/n=5\times 1/2=$ 2.5mm＝2 500μm。

此时单位倍率设置为 1 倍即可。

假定丝杠的导程 PB＝10mm，减速比＝1/1（伺服电动机与丝杠直连）。则每转的移动量＝$\text{PB}\times 1/n=10\times 1/1=$10mm＝10 000μm。由表 4－18 可知，当单位设置为“mm”时，

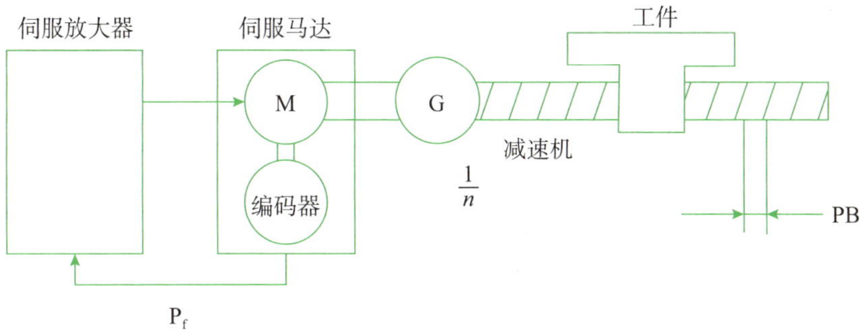

图 4-51 机械系统模型

每转移动量（10 000μm）超过了其设置范围 0.1～6 553.5（μm），此时需要将单位倍率设置为 10 倍、每转移动量设置为 1 000μm。

脉冲输出模式： 需根据使用的伺服放大器所需脉冲串的形态（包括正负逻辑）进行设置。若该参数与伺服放大器参数（PA13）所设置的脉冲串形态不匹配，可能会导致伺服电动机反向运行或不运行。

QD75 脉冲输出模式与 MR-J4-□A 所设置的脉冲串形态（PA13）的对应关系：CW/CCW→正反脉冲串；PULSE/SIGN→脉冲串＋符号；A 相/B 相→AB 相脉冲串。

旋转方向设置： 变更设置时，须保证伺服电动机 JOG 运行时，负载运行方向上配置的限位传感器被触发后，伺服电动机停止运行，否则需要对两个限位传感器重新配线。

起动时偏置速度： 用于设置“起动最低速度”。当控制步进电动机运行时，为了使步进电动机平稳地起动而进行此设置。步进电动机起动速度如果过低，将无法平稳起动。该参数设定值应小于基本参数 2 中“速度限制值”参数的设置值。

基本参数 2 设置见表 4-19。

表 4-19 基本参数 2 设置

项目	设置值或设定范围		初始值
速度限制值	单位设置	设定范围（单位）	
	0：mm	0～20 000 000.00（mm/min）	2 000.00
	1：inch	0～2 000 000.000（inch/min）	200.000
	2：degree	0～2 000 000.000（degree/min）	200.000
	3：pulse	1～200 000（pulse/s）	200 000
加速时间 0	ms	1～8 388 608ms	1 000
减速时间 0	ms	1～8 388 608ms	1 000

速度限制值： 定位控制或原点回归控制时的上限速度设置。在速度超出速度限制值的情况下，将以速度限制值进行限制。将速度限制值换算为指令脉冲频率后的值应小于或等于模块最大脉冲输出频率，否则将发生“超出速度限制值范围”报错。QD75P□N 的最大输出脉冲频率为 200kHz。

加速时间 0： 用于设置从速度 0 开始，至达到“速度限制值”（JOG 运行控制时为

“JOG 速度限制值”）所需的时间。

减速时间 0： 用于设置从“速度限制值”（JOG 运行控制时为“JOG 速度限制值”）开始，至达到速度 0 所需的时间。

实际加减速时间计算方法，如图 4－52 所示。

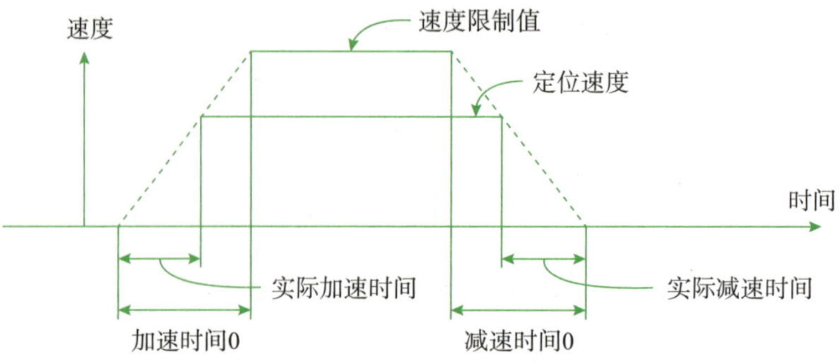

图 4－52　实际加减速时间计算示意图

（2）详细参数 1。

详细参数 1 设置界面，如图 4－53 所示。

详细参数1	与系统配置匹配，系统起动时设置（通过可编程控制器就绪信号启用）。
齿隙补偿量	0.0 um
软件行程限位上限值	214748364.7 um
软件行程限位下限值	-214748364.8 um
软件行程限位选择	0:对进给当前值进行软件限位
启用/禁用软件行程限位设置	0:启用
指令到位范围	10.0 um
转矩限制设定值	300 %
M代码ON信号输出时序	0:WITH模式
速度切换模式	0:标准速度切换模式
插补速度指定方法	0:合成速度
速度控制时的进给当前值	0:不进行进给当前值的更新
输入信号逻辑选择:下限限位	0:负逻辑
输入信号逻辑选择:上限限位	0:负逻辑
输入信号逻辑选择:驱动器模块就绪	0:负逻辑
输入信号逻辑选择:停止信号	0:负逻辑
输入信号逻辑选择:外部指令	0:负逻辑
输入信号逻辑选择:零点信号	0:负逻辑
输入信号逻辑选择:近点信号	0:负逻辑
输入信号逻辑选择:手动脉冲发生器输入	0:负逻辑
输出信号逻辑选择:指令脉冲信号	0:负逻辑
输出信号逻辑选择:偏差计数器清除	0:负逻辑
手动脉冲发生器输入选择	0:A相/B相模式(4倍频)
速度·位置功能选择	0:速度·位置切换控制(INC模式)
定位选项启用/禁用设置(可在产品信息171020000000000-B以上版本中使用)	0:禁用

图 4－53　详细参数 1 设置界面

如图 4－49 所示的 QD75 独立接线示例中，近点狗（DOG）等输入信号、指令脉冲和偏差计数器清除输出信号的逻辑选择，在图 4－53 中进行设置。

软件行程限位上限设置是在软件上实现限位保护（软限位），机械系统在接近硬限位

（如图 4－49 所示，FLS 和 RLS 配置的限位传感器）前触发软限位，QD75 停止发送指令脉冲并发出报警信息。若不启用软件行程限制（软限位），将设置值设置为“上限值＝下限值”即可。

软限位上下限值的确定过程：机械系统原点回归，手动控制机械系统分别向硬件上下限方向移动，当靠近硬限位时，机械系统停止运行，读取并记录定位模块监视的进给当前值，将该值写入软件行程上下限值。假定实际软限位的位置坐标如图 4－54 所示，则“软件行程限位上限值”设置为“800 000μm”，“软件行程限位下限值”设置为“－10 000μm”。

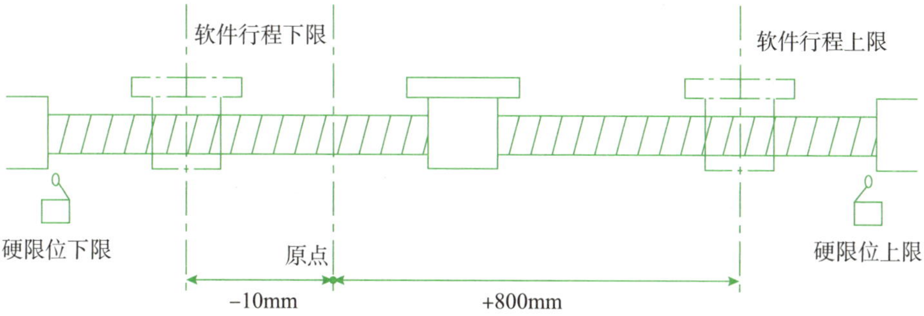

图 4－54　软限位位置示例

“启用/禁用软件行程限位设置”用来设置在“JOG 运行、微动运行、手动脉冲发生器运行”时是否启用软限位，初值为“启用”。

若想了解详细参数 1 中其他参数的功能及设置方法，请查阅《QD75P/QD75D 型定位模块用户手册（详细篇）》。

（3）详细参数 2。

详细参数 2 设置界面，如图 4－55 所示。

⊟ 详细参数2	与系统配置匹配，系统起动时设置（必要时设置）。
加速时间1	1000 ms
加速时间2	1000 ms
加速时间3	1000 ms
减速时间1	1000 ms
减速时间2	1000 ms
减速时间3	1000 ms
JOG速度限制值	200.00 mm/min
JOG运行加速时间选择	0:1000
JOG运行减速时间选择	0:1000
加减速处理选择	0:梯形加减速处理
S字比率	100 %
快速停止减速时间	1000 ms
停止组1快速停止选择	0:通常的减速停止
停止组2快速停止选择	0:通常的减速停止
停止组3快速停止选择	0:通常的减速停止
定位完成信号输出时间	300 ms
圆弧插补间误差允许范围	10.0 um
外部指令功能选择	0:外部定位起动

图 4－55　详细参数 2 设置界面

QD75 可以设置 4 组加减速时间，在基本参数 2 中设置加减速时间 0，如图 4－50 所示。加减速时间1～3在详细参数2中设置，加减速时间1～3的设置方法及范围与加减速时间0相同，可参照表4-19。

JOG速度限制值： 对JOG运行时的最高速度进行设置。该参数设定值应小于基本参数2中“速度限制值”参数的设置值。超出了“速度限制值”时，QD75会提示“JOG速度限制值出错”报警信息。

JOG运行加速时间选择： 选择详细参数2和基本参数2中共同设置的4组加速时间。

JOG运行减速时间选择： 选择详细参数2和基本参数2中共同设置的4组减速时间。

若想了解详细参数2中其他参数的功能及设置方法，请查阅《QD75P/QD75D型定位模块用户手册（详细篇）》。

（4）原点回归基本参数。

原点回归基本参数设置界面，如图4-56所示。

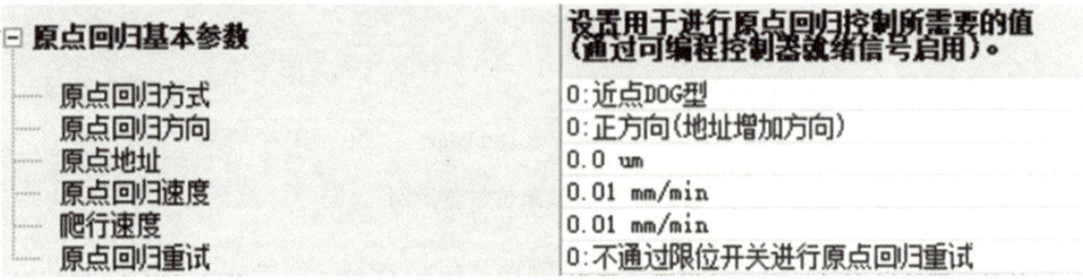

图4-56　原点回归基本参数设置界面

QD75定位模块原点回归方式及所需信号见表4-20。

表4-20　QD75定位模块原点回归方式及所需信号

原点回归方式	控制所需信号			
	近点狗	零点信号	上限＼下限极限开关	偏差计数器清除输出
近点狗式	◎	◎	○	◎
制动器停止式1	◎	×	○	◎
制动器停止式2	◎	◎	○	◎
制动器停止式3	×	◎	○	◎
计数型1	◎	◎	○	◎
计数型2	◎	×	○	×

◎：必须　○：根据需要使用　×：不需要

QD75原点回归方式有六种，这里只介绍近点狗式和计数型2，若想了解其他四种原点回归方式的工作原理及使用方法，请查阅《QD75P/QD75D型定位模块用户手册（详细篇）》。

1）近点狗式。

近点狗式原点回归的动作及时序图，如图4-57所示，原点回归过程见表4-21。

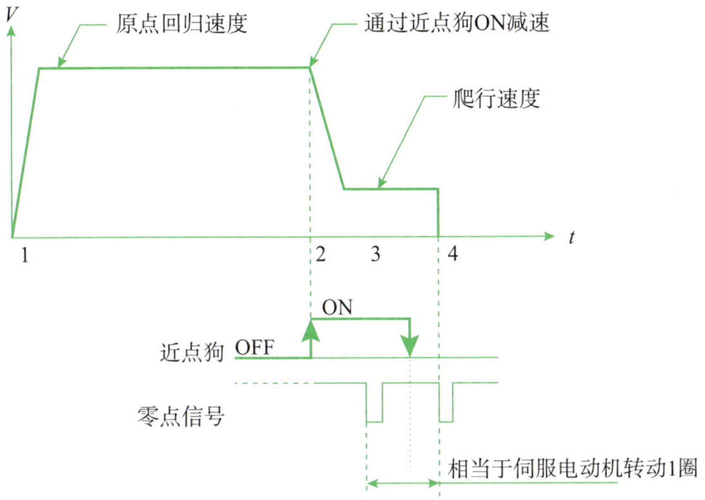

图 4-57　近点狗式原点回归动作及时序图

表 4-21　近点狗式原点回归过程

原点回归序号	执行动作
1	起动机械原点复归。向着“原点回归方向”中设置的方向，以“原点回归加速时间选择”中指定的加速开始，以“原点回归速度”进行移动。
2	检测出近点狗 ON 后，开始减速。
3	减速至“爬行速度”后，以爬行速度继续移动。减速过程中近点狗必须为 ON 状态。减速过程中近点狗变为 OFF 时，将直接执行减速停止。
4	通过近点狗 OFF 后，获取最初的零点信号（通过伺服电动机转动 1 圈输出 1 个脉冲后），QD75 停止脉冲输出，将“偏差计数器清除输出”输出到驱动模块中，原点回归完成。

近点狗式原点回归需要输入“零点信号（PG05 或 PG24）”，原点回归完成后输出“偏差计数器清除输出（CLEAR）”信号，如图 4-50 所示的接线示例符合该方式原点回归的外部接线要求。

注意事项：①未启用“原点回归重试”功能时，机械原点回归结束后如果再次进行原点回归，将变为出错“原点上起动”状态。②如果在近点狗 ON 时开始进行原点回归，将以“爬行速度”起动。③近点狗在从原点回归速度起至达到“爬行速度”止的减速期间，需要一直为 ON 状态，否则将直接进行减速停止，变为出错“近点狗检测时机异常”状态。④若原点回归过程中轴停止信号为 ON，则原点回归停止，待轴停止信号为 OFF 时，可再次起动原点回归。

2）计数型 2。

计数型 2 原点回归与近点狗式原点回归相比，不需要“零点信号”，亦不会产生“偏差计数器清除输出”信号。计数型 2 原点回归的动作及时序图，如图 4-58 所示，原点回归过程见表 4-22。

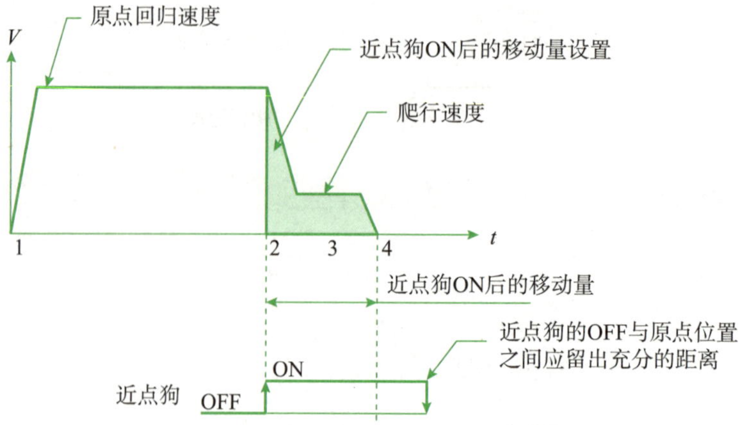

图 4-58　计数型 2 原点回归动作及时序图

表 4-22　计数型 2 原点回归过程

原点回归序号	执行动作
1	起动机械原点复归。向着“原点回归方向”中设置的方向，以“原点回归加速时间选择”中设定的加速开始，以“原点回归速度”移动。
2	检测出近点狗 ON 后，开始减速。
3	减速至“爬行速度”后，以爬行速度继续移动。
4	近点狗 ON 后，运行到“近点狗 ON 后的移动量设置”中设置的移动量时，停止从 QD75 的脉冲输出，原点回归结束。

注意事项：①对于“近点狗 ON 后的移动量设置”中设置的值小于从“原点回归速度”减速至“爬行速度”的减速距离的情况，QD75 将报错，报错信息为“计数式移动量异常”，无法起动。②近点狗 ON 时也可起动计数型 2 原点回归，动作过程为原点回归起动→向着与指定的原点回归方向相反的方向以原点回归速度进行移动→检测出近点狗 OFF 后按照“停止组 3 快速停止选择”的设置进行减速停止→停止后，向指定的原点回归方向进行原点回归→检测出近点狗 ON 并按照“近点狗 ON 后的移动量设置”中设置的移动量进行移动后，原点回归结束。③原点回归进入爬行速度阶段后，近点狗 OFF 不影响原点回归，建议在近点狗 OFF 与原点位置之间留出充分的距离。④原点回归过程中轴停止信号为 ON，则原点回归停止，待轴停止信号为 OFF 时，可再次起动原点回归。

原点回归基本参数设置见表 4-23。

表 4-23　原点回归基本参数设置

项目	设置值或设定范围	初始值
原点回归方式	0：近点 DOG 型 1：制动器停止式 1 2：制动器停止式 2 3：制动器停止式 3 4：计数型 1 5：计数型 2	0：近点 DOG 型

续表

项目	设置值或设定范围		初始值
原点回归方向	0：正方向（地址增加方向） 1：负方向（地址减少方向）		0：正方向（地址增加方向）
原点地址	单位设置	设定范围（单位）	
	0：mm	−214 748 364.8～214 748 364.7μm	0.0
	1：inch	−21 474.836 48～21 474.836 47inch	0.000 00
	2：degree	0～359.999 99degree	0.000 00
	3：pulse	−2 147 483 648～2 147 483 647pulse	0
原点回归速度 爬行速度	单位设置	设定范围（单位）	
	0：mm	0～20 000 000.00（mm/min）	0.01
	1：inch	0～2 000 000.000（inch/min）	0.001
	2：degree	0～2 000 000.000（degree/min）	0.001
	3：pulse	1～200 000（pulse/s）	1
原点回归重试	0：不通过限位开关进行原点回归重试 1：通过限位开关进行原点回归重试		0：不通过限位开关进行原点回归重试

原点回归方向： 通常，原点被设置到下限侧极限或者上限侧极限附近，“原点回归方向”按图 4－59 所示进行设置。

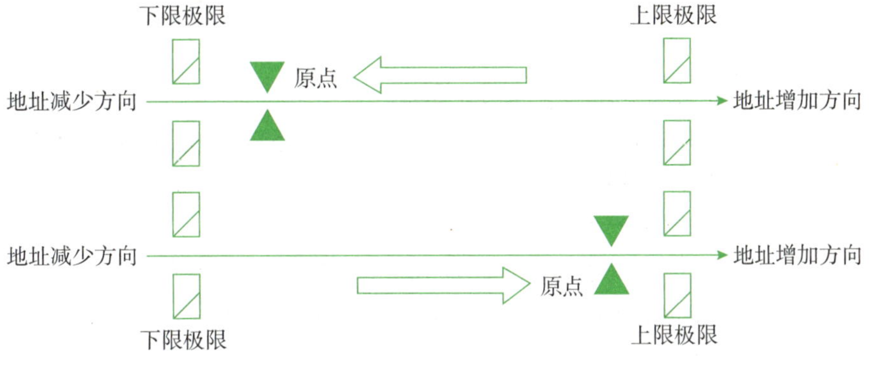

图 4－59　原点回归方向设置

原点地址： 对定位控制（ABS 方式）的基准点地址进行设置，大多数情况下设置为初始值。在机械原点复归结束的时点，停止位置的地址被变更为“原点地址”中设置的地址，同时该“原点地址”被存储到“进给当前值”及“进给机械值”中。

原点回归速度： 对原点回归速度进行设置。“原点回归速度”应设置为“速度限制值”以下，超出了“速度限制值”时，QD75 会报错，报错信息为“超出速度限制值范围”，原点回归将无法进行。“原点回归速度”设置值需要大于“起动时的偏置速度”“爬行速度”设定的值。

爬行速度： 对近点狗 ON 后的爬行速度（从原点回归速度减速后到停止之前的低速

度）进行设置。爬行速度的设置范围是原点回归速度≥爬行速度≥起动时的偏置速度。

原点回归重试： 对是否执行原点回归重试进行设置。假定原点回归方式为“近点狗式”，原点回归重试的动作过程如图 4 - 60 所示。

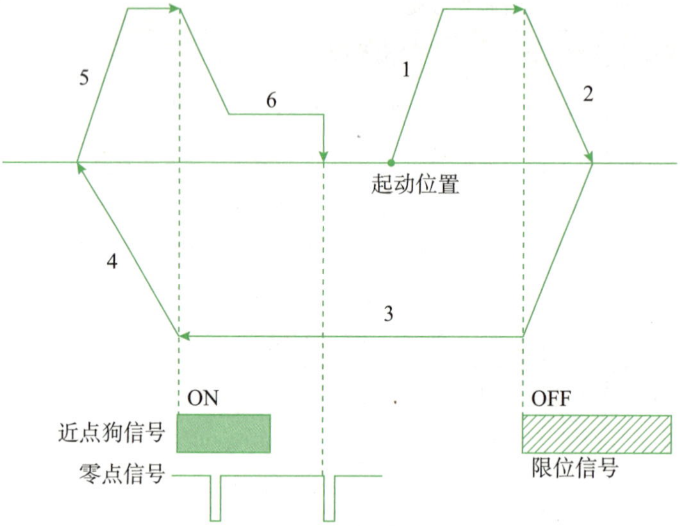

图 4 - 60　原点回归重试的动作过程

如图 4 - 59 所示，原点回归重试执行过程见表 4 - 24。

表 4 - 24　原点回归重试执行过程

原点回归重试序号	执行动作
1	通过原点回归起动，向指定的原点回归方向开始移动。
2	检测到限制信号 OFF 时开始减速。
3	在检测到限制开关信号 OFF 停止后，以原点回归速度沿与指定的原点回归方向相反的方向移动。
4	近点狗信号变为 OFF 后开始减速。
5	在近点狗信号 OFF 停止后，向指定的原点回归方向移动。
6	检测到近点狗 ON 时开始减速爬行，近点狗 OFF 后，检测到零点信号，原点回归结束。

建议启用原点回归重试功能，以保证机械系统在两个限位开关范围内都可实现原点回归。

(5) 原点回归详细参数。

原点回归详细参数设置界面，如图 4 - 61 所示。

原点回归停留时间： 原点复归方式设置为“制动器停止式 1”时，对近点狗信号 ON 后至原点回归结束的时间进行设置。设置值应大于近点狗信号 ON 后至通过止挡停止的移动时间。选择“制动器停止式 1”以外的原点回归方式时，与原点回归停留时间的设置无关。

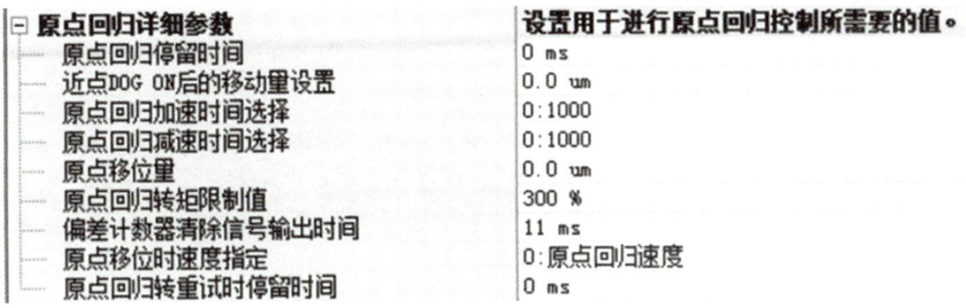

原点回归详细参数	设置用于进行原点回归控制所需要的值。
原点回归停留时间	0 ms
近点DOG ON后的移动量设置	0.0 um
原点回归加速时间选择	0:1000
原点回归减速时间选择	0:1000
原点移位量	0.0 um
原点回归转矩限制值	300 %
偏差计数器清除信号输出时间	11 ms
原点移位时速度指定	0:原点回归速度
原点回归转重试时停留时间	0 ms

图 4-61　原点回归详细参数设置界面

近点狗 ON 后的移动量设置： 原点回归方式为计数型 1、计数型 2 时，对近点狗信号 ON 后开始至原点止的移动量进行设置。（近点狗 ON 后的移动量的设置值应大于“从原点回归速度至爬行速度的减速距离”与“以原点回归速度移动 10ms 的距离”的合计值。）

原点回归加速时间选择： 选择详细参数 2 和基本参数 2 中共同设置的加速时间 0～3。

原点回归减速时间选择： 选择详细参数 2 和基本参数 2 中共同设置的减速时间 0～3。

原点移位量： 对原点回归中从停止位置开始的移动量进行设置。原点移动功能是用于在机械原点回归中对停止的原点位置进行补偿的功能，由于近点狗安装位置的关系，对原点位置有物理限制，使用该功能可对原点位置进行补偿，使之处于最佳位置。

假定原点回归方式为“近点狗式”，原点移动的动作过程，如图 4-62 所示。

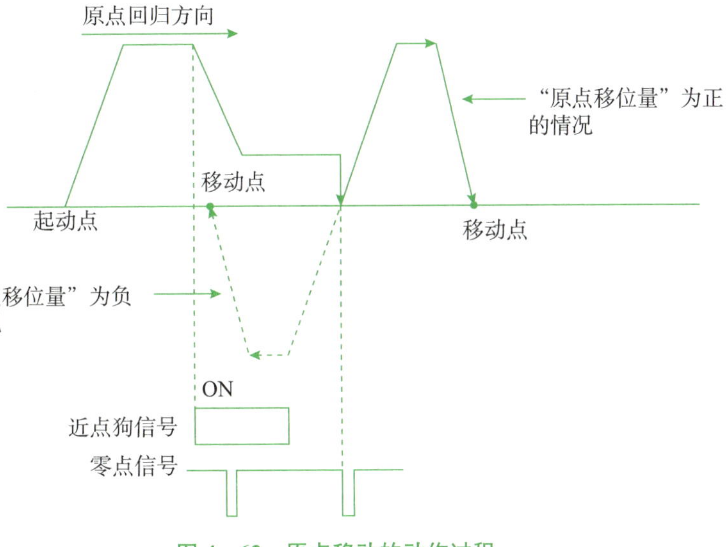

图 4-62　原点移动的动作过程

原点回归转矩限制值： 机械原点回归时，对达到爬行速度后用于限制伺服马达转矩的值进行设置。

偏差计数器清除信号输出时间： 原点回归方式为近点狗式、制动器停止式 1～3、计数型 1 时，如表 4-20 所示，设置原点回归中输出偏差计数器清除的时间。如图 4-48 所示，定位模块连接三菱伺服 MR-J4-□A 系列产品，CR 端（CN1-41）用于偏差计数器清除，由表 4-4 可知，CR 端 ON 的时间设置在 10 毫秒以上。偏差计数器清除信号输出时间的初值为 11ms，故设定为初值即可满足要求。

原点移位时的速度指定： 当“原点移位量”设置不为“0”时，设置是从“原点回归速度”或“爬行速度”中选择的。图 4-57 为选择“原点回归速度”（初值）时的原点回归移动过程。当“原点移位量”设置为“0”时，原点移位时的速度设置无效。

原点回归转重试时停留时间： 启用原点回归转重试时，对图 4-62 中 2、4 减速后的停留时间进行设置。

4.3.4 QD75 手动控制实现

1. 手动控制种类

“手动控制”是不使用定位数据，根据来自外部的信号输入进行任意定位动作的控制。QD75 定位模块的“手动控制”中有 3 种控制，分别是 JOG 运行控制、微动运行控制和手动脉冲发生器运行控制。

“JOG 运行” 是以任意的移动量进行移动（JOG 起动信号为 ON 期间持续发送脉冲）的控制方法。用于定位系统的连接确认、定位数据的地址获取。当执行机构触发限位传感器而停止时，通过“JOG 运行”将执行机构向反方向离开限位传感器。“JOG 运行”的动作过程如图 4-63 所示。

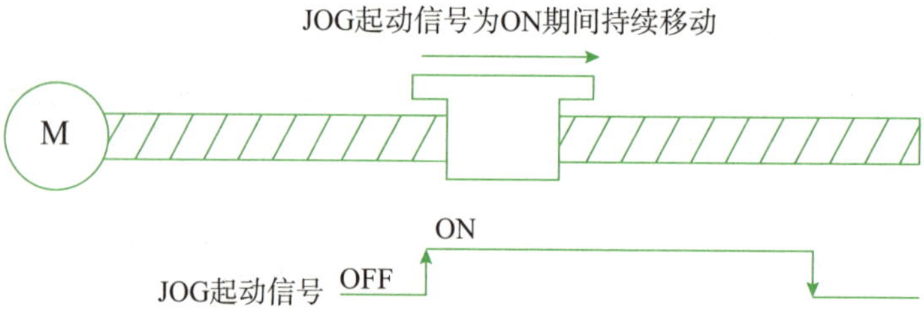

图 4-63　JOG 运行动作过程

“微动运行” 是通过手动操作将微小移动量的脉冲以 1.8ms 进行输出的控制方法。在 JOG 运行中如果对轴控制数据的“微动移动量”进行设置，将以设置的移动量进行移动。如果“微动移动量”设置为 0，则作为“JOG 运行”执行动作。“微动运行”的动作过程如图 4-64 所示。

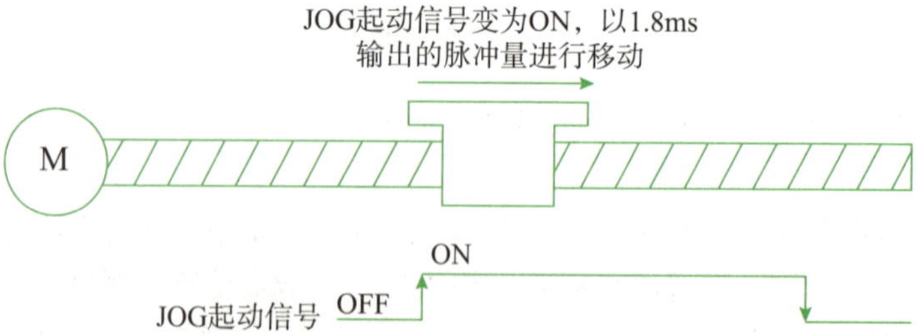

图 4-64　微动运行动作过程

“手动脉冲发生器运行”是根据从手动脉冲发生器获取的脉冲数进行移动的控制方法。在精密定位时，通过手动进行微调整以获取定位数据地址等。“手动脉冲发生器运行”的动作过程，如图 4－65 所示。

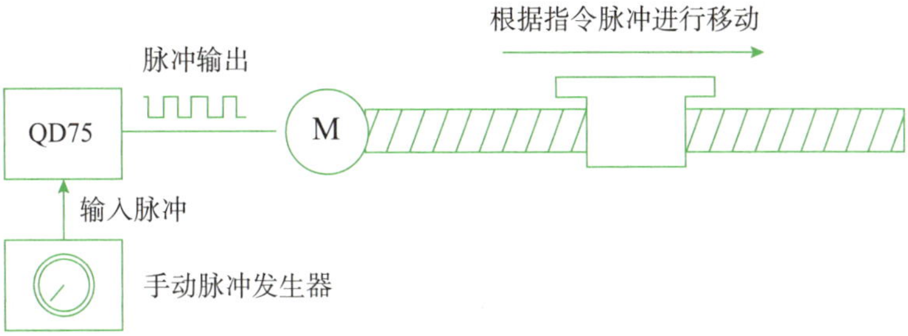

图 4－65　“手动脉冲发生器运行”的动作过程

2. JOG 运行起动程序的编制

（1）JOG 运行的动作时序。

在 JOG 运行中，通过将正转 JOG 起动信号（Y8、YA、YC、YE）或反转 JOG 起动信号（Y9、YB、YD、YF）置为 ON，处于 ON 状态期间从 QD75 向驱动模块输出脉冲，使工件向指定方向移动。JOG 运行的动作时序，如图 4－66 所示。

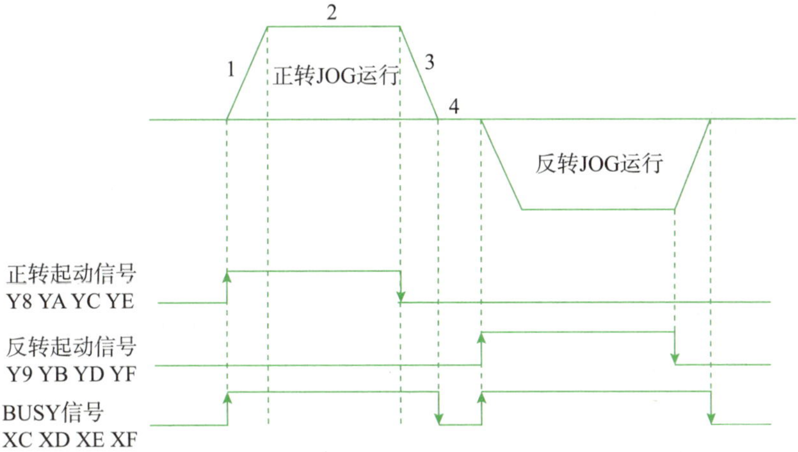

图 4－66　JOG 运行的动作时序

JOG 运行的执行过程见表 4－25。

表 4－25　JOG 运行的执行过程

JOG 运行序号	执行动作
1	将起动信号置为 ON 后，向着起动信号指定的方向，以“JOG 运行加速时间选择”中指定的加速时间，开始加速。所在轴对应的 BUSY 信号变为 OFF→ON 状态。
2	加速达到“JOG 速度”中设置的速度后，维持该速度继续移动。

续表

JOG 运行序号	执行动作
3	如果将起动信号置为 OFF，将从“JOG 速度”中设置的速度开始，以“JOG 运行减速时间选择”中指定的减速时间开始减速。
4	速度变为 0 时停止，所在轴对应的 BUSY 信号变为 ON→OFF 状态。

（2）起动程序的创建。

为了执行 JOG 运行，需要创建用于执行 JOG 运行的顺控程序。对轴 1 执行 JOG 运行控制，需要对轴 1 的参数进行相应的设置，如图 4 - 67 所示。“单位设置”选择“mm”，“每转的脉冲数”和“脉冲输出模式”需要与伺服放大器侧的相关参数设置相匹配。“每转的移动量”与现场电动机转动一周所驱动机械部分的移动量相匹配。

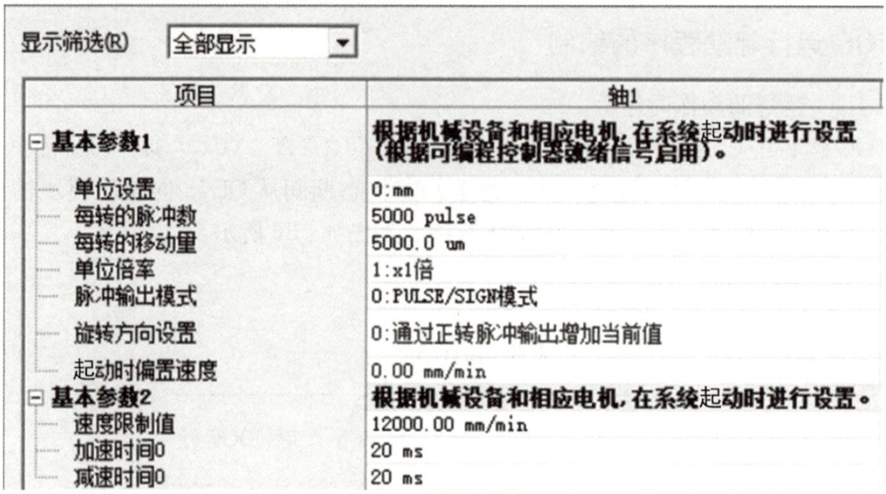

图 4 - 67　轴 1 参数设置参考

当单位设置为“mm”时，位移或地址单位是“μm”，保留 1 位小数；速度单位是“mm/min”，保留 2 位小数。例如 JOG 速度为“1 234mm/min”，其对应缓冲存储器地址中写入的数据应为“123 400”，最后两位数据代表小数点后两位。

当 JOG 运行速度为“100mm/min”时，根据要求对控制数据进行设置，设置内容见表 4 - 26。

表 4 - 26　JOG 运行控制数据设置

设定项目	设定值	设置内容	缓冲存储器地址			
			轴 1	轴 2	轴 3	轴 4
微动移动量	0	设置为 0	1 517	1 617	1 717	1 817
JOG 速度	10 000	设置值大于“起动时偏置速度”，小于“JOG 速度限制值”	1 518 1 519	1 618 1 619	1 718 1 719	1 818 1 819

JOG 运行起动需要满足一定的条件，见表 4 - 27。

表 4-27　JOG 运行条件

信号名		信号状态		软元件			
				轴 1	轴 2	轴 3	轴 4
接口信号	可编程控制器就绪信号	ON	可编程控制器 CPU 准备就绪	Y0			
	QD75 准备就绪信号	ON	QD75 准备就绪	X0			
	同步用标志	ON	QD75 缓冲存储器访问允许	X1			
	轴停止信号	OFF	轴停止信号 OFF 中	Y4	Y5	Y6	Y7
	起动结束信号	OFF	起动结束信号 OFF 中	X10	X11	X12	X13
	BUSY 信号	OFF	QD75 非运行中	XC	XD	XE	XF
	出错检测信号	OFF	无出错	X8	X9	XA	XB
	M 代码 ON 信号	OFF	M 代码 ON 信号 OFF 中	X4	X5	X6	X7
外部信号	驱动器模块就绪信号	ON	驱动模块准备就绪	—			
	停止信号	OFF	停止信号 OFF 中	—			
	上限极限信号（FLS）	ON	限位范围内	—			
	下限极限信号（RLS）	ON	限位范围内	—			

基于图 4-66、表 4-26 和表 4-27 创建 JOG 运行参考程序，如图 4-68 所示。

关于微动运行起动程序和手动脉冲发生器运行起动程序的创建，请查阅《QD75P/QD75D 型定位模块用户手册（详细篇）》。

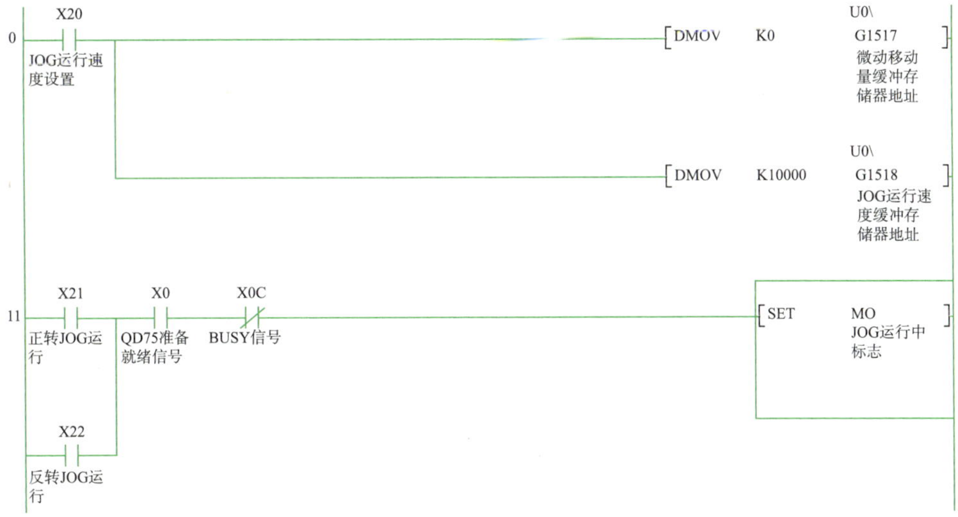

图 4-68　JOG 运行参考程序

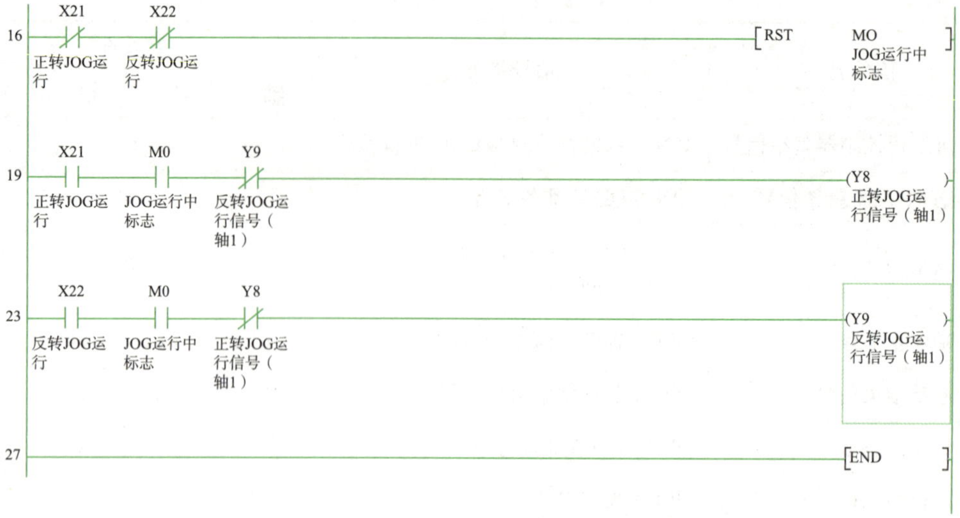

图 4－68　JOG 运行参考程序（续）

任务 4.4　伺服电动机的简单定位控制

知识导图

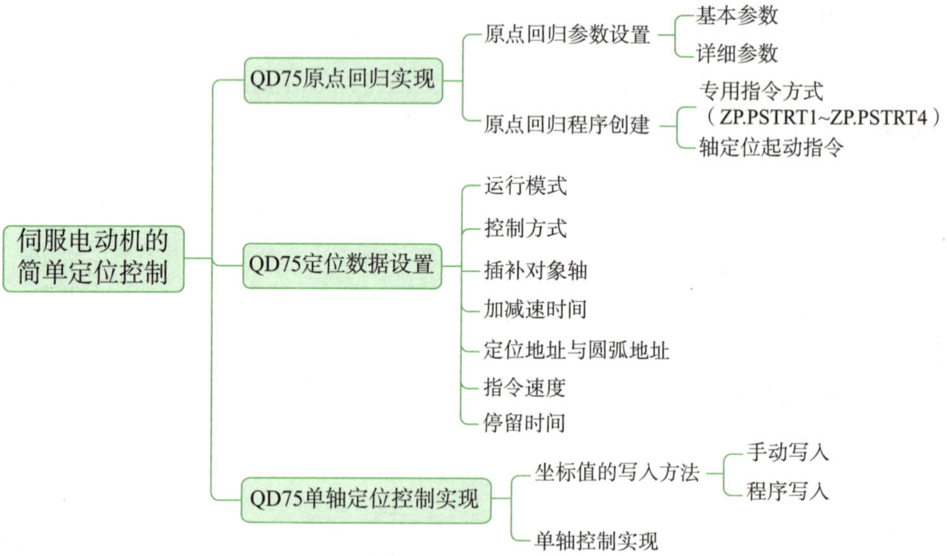

本任务将以三菱伺服电动机驱动的单轴直线滑台为载体，重点介绍三菱 J4 系列伺服电动机定位控制的实施过程，主要包括原点回归实现、定位数据设置和单轴定位控制实现三部分。

4.4.1　QD75 原点回归实现

伺服电动机实施定位控制之前，需要先进行原点回归，再实施定位。要实现原点回归，在硬件上首先要保证 QD75 的近点狗、上限极限和下限极限等信号正确接线，如图 4－49 所示；QD75 与 MR－J4 伺服放大器的正确接线，如图 4－48 所示。然后在软件上完成原点回归参数设置和原点回归程序的创建。

1. 原点回归参数设置

本案例中采用的原点回归方式为“计数型 2”，启用“原点回归重试”功能，具体参数设置如图 4－69 所示。

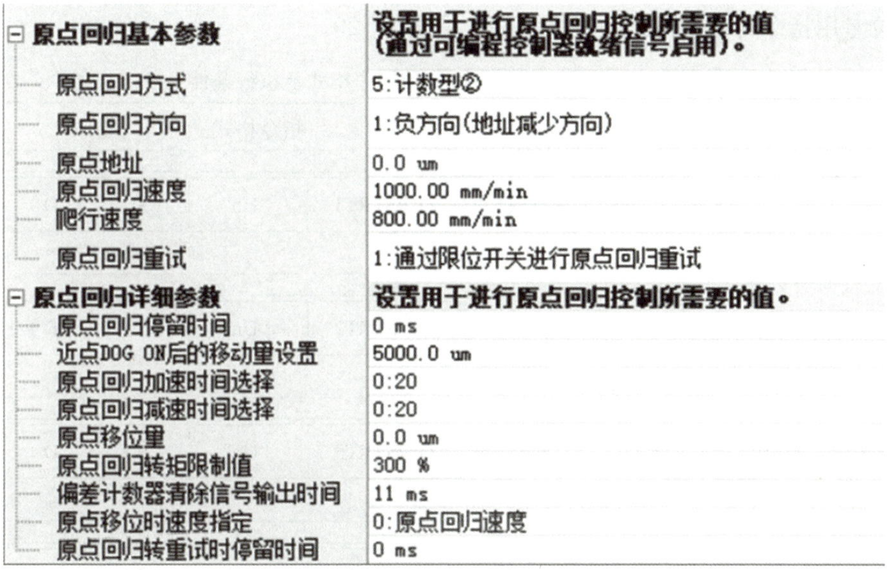

图 4－69　原点回归参数设置

2. 原点回归程序创建

QD75 的原点回归有两种方法：机械原点回归和高速原点回归。采用何种原点回归方法与定位起动编号缓冲存储器设置的内容有关，见表 4－28。

表 4－28　QD75 定位起动编号及其含义

设定项目	设置值	设定内容	缓冲存储器地址			
			轴 1	轴 2	轴 3	轴 4
定位起动编号	1～600	定位数据编号	1 500	1 600	1 700	1 800
	9 001	机械原点回归				
	9 002	高速原点回归				

续表

设定项目	设置值	设定内容	缓冲存储器地址			
			轴 1	轴 2	轴 3	轴 4
定位起动编号	9 003	当前值变更	1 500	1 600	1 700	1 800
	9 004	同时起动				
	7 000～7 004	块起动编号				

原点回归运行的条件与 JOG 运行相同，见表 4－26。下面介绍机械原点回归执行程序的创建。

（1）专用指令方式。

QD75 提供了用于轴定位的专用指令 PSTRT1、PSTRT2、PSTRT3 和 PSTRT4，分别用于实现 4 个轴的定位起动。

定位专用指令的指令格式和执行条件，见表 4－29。

表 4－29　QD75P4N 定位专用指令格式及执行条件

指令符号	执行条件	指令格式
PSTRT1		ZP.PSTRT1 "Un" （S） （D）
PSTRT2		ZP.PSTRT2 "Un" （S） （D）
PSTRT3		ZP.PSTRT3 "Un" （S） （D）
PSTRT4		ZP.PSTRT4 "Un" （S） （D）

ZP. PSTRT□指令中三个操作数的含义及设定内容见表 4－30。

表 4－30　ZP. PSTRT□指令中三个操作数的含义及设定内容

操作数	设定内容
"Un"	QD75 起始 I/O 地址（00 至 FE：以三位数字表示的高位两位数 I/O 地址）。
(S)	(S)＋0→系统区，用户不允许赋值。 (S)＋1→完成状态，0 为正常完成；除 0 之外为异常完成（出错代码）。 (S)＋2→起动编号，参照表 4－28。
(D)	正常完成指令时，使运行变为 ON 并持续扫描时间位软元件的起始地址。 异常完成指令时，[(D)＋1] 位软元件变成 ON。

采用专用指令实现机械原点回归的参考程序，如图 4－70 所示。

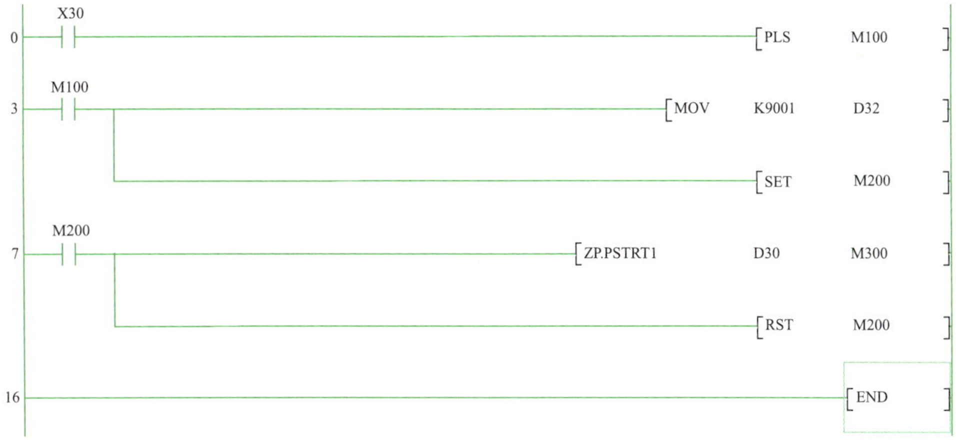

图 4－70 采用专用指令实现机械原点回归的参考程序

(2) 轴定位起动指令。

采用轴定位起动实现机械原点回归的参考程序，如图 4－71 所示。

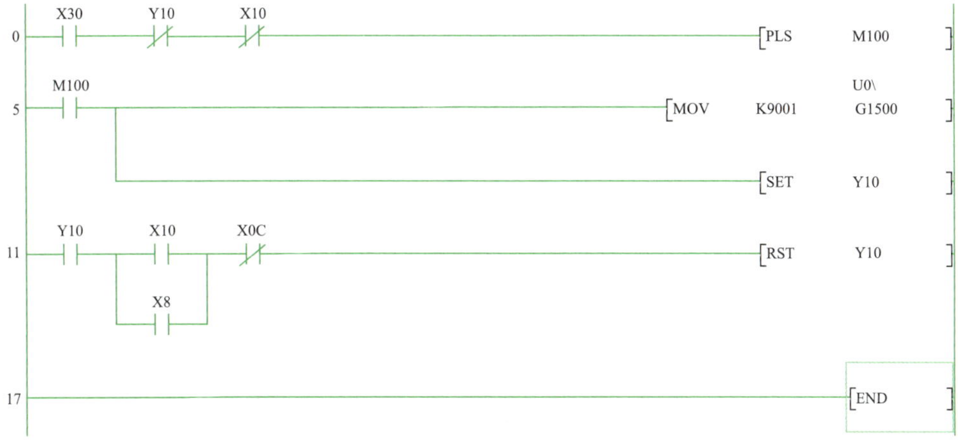

图 4－71 采用轴定位起动实现机械原点回归的参考程序

4.4.2 QD75 定位数据设置

QD75 的每个轴最多可设置 600 个定位数据。通过使用这些定位数据，可对各个轴进行定位，还可以实现 2～4 轴的插补控制及多个轴的同时起动。定位数据设置包括“运行模式”“控制方式”“插补对象轴”“加速时间”等 13 个项目，下面重点介绍其中的 9 个项目。

1. 运行模式

运行模式用于设置是否连续执行设定的定位数据，有三种运行模式供用户选择：定位结束、连续定位控制和连续轨迹控制。

（1）定位结束。

定位结束也称独立定位控制，仅执行定位编号指定的 1 个定位数据。在指定了停留时间的情况下，经过指定时间后，结束定位。定位结束模式的动作时序，如图 4－72 所示。

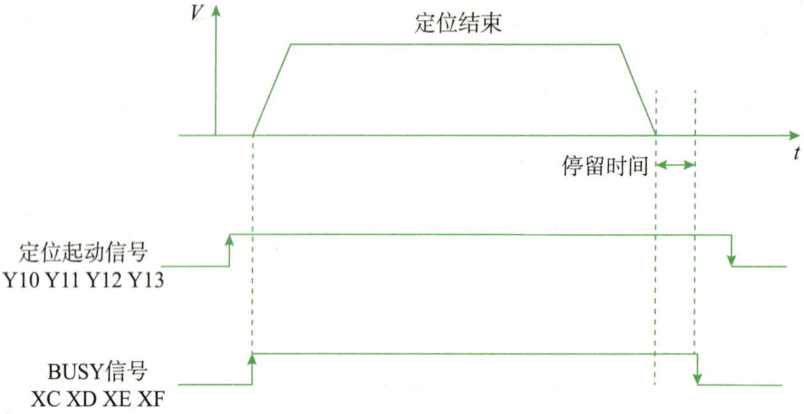

图 4－72　定位结束模式的动作时序

（2）连续定位控制。

连续定位控制是完成 1 个定位数据后，自动执行下一个定位数据，当最后的定位数据的运行模式为“定位结束”，才能结束定位。否则，将一致运行到定位数据 No. 600，若定位数据 No. 600 的运行模式不是“定位结束”，将再次从定位数据 No. 1 开始继续运行。连续定位控制模式的动作时序如图 4－73 所示。

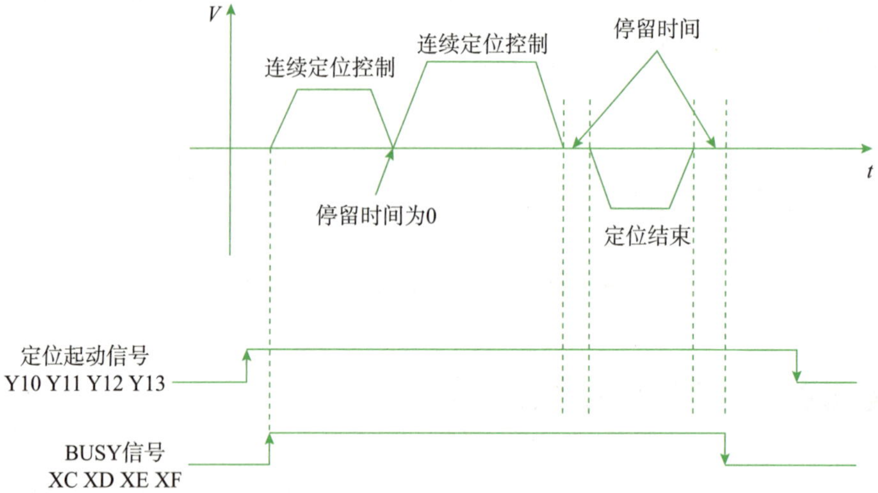

图 4－73　连续定位控制模式的动作时序

（3）连续轨迹控制。

连续轨迹控制也是在完成 1 个定位数据后，自动执行下一个定位数据，直到执行定位数据的运行模式为“定位结束”，才能结束定位。连续轨迹控制模式的动作时序，如图 4－74 所示。

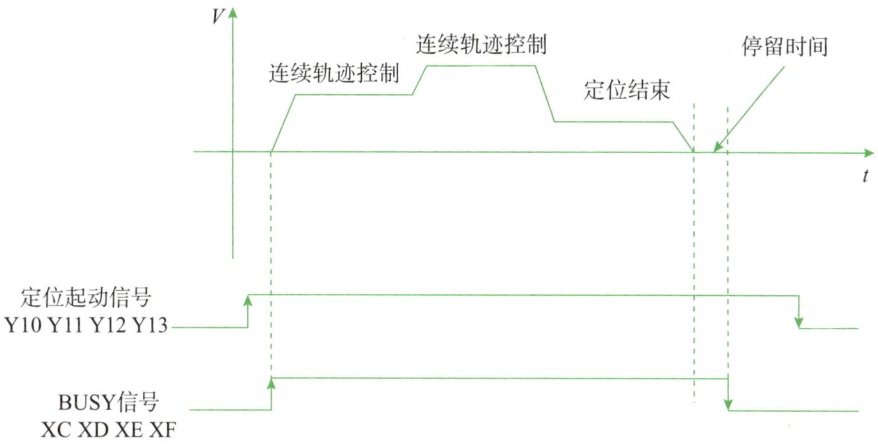

图 4－74　连续轨迹控制模式的动作时序

连续轨迹控制的特点：1）不经减速停止，速度在当前正执行定位数据的指令速度和下一次运行的定位数据的指令速度之间改变，如果当前指令速度和下一次运行的指令速度相等，则速度不变；2）如果把指令速度设置成“－1”，则速度会变成前一次定位运行中使用的速度；3）即使设置停留时间也不起作用。

2. 控制方式

QD75 的控制方式主要包括位置控制、速度控制、速度/位置切换控制、位置/速度切换控制和其他控制五种。下面介绍位置控制中的 ABS 直线 1、INC 直线 1、ABS 直线 2 和 INC 直线 2 四种控制方式，若想了解其他控制方式的使用方法，请查阅《QD75P/QD75D 型定位模块用户手册（详细篇）》

（1）ABS 直线 1。

该方式为单轴绝对定位控制，从当前停止位置（起点地址）开始，对“定位地址”中设置的地址（终点地址）进行定位。假定起点地址（当前停止位置）为 1 000，将“定位地址”设置为 7 000，采用单轴绝对定位控制，其动作图如图 4－75 所示。

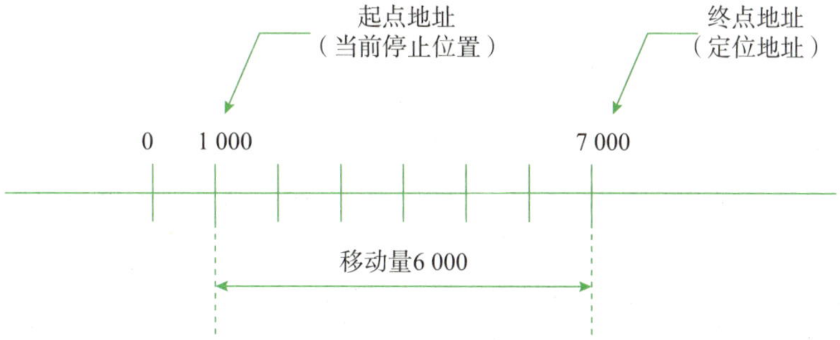

图 4－75　单轴绝对定位控制的动作图

（2）INC 直线 1。

该方式为单轴增量定位控制。从当前停止位置（起点地址）开始，依据“定位地址”

中设置的移动量进行定位。移动方向取决于移动量的符号。假定起点地址（当前停止位置）为 1 000，将“定位地址”设置为 7 000，采用单轴增量定位控制，其动作图如图 4－76 所示。

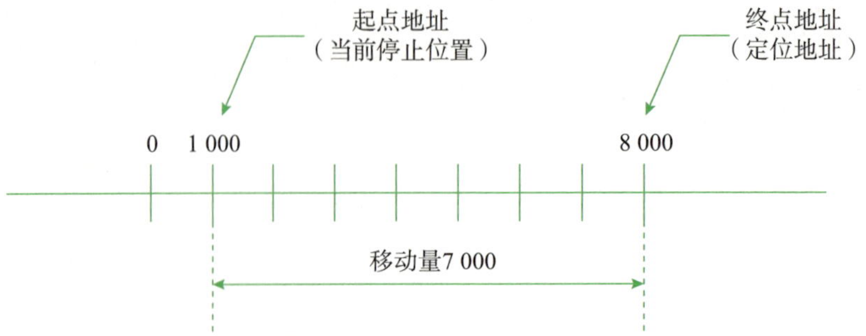

图 4－76　单轴增量定位控制的动作图

（3）ABS 直线 2。

该方式为绝对双轴直线插补控制。从当前停止位置（起点地址）开始，向“定位地址”中设置的地址（终点地址）进行双轴直线插补。假定起点地址（当前停止位置）为（1 000，1 000），将终点地址（定位地址）设置为（3 000，6 000），采用绝对双轴直线插补控制，其动作图如图 4－77 所示。

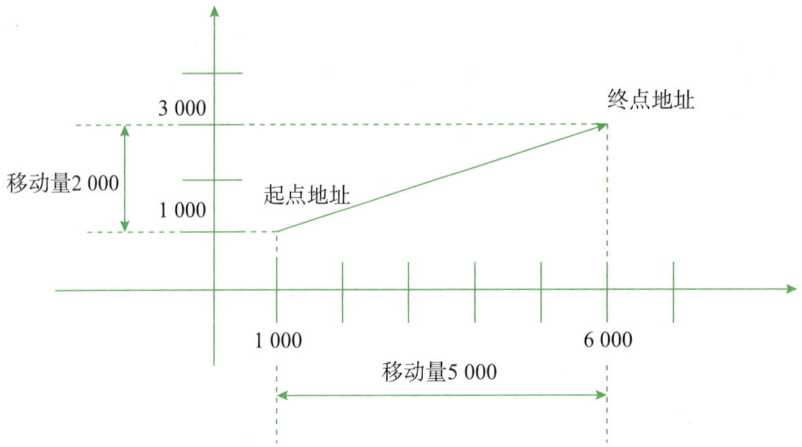

图 4－77　绝对双轴直线插补控制的动作图

（4）INC 直线 2。

该方式为增量双轴直线插补控制，使用指定的 2 轴，从当前的停止位置（起点地址）开始至“定位地址”中设置的移动量进行双轴直线插补定位，移动方向取决于“定位地址”设定移动量的符号。假定起点地址（当前停止位置）为（1 000，1 000），将终点地址（定位地址）设置为（3 000，6 000），采用增量双轴直线插补控制，其动作图如图 4－78 所示。

3. 插补对象轴

当控制方式为“2、3、4 轴直线插补控制”“2、3、4 轴固定尺寸进给控制”“2、3、4 轴

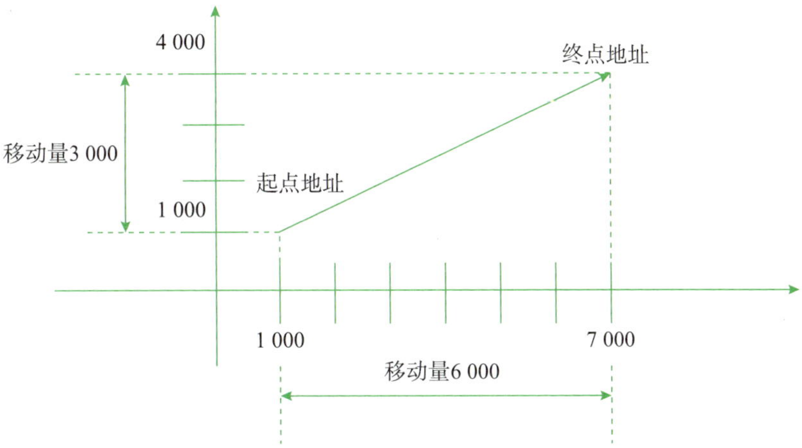

图 4－78　增量双轴直线插补控制动作图

速度控制”“2 轴圆弧插补控制”“3 轴螺旋插补控制”时，需要设定插补对象轴（简称插补轴）。插补控制中，将设置了控制方式的轴定义为“基准轴”，将另一方定义为“插补轴”。

基准轴与插补轴的组合见表 4－31。

表 4－31　基准轴与插补轴的组合

插补控制方式	基准轴	插补轴
2 轴直线插补控制、2 轴固定尺寸进给控制、2 轴圆弧插补控制、2 轴速度控制	轴 1、轴 2、轴 3、轴 4 之一	除基准轴以外的轴
3 轴直线插补控制、3 轴固定尺寸进给控制、3 轴速度控制	轴 1	轴 2、轴 3（自动匹配）
	轴 2	轴 3、轴 4（自动匹配）
	轴 3	轴 4、轴 1（自动匹配）
	轴 4	轴 1、轴 2（自动匹配）
4 轴直线插补控制、4 轴固定尺寸进给控制、4 轴速度控制	轴 1	轴 2、轴 3、轴 4（自动匹配）
	轴 2	轴 3、轴 4、轴 1（自动匹配）
	轴 3	轴 4、轴 1、轴 2（自动匹配）
	轴 4	轴 1、轴 2、轴 3（自动匹配）

4. 加速时间与减速时间

对定位时的加速时间进行选择，对“加速时间 0～3”进行选择。对定位时的减速时间进行选择，对“减速时间 0～3”进行选择。加减速时间选项为详细参数 2 和基本参数 2 中共同设置的“加减速时间 0～3”。

5. 定位地址与圆弧地址

对定位控制的目标值地址进行设置。

6. 指令速度

对执行定位时的指令速度进行设置。在设置的指令速度超出“速度限制值”的情况下，以速度限制值进行定位。将指令速度设置为“－1”时，使用当前速度（前一个定位数据 No. 的设置速度）进行定位控制。在定位起动时，如果将最先进行定位控制的定位数据的指令速度设置为“－1”，将报错“无指令速度”而无法起动。

7. 停留时间

不同控制方式所对应的停留时间或定位数据编号。当控制方式设置为“JUMP 指令”时，停留时间设定值的含义是 JUMP 目标指向的定位数据编号，将其值设置为除自身以外的定位数据编号（1－600）。当控制方式设置为除“JUMP 指令”以外时，停留时间需要根据运行模式的不同而进行设置，如图 4－72、图 4－73 和图 4－74 所示，此时停留时间设置范围为 0～65 535（ms）。

4.4.3 QD75 单轴定位控制实现

知识微课堂

定位控制功能验证

QD75 的每个轴最多可设置 600 个定位数据，即每个轴最多可以记录 600 个坐标点。在实际工程中，轴的定位控制的本质是以设定的轨迹运行到目标点的过程。下面以单轴定位控制为例，说明 QD75 定位控制的实施过程。

1. 坐标值的写入方法

QD75 坐标值的写入是将目标地址写入所在轴定位数据的“定位地址”或“圆弧地址”中，写入方法有两种，分别是手动写入和程序写入。

（1）手动写入。

当所在轴执行机械原点回归后，使用手动控制（JOG 运行、微动运行、手动脉冲发生器运行）进行目标位置校准。利用 QD75 定位模块监视功能，通过监视页面获取所在轴的进给当前值，记录后手动写入所在轴定位数据的“定位地址”或“圆弧地址”中，如图 4－79 所示。

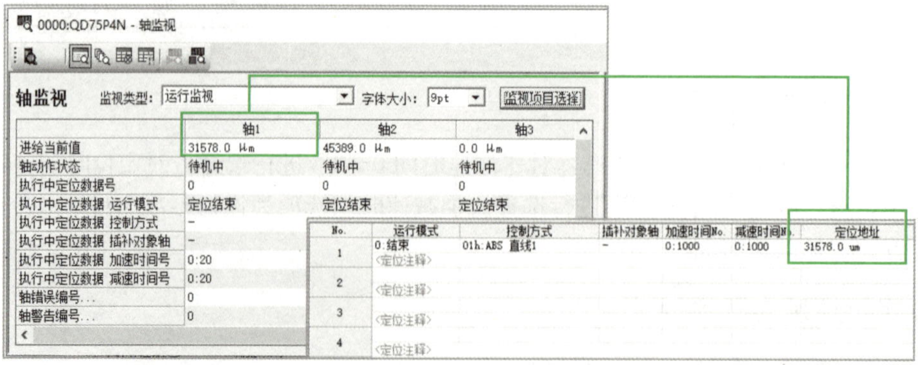

图 4－79　手动写入定位地址

（2）程序写入。

QD75P4 提供了用于示教的专用指令 TEACH1、TEACH2、TEACH3 和 TEACH4。若要了解指令的使用方法，请查阅《QD75P/QD75D 型定位模块用户手册（详细篇）》

2. 单轴控制实现

下面以轴 1 的定位控制为例，说明其控制实施过程，控制要求如下。

（1）按下起动按钮，先执行轴 1 原点回归，再按顺序运行到三目标点，分别为 A 点、B 点和 C 点。

（2）A、B、C 三个目标点的指令速度分别是 500mm/min、800mm/min 和 1 000mm/min。

（3）A、B、C 三个目标点的停留时间分别是 2 000ms、3 000ms 和 0ms。

目标地址的写入采用如图 4－78 所示的手动写入方式。执行轴 1 原点回归，手动控制轴 1 移动至目标点，利用 QD75 定位模块监视功能获取 A、B、C 三个点的坐标值，假定三个目标点的进给当前值分别为 32 768.0μm、72 089.0μm 和 129 761.0μm。选择轴 1 的 1～3 号定位数据对应 A、B、C 三个目标点，根据控制要求记录三个目标点的进给当前值，确定轴 1 定位数据（1～3 号）的参数设置，如图 4－80 所示。

显示筛选(R) 定位数据 离线模拟(L) 自动计算指令速度(U) 自动计算辅助圆弧(A)

No.	运行模式	控制方式	插补	加速时间No.	减速时间No.	定位地址	圆弧地址	指令速度	停留时间
1	1:连续	01h:ABS 直线1	-	0:1000	0:1000	32768.0 um	0.0 um	500.00 mm/min	2000 ms
2	1:连续	01h:ABS 直线1	-	0:1000	0:1000	72089.0 um	0.0 um	800.00 mm/min	3000 ms
3	0:结束	01h:ABS 直线1	-	0:1000	0:1000	129761.0 um	0.0 um	1000.00 mm/min	0 ms

图 4－80　轴 1 定位数据的参数设置

单击“离线模拟”，设置轴 1 的定位数据号为“1”，可离线模拟 A、B、C 三个点的运行轨迹，如图 4－81 所示。

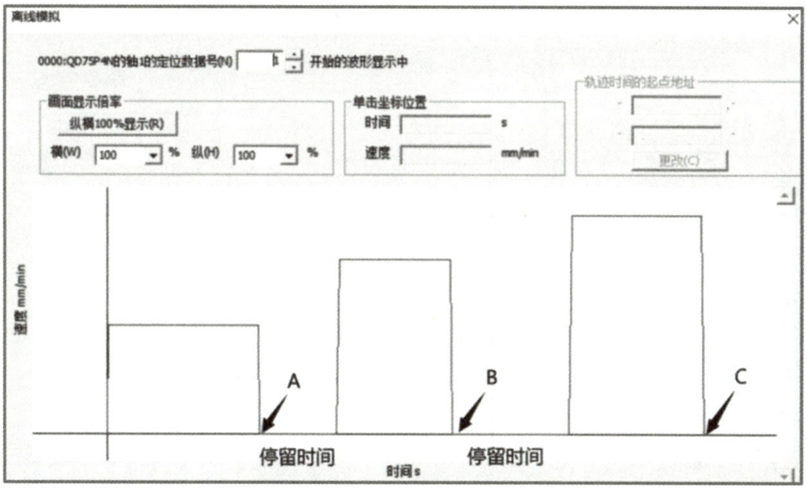

图 4－81　离线模拟界面

单轴定位参考程序，如图 4－82 所示。

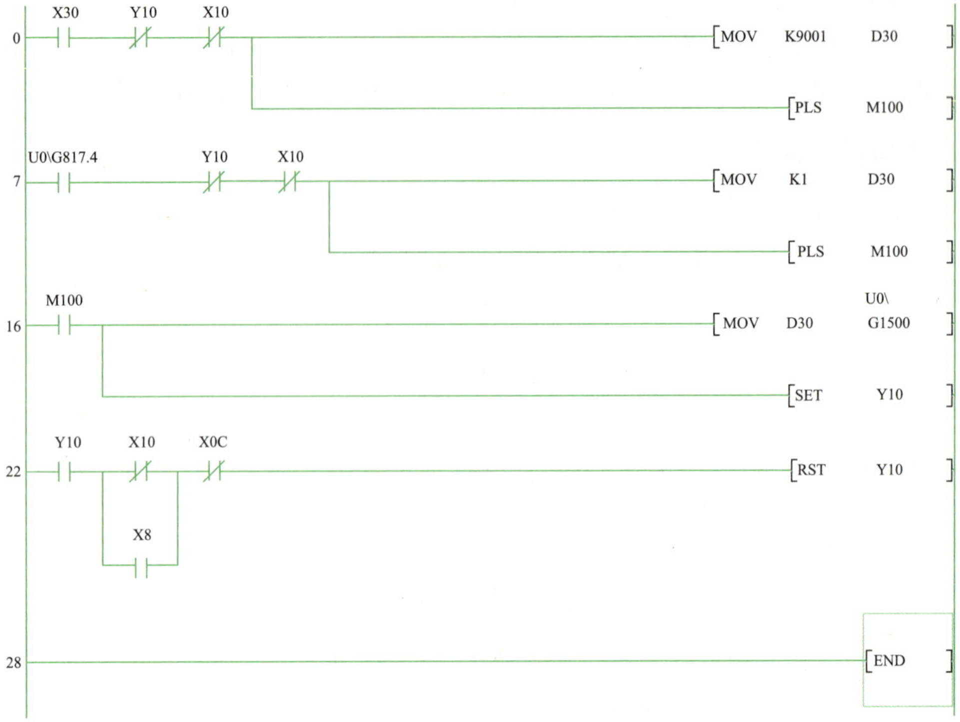

图 4-82 单轴定位参考程序

在图 4-82 所示的参考程序中，X30 为外部起动按钮。U0 \ G817.4 为轴 1 原点回归结束标志位，当轴 1 完成原点回归，该标志位为“ON”，当轴 1 离开原点位置，该标志位为“OFF”。

项目5

步进电动机及其控制

项目概述

作为控制类电动机的典型代表，步进电动机系统因其惯量低、定位精度高、无累积误差、控制简单等特点，广泛应用于机电一体化产品中。通过本项目的学习，读者可以掌握步进电动机的概念、分类及工作原理；步进电动机的细分；步进电动机的性能及主要技术指标；DM542 步进电动机驱动器的使用方法；步进电动机的手动运行控制及基本定位控制实现。

学习目标

知识目标

(1) 掌握步进电动机的概念、种类及主要应用领域。

(2) 理解步进电动机的工作原理。

(3) 掌握步进电动机的特点及主要技术指标。

能力目标

(1) 能够根据要求正确设置 DM542 步进电动机驱动器的电流设置和细分设置。

(2) 能够根据要求正确完成 DM542 步进电动机驱动器的接线。

(3) 能够根据要求实现步进电动机的手动运行控制。

(4) 能够根据要求实现步进电动机的基本定位控制。

素养目标

(1) 形成科学的思维方法和分析问题、解决问题的能力。

(2) 养成良好的团队合作精神，培养协调和组织能力。

(3) 具备自动控制系统设计的基本职业素养。

任务 5.1 认识步进电动机

知识导图

- 认识步进电动机
  - 步进电动机的种类
    - 按工作原理
      - 反应式
      - 永磁式
      - 混合式
    - 按控制方式
      - 开环步进控制系统
      - 闭环步进控制系统
  - 步进电动机的工作原理
    - 三相单三拍
    - 三相六拍
    - 三相双三拍
    - 步距角及转速公式
      - $\theta=\frac{360°}{Z_r m}$
      - $n=\frac{60f}{Z_r m}$
  - 步进电动机的细分
    - 提高电动机的运转精度
    - 减弱或消除步进电动机的低频振动
  - 步进电动机的特点
    - 精度为步进角的3%~5%，不累积
    - 调速范围宽
    - 具有自整步能力
    - 正常工作时外表温度较高
    - 高速时力矩下降较多
    - 具有自锁能力，抗干扰能力强，多用于开环控制系统
  - 步进电动机的主要技术指标
    - 步距角
    - 起动频率
    - 矩频特性
    - 最大静转距

步进电动机是将脉冲信号转换成机械角位移或直线位移的一种控制电动机。步进电动机每接收一个脉冲，转子就转过相应的角度（步距角）。转子的角位移的大小和转速与输入脉冲的数量及频率成正比，转向与绕组通电的相序有关。步进电动机的控制原理如图 5-1 所示。

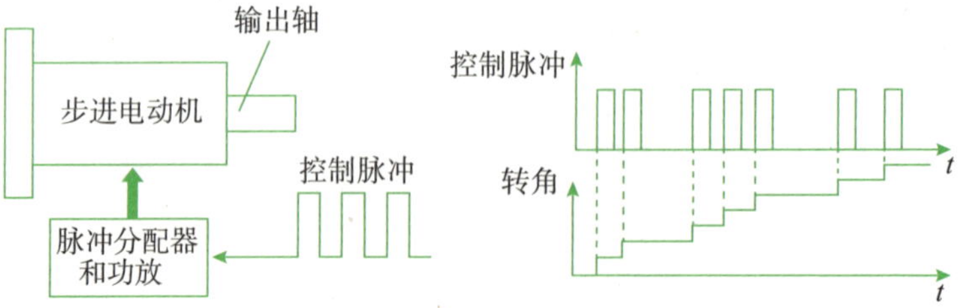

图 5-1　步进电动机的控制原理

5.1.1　步进电动机的种类

1. 按工作原理分类

根据工作原理，步进电动机可分为反应式步进电动机（VR）、永磁式步进电动机（PM）和混合式步进电动机（HB）三类。

（1）反应式步进电动机。

反应式步进电动机，也叫感应式、磁滞式或磁阻式步进电动机，它是依靠改变电动机的定子和转子的软钢齿之间的电磁力来改变定子和转子的相对位置的。反应式步进电动机的定子上有绕组，转子由软磁材料构成，结构简单、成本低、步距角小，但其动态性能差、效率低。

（2）永磁式步进电动机。

永磁式步进电动机的转子铁心上装有多条永久磁铁，转子由永磁材料制成，转子的极数与定子的极数相同，转子的转动与定位是由定子和转子之间的电磁引力与磁铁磁力共同作用的。与反应式步进电动机相比，相同体积的永磁式步进电动机的转矩大、步距角也大。

（3）混合式步进电动机。

混合式步进电动机，也称为永磁感应式步进电动机，其定子上有多相绕组，其转子采用永久磁铁以提高电动机的转矩，转子和定子采用细密的极齿来减少步距角，以提高步距精度。混合式步进电动机结合了前面两种电动机的优点，其特点是输出力矩大、动态性能好，步距角小，但结构复杂，成本相对较高。

2. 按控制方式分类

步进电动机控制系统从其控制方式来看，可以分为开环步进控制系统、闭环步进控制系统。

（1）开环步进控制系统。

开环步进控制系统的指令信号流程是单向的，其精度主要决定于驱动器和步进电动机的性能，无反馈。开环步进控制系统比较容易稳定，成本低廉，但其定位精度相对较低。开环步进控制系统的原理图如图5-2所示。

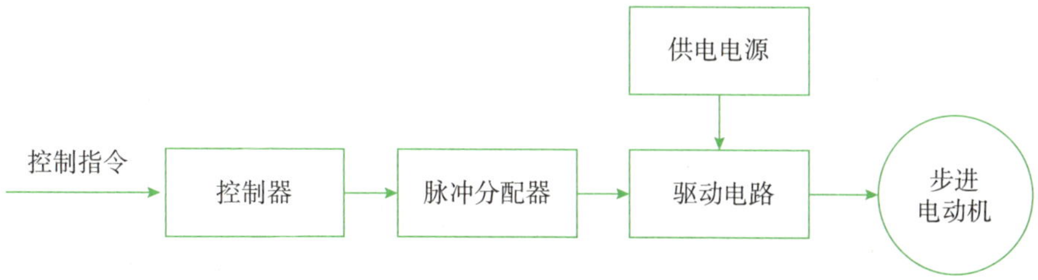

图5-2　开环步进控制系统

(2) 闭环步进控制系统。

步进电动机的闭环控制是直接或间接地检测转子的位置和速度，通过反馈和适当处理，自动给出驱动的脉冲序列。采用闭环控制，不仅可以获得精确的位置精度和速度控制，还可以扩大步进电动机的应用领域。闭环步进控制系统的原理图如图 5-3 所示。

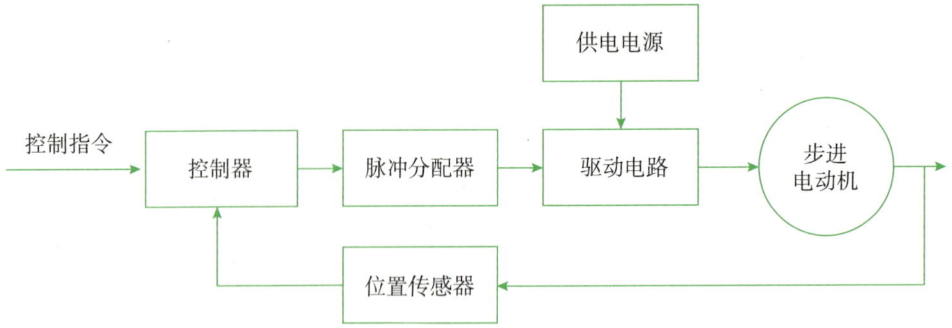

图 5-3 闭环步进控制系统

闭环步进控制系统能抑制干扰，对元件特性变化不敏感，能改善系统的响应特性。但反馈回路的引入增加了系统的复杂性，而且增益选择不当时会引起系统的不稳定。

5.1.2 步进电动机的工作原理

步进电动机由转子、定子、前后端盖等组成。转子部分包括转子铁心、永磁体、转轴、滚珠轴承，定子部分包括绕组、定子铁心，如图 5-4 所示。

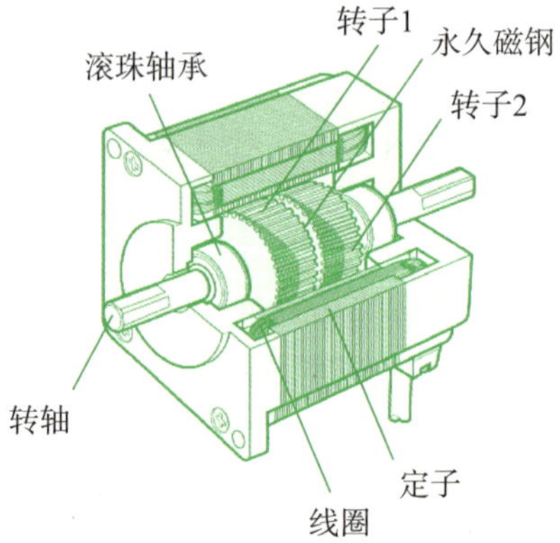

图 5-4 步进电动机的结构

下面以三相反应式步进电动机为例，分析说明步进电动机的工作原理。

定子内圆周均匀分布着六个磁极，磁极上有励磁绕组，每两个相对的绕组组成一相，即 A—A′，B—B′，C—C′。假定转子有均匀分布的 4 个齿，齿距角为 90 度。

给 A 相绕组通电时，转子位置如图 5-5 (a) 所示，励磁绕组通电后磁通经过转子形成闭合回路，若磁场轴线与转子存在一定角度，则在磁场作用下，转子被磁化，吸引转子，力图使转子转到磁阻最小的位置，即转子和定子的齿对齐的位置，如图5-5（b）所示。在此位置，因转子受径向力而不受切线力，故转矩为零，转子被锁定在这个位置上。由此可见，错齿是使步进电动机旋转的根本原因。

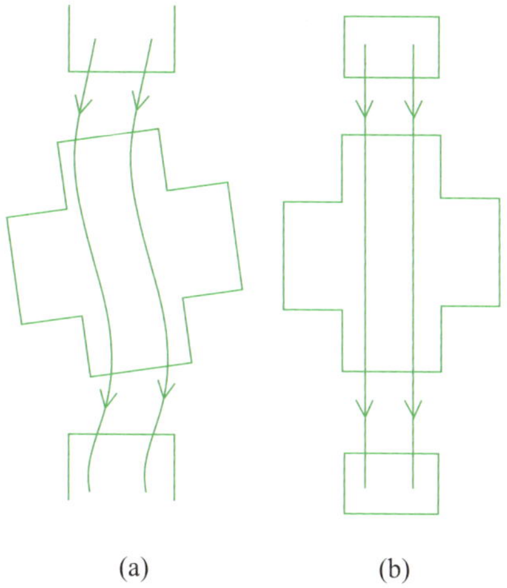

图5-5 步进电动机转动原理

转子与定子的相对位置不同，磁路的磁阻也不同：齿-齿相对时，磁路的磁阻最小；齿-槽相对时，磁路的磁阻最大。

下面分析步进电动机定子绕组在不同的通电方式下，步进电动机的工作原理。

1. 三相单三拍

当定子绕组按顺序轮流通电时，A、B、C三对磁极就依次产生磁场，对转子上的齿产生电磁转矩，并吸引它，使它一步一步地转动，具体工作过程如下。

当A相通电时，B、C相不通电。气隙产生以A—A′为轴线的磁场，而磁力线总是力图从磁阻最小的路径通过，故电动机转子受到一个反应转矩，在此转矩的作用下，转子总是力图旋转到磁阻最小的位置，转子的1号、3号两齿在磁场力的作用下与A、A′磁极对齐，在这种情况下，转子转到如图5-6（a）所示的位置：1、3齿与A、A′磁极对齐。此时，转子的2号、4号齿和B相、C相绕组磁极形成错齿。

当A相断电，B相通电时，转子的2号、4号两齿在磁场力的作用下与B、B′磁极对齐，转子转到如图5-6（b）所示的位置：2、4齿与B、B′磁极对齐，转子顺时针转过30°。

同理，当C相通电时，转子再顺时针转过30°，此时，1、3齿和C′、C磁极轴线对齐，如图5-6（c）所示。

如果按A→B→C→A→……的顺序给三相绕组轮流通电，步进电动机的转子便会不停地顺时针转动。上述的通电方式称为三相单三拍。“单”是指每次只有一相控制绕组通电；“三拍”是指换接三次可以完成一个通电循环；从一相通电转换到另一相通电称为一拍，每一拍转子转过一个角度，这个角度称为步距角。

如果按A-C-B-A的顺序给步进电动机三相绕组通电，首先将电脉冲加到A相绕组，跟前面一样，转子齿1和3的轴线与定子A极轴线对齐。然后将电脉冲通入C相绕

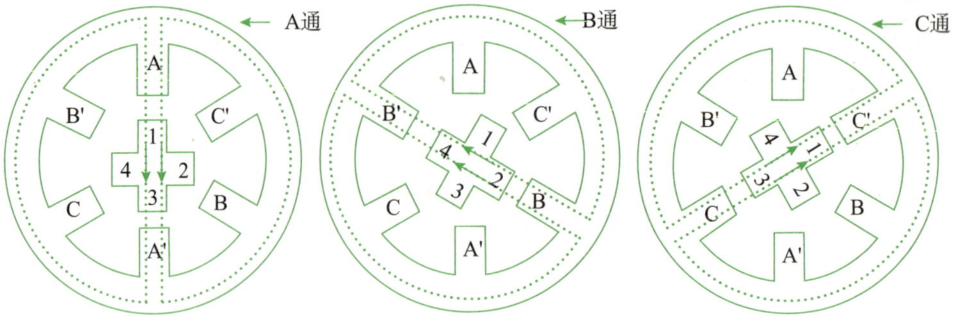

(a) A相通电　(b) B相通电　(c) C相通电

图 5-6　三相单三拍工作原理

组，C 相磁极便产生磁通。这时 2 号、4 号两个齿与 C 相磁极靠得最近，产生的磁拉力会力图使转子的 2、4 两个齿与定子的 C 相磁极对齐，这时转子会沿着逆时针方向转过 30。如果按 A－C－B－A 的顺序通电，转子沿逆时针方向一步步转动。

从上面的分析中会发现通过改变定子绕组通电相序，就可以实现对步进电动机转向的控制。

2. 三相六拍

按 A→AB→B→BC→C→CA 的顺序给步进电动机三相绕组轮流通电。如果以三相六拍的通电方式工作，当 A 相通电，转子 1、3 齿与 A、A′对齐，如图 5－7（a）所示；当 A 相绕组断电而 A、B 相同时通电时，转子的齿将同时受到 A 相和 B 相绕组产生的磁场的共同吸引力，转子的齿只能停在 A 相和 B 相磁极间，A、A′磁极拉住 1、3 齿，B、B′磁极拉住 2、4 齿，转子顺时针转过 15°，如图 5－7（b）所示；当 A、B 相绕组同时断电而 B 相绕组通电时，转子 2、4 齿与 B、B′对齐，又顺时针转过 15°，如图 5－7（c）所示，其余以此类推。这样步进电动机转动一个齿距角，需要六拍完成。

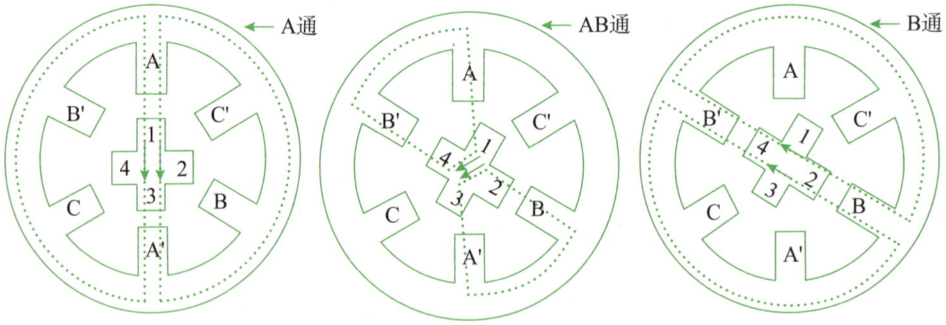

(a) A相通电　(b) AB相通电　(c) B相通电

图 5-7　三相六拍的工作原理图

在这种通电方式下，三相反应式步进电动机的一个通电循环周期为 A→AB→B→BC→C→CA，每个循环周期分为六拍。每拍转子转过 15°（步距角），一个通电循环周期（6 拍）

转子转过 90°（齿距角）。与单三拍相比，六拍驱动方式的步进角更小，这种方式可以获得更精确的控制特性，更适用于需要精确定位的控制系统。

3. 三相双三拍

按 AB→BC→CA 的顺序给步进电动机三相绕组轮流通电。每拍有两相绕组同时通电。与单三拍方式相似，双三拍驱动时每个通电循环周期也分为三拍，如图 5－8 所示。每拍转子转过 30°（步距角），一个通电循环周期（3 拍）转子转过 90°（齿距角）。

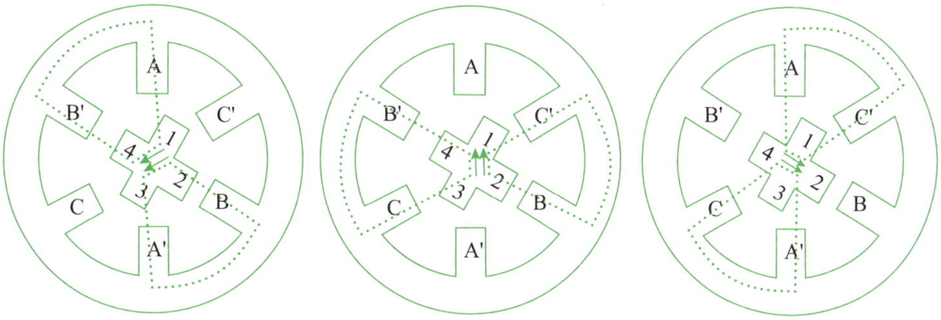

(a) AB相通电　(b) BC相通电　(c) CA相通电

图 5－8　三相双三拍的工作原理图

三种通电方式的对比，见表 5－1。

表 5－1　三种通电方式的对比

通电方式	每个通电循环周期的拍数	步距角
三相单三拍	3	30°
三相六拍	6	15°
三相双三拍	3	30°

从以上三种通电方式可知，对于一台步进电动机，在一个通电循环周期，运行 m 拍可使转子转动一个齿距位置，即步距角，分析可得步距角计算公式为

$$\theta=\frac{360^\circ}{Z_r m} \tag{5-1}$$

其中 θ 为步距角，Z_r 为转子齿数，m 为每个通电循环周期的拍数。

步距角一定时，通电状态的切换频率越高（即脉冲频率越高），步进电动机的转速越高。脉冲频率一定时，步距角越大（即转子旋转一周所需的脉冲数越少），步进电动机的转速越高。若脉冲频率为 f，步距角 θ 的单位为°，则步进电动机的转速为

$$n=\frac{\theta f}{6}(\mathrm{r/min}) \tag{5-2}$$

步进电动机转速取决于脉冲频率（f）和步距角（θ），而与电压、负载、环境等因素无关，步进电动机与控制脉冲同步，因此容易对其进行控制。步进电动机广泛应用于各种

数字控制系统。

上述讨论的步进电动机的步距角都比较大，而步进电动机的步距角越小，意味着它所能达到的位置精度越高，所以在实际应用中都采用小步距角，常采用如图 5-9 所示的实际结构。

实用步进电动机的步距角多为 3°或 1.5°。为了获得小步距角，电动机的定子、转子都被做成多齿的。图 5-9 中转子表面有 40 个齿，齿距角是 9°；定子仍是 6 个磁极，但每个磁极表面加工有 5 个和转子一样的齿。

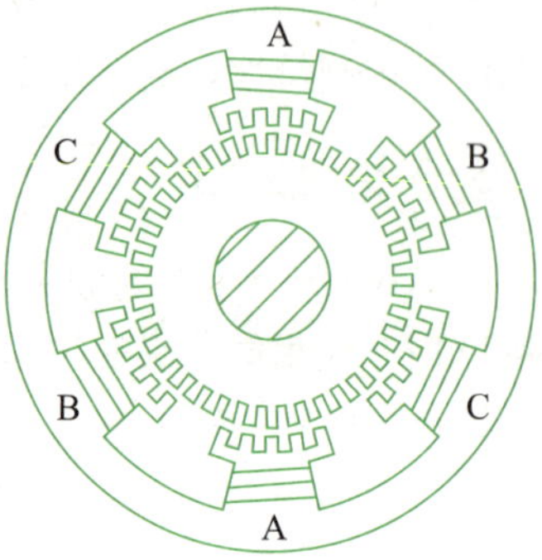

图 5-9 步进电动机的实际结构

5.1.3 步进电动机的细分

步进电动机的运动精度和步距角有关，但是步距角的大小受到电动机结构的限制，而小步距角电动机加工比较困难。

为了使步进电动机有更小的步距角，通常采用细分步距角的方法：每次输入脉冲切换时，不是将绕组电流全部输入或切除，而是改变绕组中额定电流的一部分。这样绕组中的电流台阶式地逐渐增加至额定值，切除电流时也是从额定值开始台阶式地逐渐切除。电流波形不是方波，而是阶梯波。因此，每来一次脉冲时，绕组合成磁动势在空中旋转的角度是原来步距角的一部分，从而使步进电动机转子在每步运动时只转过步距角的一部分。电流分成多少个台阶，转子转一个步距角就需要多少个脉冲。这种将一个步距角细分为若干小步、每一小步只有步距角的一部分的驱动方法称为细分。

采用细分电路步进可以使步进电动机获得更小的步距角、更高的分辨率、更小的脉冲当量，也可以明显减小电动机的振动、噪声，改善步进电动机的低频性能。

以三相反应式步进电动机为例，采用磁动势转换图来分析细分的原理。当步进电动机三相绕组的通电顺序为 A→AB→B→BC→C→CA…，如果将每一步细分成四步走完，可将电动机每相绕组的电流分成 4 个台阶。

三相六拍四细分时各相电流的驱动时序情况如图 5-10 所示，横坐标上标出的数字为切换输入脉冲的序号，同时也表示细分后的状态号。初始状态零为 A 相通额定电流 I_e，即 $i_A=I_e$。当第一脉冲到来时，B 相只通额定电流的 1/4，即 $i_B=1/4I_e$。此时，电动机的合成磁动势由 A 相中的 I_e 与 B 相中的 $I_e/4$ 共同产生，由图 5-11（a）可看出合成磁动势的旋转情况。状态 2 时 A 相电流未变，而 B 相电流增加到 $i_B=I_e/2$。状态 3 时 $i_A=I_e$，而$i_B=3I_e/4$。状态 4 时 $i_A=I_e$，而 $i_B=I_e$。未加细分时，从 A 到 AB 状态只需一步，而在四细分时经过 4 步才由 A 到 AB，这 4 步的步距角为 θ_1、θ_2、θ_3 和 θ_4，如图 5-11（a）所示，且 $\theta_1+\theta_2+\theta_3+\theta_4=\theta$（一拍的步距角）。图 5-11（b）为 AB—B 细分的情况。

步进电动机的细分的首要目的是提高电动机的运转精度。其次，减弱或消除步进电动机的低频振动，细分的本质是一种电子阻尼技术，低频振荡是步进电动机（尤其是反应式电动机）的固有特性，而细分是消除它的唯一途径，如果步进电动机有时要在共振区工作，细分是唯一的选择。

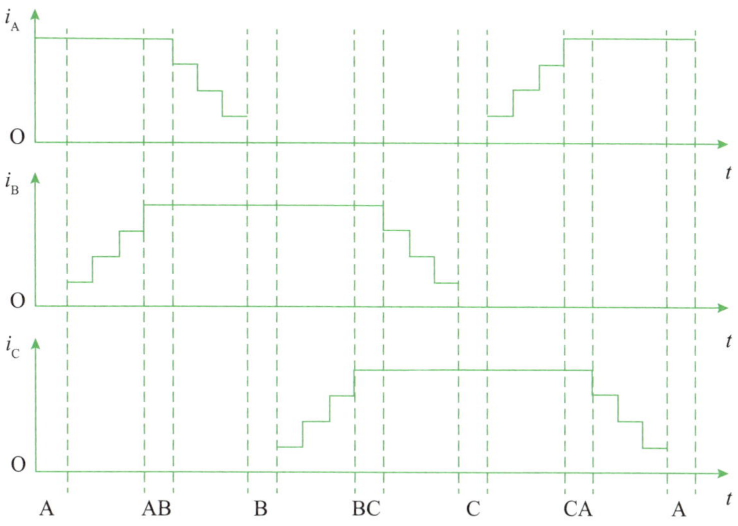

图 5-10 三相六拍四细分驱动时序

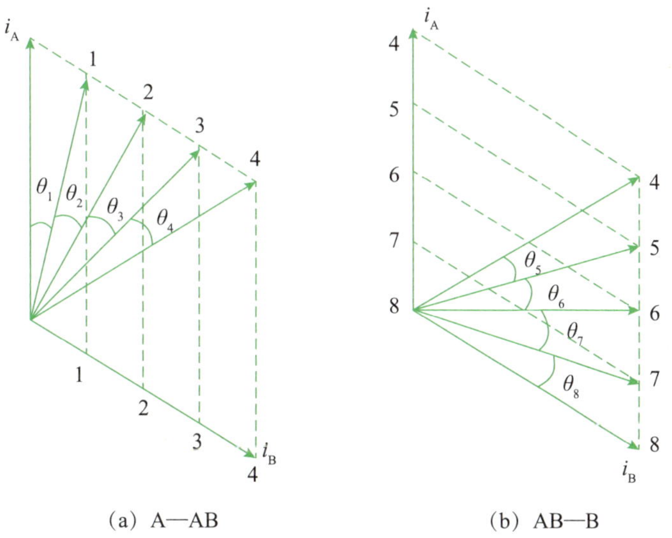

图 5-11 细分时合成磁动势的旋转情况

细分后的主要优点：完全消除了电动机的低频振荡；提高了电动机的输出转矩，尤其对于三相反应式电动机，其力矩比不细分时提高约 30%～40%；提高了电动机的分辨率，由于减小了步距角，提高了步距的均匀度。

5.1.4 步进电动机的特点

(1) 步进电动机的驱动装置接受指令脉冲信号，控制步进电动机的通电顺序，将脉冲信号变为角位移，角位移与输入脉冲数成严格的比例关系，无累积误差。不管磁极对得准不准，每一圈它都会回到原来的起始位置。一般步进电动机的精度为步进角的 3%～5%，且不累积。

(2) 步进电动机的转速与控制脉冲频率成正比，改变控制脉冲的频率即可在很宽的范围内调节电动机的转速。

(3) 在没有控制脉冲输入时，只要维持绕组电流不变，电动机即可凭借电磁力矩维持其定位位置，不需附加机械制动装置，即具有自整步能力。

(4) 步进电动机外表允许的最高温度。若步进电动机温度过高，首先会使电动机的磁性材料退磁，从而导致力矩下降甚至失步，因此电动机外表允许的最高温度应取决于不同电动机磁性材料的退磁点；一般来讲，磁性材料的退磁点都在 130℃以上，有的甚至高达 200℃以上，所以步进电动机外表温度为 80～90℃是正常的。

(5) 步进电动机的力矩随转速的升高而下降。当步进电动机转动时，电动机各相绕组的电感将形成一个反向电动势；频率越高，反向电动势越大。在它的作用下，电动机随频率（或速度）的增大而相电流减小，从而导致力矩下降。

(6) 步进电动机具有自锁能力，抗干扰能力强，多用于开环控制系统。

5.1.5 步进电动机的主要技术指标

1. 步距角

控制系统每发一个脉冲信号，步进电动机转子转过的角度称为步距角。电动机出厂时给出了一个步距角的值，如 86BYG250A 型电动机给出的值为 1.8°，这个步距角可以称为“电动机固有步距角”，它不一定是电动机实际工作时的真正步距角，真正的步距角和驱动器设置（细分）有关。

步进电动机每走一步，转子实际的角位移与设计的步距角存在步距误差。连续走若干步以后，上述步距误差会形成累积值，但转子转过一圈后，会回到上一转的稳定位置，所以步进电动机步距的误差不会无限累积，只会在一转的范围内存在一个最大累积误差。步距误差和累积误差通常用度、分或者步距角百分比表示。

2. 起动频率

空载时，步进电动机由静止状态突然起动，不丢步地进入正常运行状态所允许的最高起动频率。加给步进电动机的指令脉冲频率如大于起动频率，就不能正常工作。起动频率随负载变化而变化，负载越大，起动频率越低。转动惯量越大，起动频率越低。给电动机一个脉冲，就转一个角度，如果脉冲频率过快，电动机不能转动指定角度，相当于把其中的几个脉冲信号丢掉了，就叫丢步，也即失步；过冲是指电动机接到停止命令后，制动转矩使电动机停止的位置超过了指定位置。

3. 矩频特性

矩频特性是描述步进电动机在负载转动惯量一定且稳态运行时的最大输出转矩与脉冲频率的关系的曲线。步进电动机的动态转矩随频率的升高而下降。当驱动脉冲频率高到一定值的时候，步进电动机的输出转矩已不足以克服自身的摩擦转矩和负载转矩，步进电动机的转子会在原位置振荡而不能做旋转运动，这就称为电动机堵转或失步。驱动电源的电压对矩频特性影响很大，如图 5－12 所示。

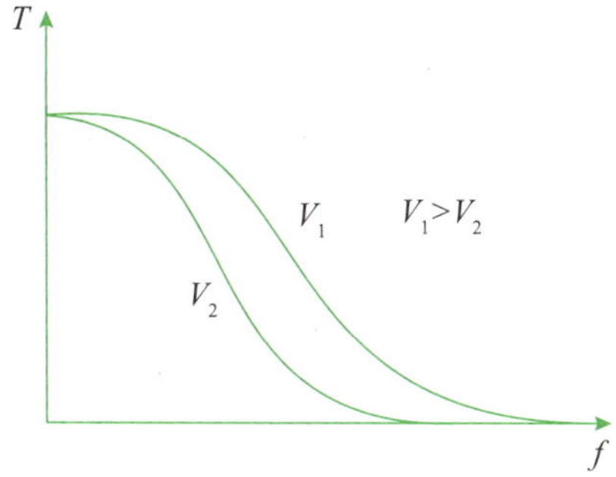

图 5－12　连续运行的矩频特性

从图 5－12 还可以看出，在低频区，矩频曲线比较平坦，电动机保持额定转矩；在高频区，矩频曲线急剧下降，这表明步进电动机的高频特性差。

4. 最大静转矩

最大静转矩也称保持转矩，指步进电动机某相始终通电，转子能够承受的最大负载转矩。最大静转矩反映步进电动机的制动能力和带负载能力。最大静转矩（保持转矩）较大的电动机，可以带动较大的负载转矩，负载转矩和最大静转矩的比值通常取 0.3～0.5，即 TL＝(0.3～0.5) Tjmax。步进电动机铭牌上标注的转矩通常是步进电动机的最大静转矩。

任务 5.2　步进电动机驱动器的使用方法

知识导图

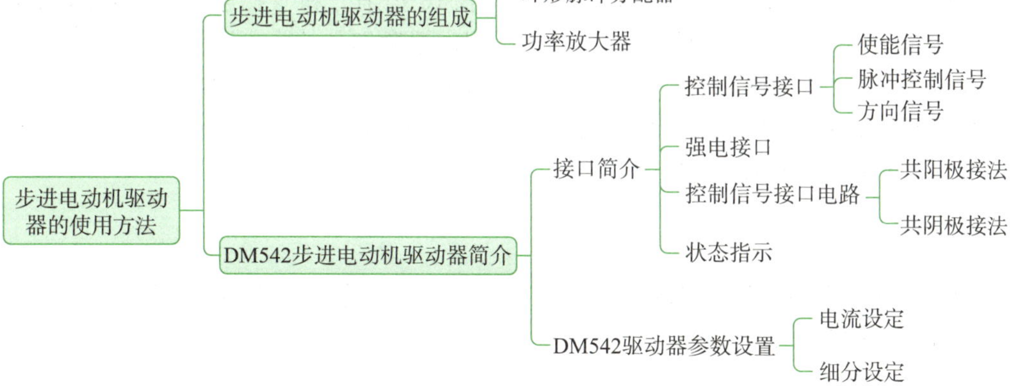

本任务将以雷赛 DM542 驱动器为例，介绍步进电动机驱动器的基本使用方法。

5.2.1 步进电动机驱动器的组成

步进电动机的运行不仅与电动机本身的特性有关，还与配套使用的驱动器有密切关系。步进电动机的性能由电动机和驱动器相互配合从而反映出来。驱动器在步进电动机控制系统中占有重要地位。

步进电动机常用于开环系统，步进控制系统由三部分组成：控制器、驱动器和步进电动机，如图 5－13 所示。控制器准确地发出一定数量和频率的脉冲信号及方向信号。驱动器内部的环形脉冲分配器将脉冲信号按一定的顺序分配，功率放大器对环形分配器的输出信号进行功率放大，得到驱动步进电动机控制绕组所需的脉冲电流和脉冲波形，使步进电动机转角、转速及方向得到控制。步进电动机定子绕组的电流为几安培至十几安培，而环形脉冲分配器输出的脉冲信号只有几毫安，无法驱动电动机运行。功率放大器的作用是将脉冲电流放大，并获得理想的矩形脉冲波形。

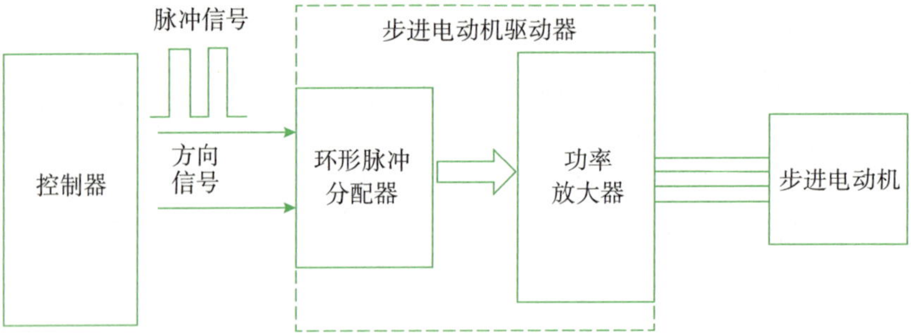

图 5－13　步进控制系统

5.2.2 DM542 步进电动机驱动器简介

知识微课堂

DM542
驱动器简介

本项目中，步进电动机驱动器型号为 DM542，该驱动器为数字式步进电动机驱动器，采用最新的 32 位 DSP 技术，有 16 挡细分和 8 挡电流可选，能够满足大多数场合的应用需要。由于采用内置微细分技术，即使在低细分的条件下，也能够达到高细分的效果，低中高速运行都很平稳，噪声很小。驱动器内部集成了参数自动整定功能，能够针对不同电动机自动生成最优运行参数，最大限度地发挥电动机的性能。

1. 接口简介

DM542 步进电动机驱动器接口如图 5－14 所示，接口包括控制信号接口、强电接口和电动机 A、B 相线圈接口。

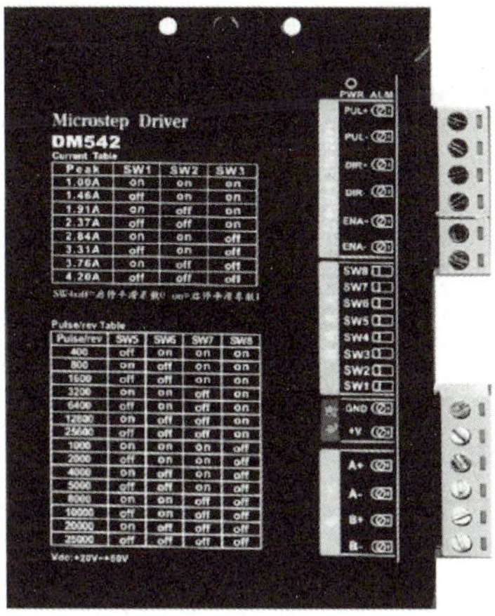

图 5－14　DM542 驱动器接口

（1）控制信号接口。

控制信号接口及功能见表 5－2，包括脉冲控制信号 PUL＋和 PUL－、方向信号 DIR＋和 DIR－以及使能信号 ENA＋和 ENA－。

表 5－2　控制信号接口及功能

名称	功能
PUL＋(5V－24V)	脉冲控制信号：脉冲上升沿有效；PUL 高电平时为 5～24V，低电平时为 0～0.5V，为了可靠响应脉冲信号，脉冲宽度应大于 12μs。
PUL－(PUL)	
DIR＋(5V－24V)	方向信号：高/低电平信号，为保证电动机可靠换向，方向信号应先于脉冲信号至少 5μs。电动机的初始运行方向与电动机的接线有关，互换任一相绕组（如 A＋、A－交换）可以改变电动机初始运行的方向，DIR 高电平时为 5～24V，低电平时为 0～0.5V。
DIR－(DIR)	
ENA＋(5V－24V)	使能信号：此输入信号用于使能或禁止。ENA＋接 5～24V，ENA－接低电平（或内部光耦导通）时，驱动器将切断电动机各相的电流，使电动机处于自由状态，此时步进脉冲不被响应。当不需用此功能时，使能信号端悬空即可。
ENA－(ENA)	

（2）强电接口。

强电接口及功能见表 5－3，包括直流电源以及电动机的 A、B 相线圈接口。

表 5－3　强电接口及功能

名称	功能
GND	直流电源接地
＋V	直流电源正极，范围是＋20～＋50V，推荐值为＋24～48VDC
A＋、A－	电动机 A 相线圈接口
B＋、B－	电动机 B 相线圈接口

（3）控制信号接口电路。

DM542 驱动器采用差分式接口电路，适用于差分信号和集电极开路信号接口。集电极开路接口电路示意图如图 5－15 所示，包括共阳极和共阴极两种接法，分别对应控制器的 NPN 集电极开路输出和 PNP 集电极开路输出。

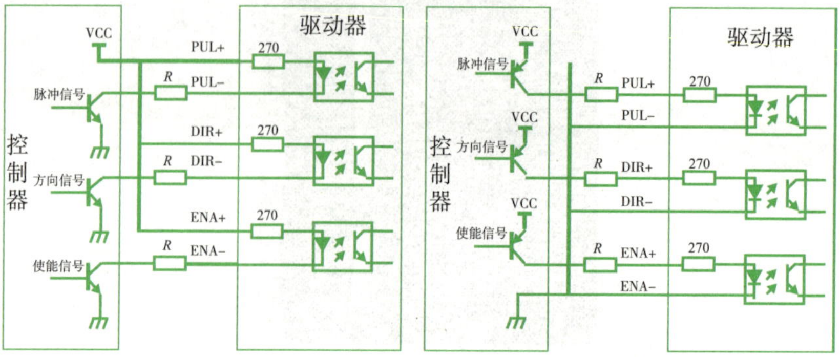

（a）共阳极接法　　（b）共阴极接法

图 5－15　集电极开路接口电路

（4）状态指示。

绿色 LED 为电源指示灯，当驱动器接通电源时，该 LED 常亮；当驱动器切断电源时，该 LED 熄灭。红色 LED 为故障指示灯，当出现故障时，该指示灯以 3s 为周期循环闪烁；当故障被用户清除时，红色 LED 常灭。红色 LED 在 3s 内闪烁的次数代表不同的故障信息，闪烁 1 次代表过流或相间短路故障，闪烁 2 次代表过压故障（电压>52V）。

2. DM542 驱动器参数设置

DM542 驱动器通过八位拨码开关实现工作电流设定和细分设定。

（1）电流设定。

驱动器所驱动的步进电动机扭矩不同，所需电流也不同，步进电动机的铭牌上通常会有最大静转矩和额定电流的标识。通过驱动器面板上的拨码开关 SW1、SW2、SW3 来设置驱动器的输出相电流（有效值），以满足步进电动机的电流要求。驱动器 SW1、SW2 和 SW3 拨码开关的位置组合所对应的输出电流见表 5－4。

表 5－4　工作电流设定

输出峰值电流	输出均值电流	SW1	SW2	SW3
1.00A	0.71A	on	on	on
1.46A	1.04A	off	on	on
1.91A	1.36A	on	off	on
2.37A	1.69A	off	off	on
2.84A	2.03A	on	on	off
3.31A	2.36A	off	on	off
3.76A	2.69A	on	off	off
4.20A	3.00A	off	off	off

静态电流可用 SW4 拨码开关设定，off 表示静态电流设为动态电流的一半，on 表示静

态电流与动态电流相同。一般将 SW4 设成 off，使得电动机和驱动器的发热减少，可靠性提高。步进电动机驱动器本体上一般只标识峰值电流（Peak），设置驱动器的峰值电流不大于步进电动机的额定电流即可。

（2）细分设定。

拨码开关的 SW5～SW8 用来设定步进电动机的细分，可以通过驱动器正面板上的拨码开关的 SW5、SW6、SW7、SW8 位来设置驱动器的步数，步进电动机的细分设定见表 5－5。

表 5－5　细分设定

步数/转	SW5	SW6	SW7	SW8
200	on	on	on	on
400	off	on	on	on
800	on	off	on	on
1 600	off	off	on	on
3 200	on	on	off	on
6 400	off	on	off	on
12 800	on	off	off	on
25 600	off	off	off	on
1 000	on	on	on	off
2 000	off	on	on	off
4 000	on	off	on	off
5 000	off	off	on	off
8 000	on	on	off	off
10 000	off	on	off	off
20 000	on	off	off	off
25 000	off	off	off	off

任务 5.3　步进电动机的手动运行控制

知识导图

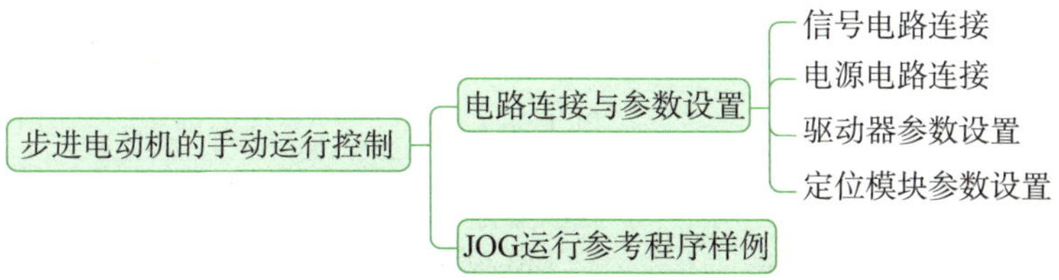

本任务将以步进电动机驱动的单轴直线滑台为载体，重点介绍步进电动机手动控制的

实施过程，主要包括 QD75 定位模块与步进驱动器的接线、定位模块的参数设置和手动控制程序编制三部分。

知识微课堂

驱动器参数设置与电路连接实操演示

5.3.1 电路连接与参数设置

1. 信号电路连接

步进电动机驱动的单轴直线滑台系统，如图 5-16 所示，由 DM542 驱动器、步进电动机、QD75 定位模块、单轴直线滑台等组成。DM542 驱动器 A、B 相线圈接口与步进电动机连接，QD75 定位模块通过信号端与步进驱动器连接。

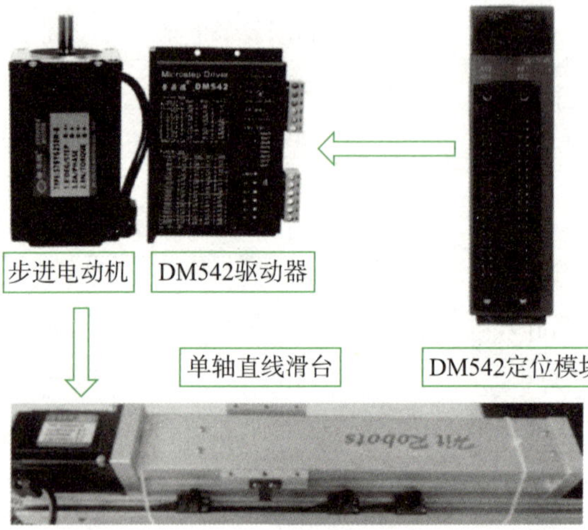

图 5-16 步进电动机驱动的单轴直线滑台系统

本项目选用 QD75 定位模块的轴 2（AX2）实现步进系统的控制。QD75P4N 定位模块连接器轴 1 和轴 2 的信号排列见表 5-6。

表 5-6 QD75P4N 定位模块连接器轴 1 和轴 2 的信号排列

针脚排列	轴 2（AX2）		轴 1（AX1）	
	针编号	信号名称	针编号	信号名称
	1B20	PULSER B−	1A20	PULSER B+
	1B19	PULSER A−	1A19	PULSER A+
	1B18	PULSE COM	1A18	PULSE COM
	1B17	PULSE R	1A17	PULSE R
	1B16	PULSE COM	1A16	PULSE COM
	1B15	PULSE F	1A15	PULSE F
	1B14	CLRCOM	1A14	CLRCOM

续表

针脚排列	轴2（AX2）		轴1（AX1）	
	针编号	信号名称	针编号	信号名称
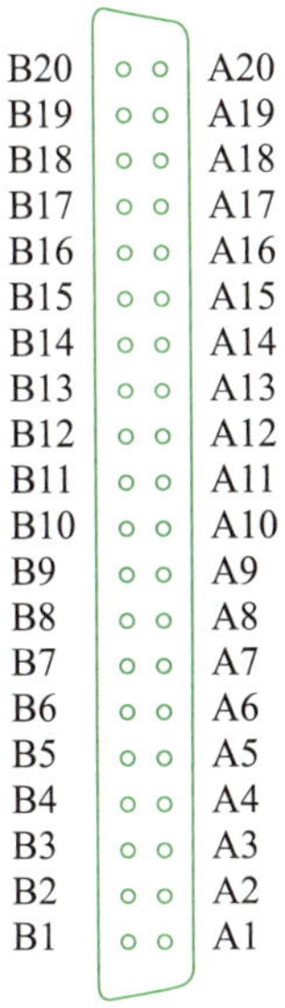	1B13	CLEAR	1A13	CLEAR
	1B12	RDYCOM	1A12	RDYCOM
	1B11	READY	1A11	READY
	1B10	PG0COM	1A10	PG0COM
	1B9	PG05	1A9	PG05
	1B8	PG024	1A8	PG024
	1B7	COM	1A7	COM
	1B6	COM	1A6	COM
	1B5	CHG	1A5	CHG
	1B4	STOP	1A4	STOP
	1B3	DOG	1A3	DOG
	1B2	RLS	1A2	RLS
	1B1	FLS	1A1	FLS

项目中步进电动机驱动器DM542采用共阳极接法，信号电路接线如图5-17所示。

2. 电源电路连接

根据表5-3，驱动器电源正极需要+20～+50V电源，驱动器A+、A—接口分别接步进电动机的黑色导线和绿色导线。驱动器B+、B—接口分别接步进电动机的红色导线和蓝色导线。驱动器电源电路的接线如图5-18所示。通过互换任一相绕组（如A+、A—交换）可以改变电动机运行方向。

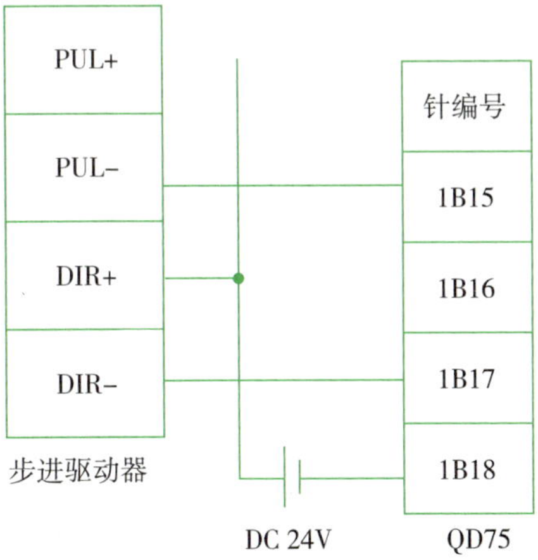

图5-17 驱动器信号电路接线

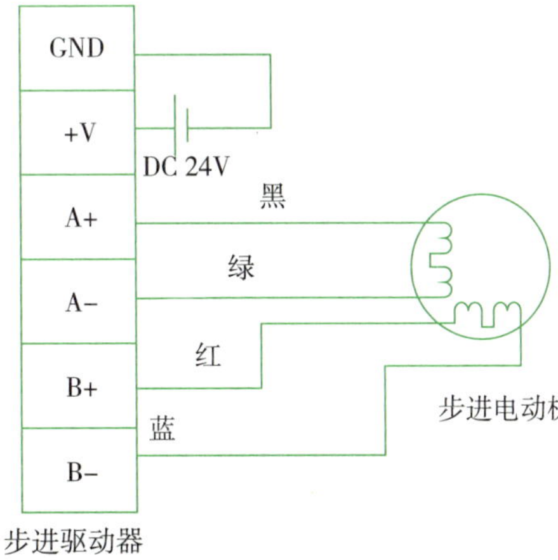

图5-18 驱动器电源电路接线

3. 驱动器参数设置

项目中所用步进电动机的铭牌如图 5－19 所示，根据步进电动机驱动器的输出电流，由表 5－4 可知，SW1～SW3 应设置成 on、on、off。假定步进电动机驱动器的细分为 5 000 步/转，由表 5－5 可知，SW5～SW8 应设置成 off、off、on、off。拨码开关的设置如图 5－20 所示。

图 5－19　步进电动机的铭牌

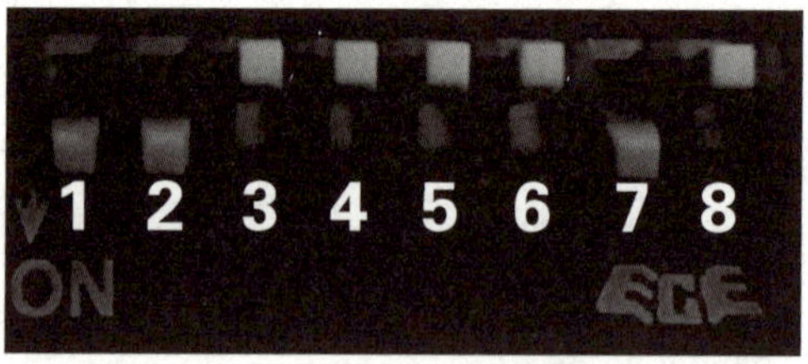

图 5－20　拨码开关的设置

4. 定位模块参数设置

本项目的步进系统由 QD75 定位模块的轴 2 控制，轴 2 的基本参数设置如图 5－21 所示。

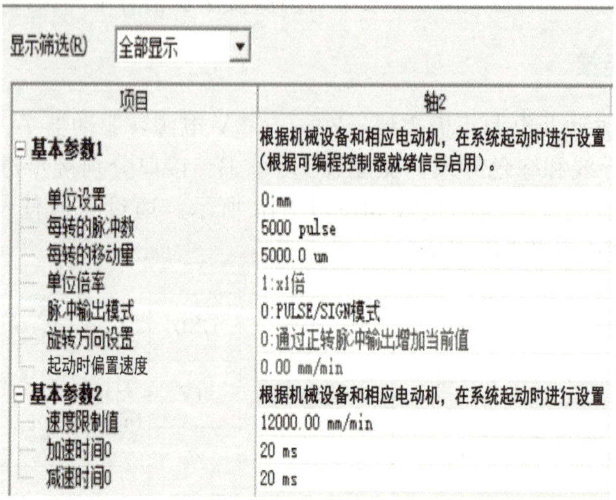

显示筛选(R)　全部显示

项目	轴2
⊟基本参数1	根据机械设备和相应电动机，在系统起动时进行设置（根据可编程控制器就绪信号启用）。
单位设置	0:mm
每转的脉冲数	5000 pulse
每转的移动量	5000.0 um
单位倍率	1:x1倍
脉冲输出模式	0:PULSE/SIGN模式
旋转方向设置	0:通过正转脉冲输出增加当前值
起动时偏置速度	0.00 mm/min
⊟基本参数2	根据机械设备和相应电动机，在系统起动时进行设置
速度限制值	12000.00 mm/min
加速时间0	20 ms
减速时间0	20 ms

图 5－21　轴 2 的基本参数设置

“单位设置”选择“0：mm”。

“每转的脉冲数”，根据步进电动机的细分情况进行设定，项目中步进电动机驱动器的细分为 5 000 步/转，该参数设定为“5 000pulse”。

根据图 5－17 所示的信号电路接线，“脉冲输出模式”设置为“0：PULSE/SIGN 模式”。

“每转的移动量”与现场步进电动机转动一圈所驱动机械部分的移动量相匹配。如

图 5－16 所示的单轴直线滑台中，步进电动机转动一圈，单轴滑台移动 5mm，“每转的移动量”设置为“5 000.0um”。

关于“详细参数设置”和“原点回归参数设置”，请参考项目 4 中轴 1 的参数设置。

5.3.2 JOG 运行参考程序样例

假定 JOG 运行速度为“100mm/min”，基于图 4－66、表 4－26 和表 4－27 创建 JOG 运行参考程序，如图 5－22 所示。

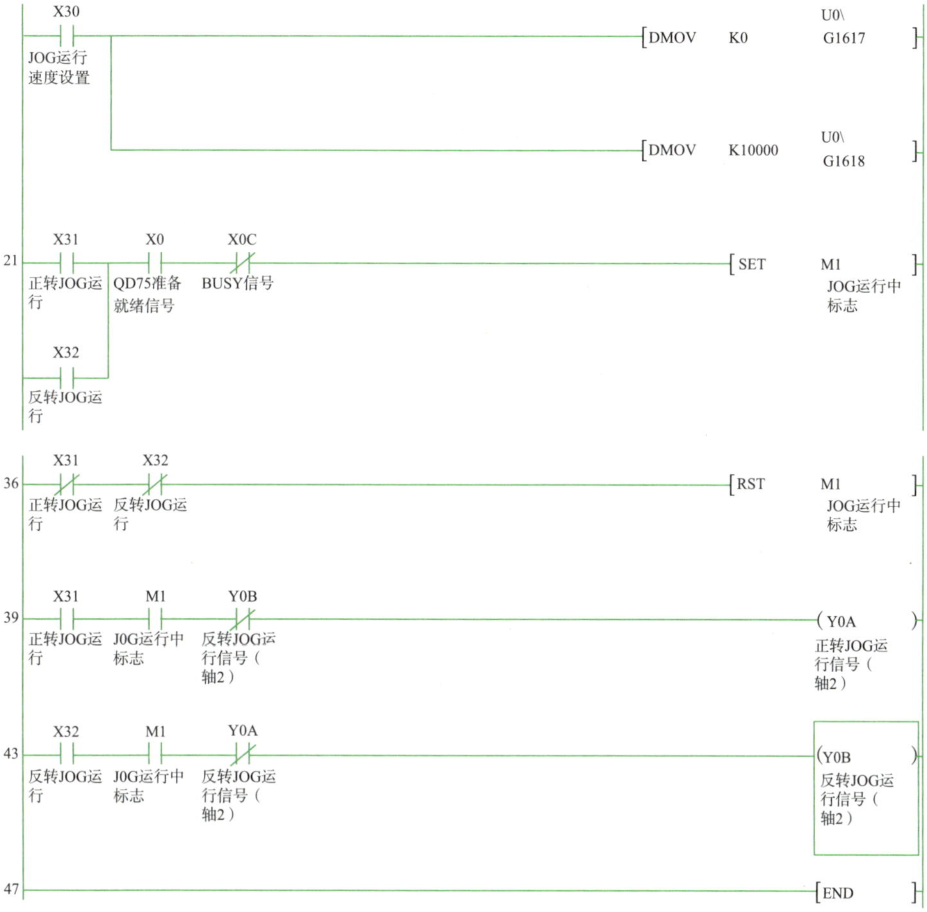

图 5－22　JOG 运行参考程序

参考文献

［1］邹建华，周帆，谷玉玲．电动机与电气控制技术［M］．2 版．武汉：华中科技大学出版社，2024.

［2］王民权，王文卉．电动机与电气控制（微课版）［M］．北京：清华大学出版社，2020.

［3］杜伟伟，冯邦军．电动机与电气控制［M］．北京：化学工业出版社，2021.

［4］曾令琴，贾磊．电动机与电气控制技术（附微课）［M］．2 版．北京：人民邮电出版社，2021.

［5］菱跃达电气有限公司．三菱 MR-J4-A 伺服放大器技术资料集［EB/OL］．http://www.lingyueda.com/upload/1440737720.pdf

新编21世纪高等职业教育精品教材
装备制造类

电机与电气控制技术实训手册（活页式）

主　编◎岳东海
副主编◎赵　茜　辛改芳
主　审◎朱　江

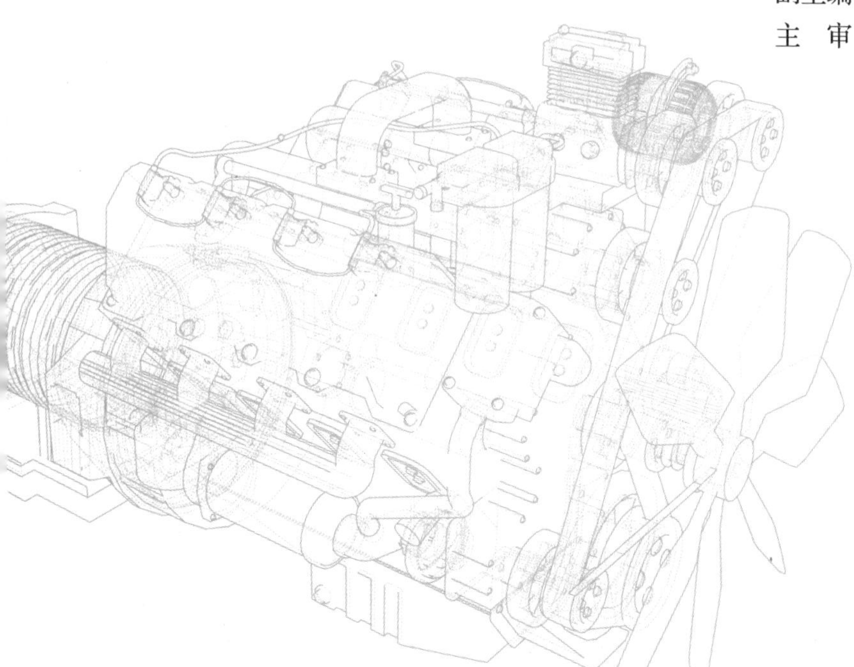

中国人民大学出版社
·北京·

目 录

任务工单 1　三相异步电动机的点动正转控制

<table>
<tr><td>班级</td><td></td><td>姓名</td><td></td><td>小组编号</td><td></td></tr>
<tr><td>实训地点</td><td></td><td>日期</td><td></td><td>任务成绩</td><td></td></tr>
<tr><td>任务名称</td><td colspan="3">三相异步电动机的点动正转控制</td><td>学时</td><td>2</td></tr>
<tr><td>相关器材</td><td colspan="5">按钮、接触器、熔断器、热继电器、低压断路器、三相异步电动机、导线、接线工具等</td></tr>
<tr><td>任务目标</td><td colspan="5">（1）能够正确识读电动机的铭牌信息，并能根据铭牌信息正确选型低压电器。
（2）能够识读电气原理图，根据现场情况合理绘制电气元件布置图。
（3）能够按规范要求，正确完成主电路和控制电路的线路接线。
（4）能够根据故障现象，分析故障原因并找出故障点。</td></tr>
<tr><td>任务要求及电气原理图</td><td colspan="5">1. 任务要求
（1）设备通电，闭合断路器 QF，按下按钮 SB1，电动机 M 正转运行。松开按钮 SB1 时，电动机 M 停止运行。
（2）电路具有短路、过载保护功能。
2. 电气原理图
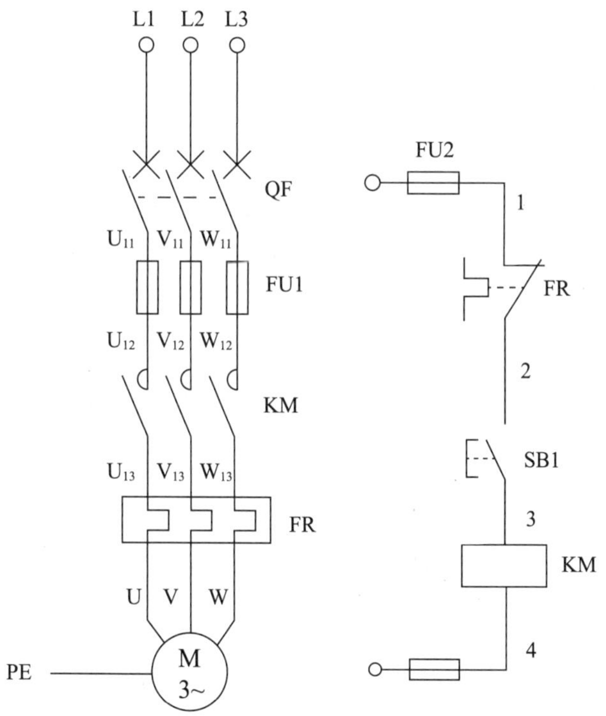
</td></tr>
</table>

一、任务准备

1. 低压电气元件准备清单

低压电器	数量	功能	电气符号
点动按钮 	1	点动起动	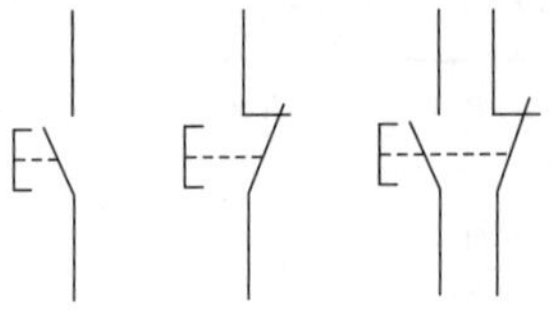
微型断路器 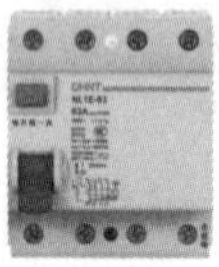	1	电源引入及保护	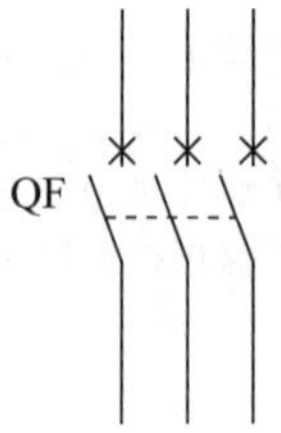
熔断器 	5	短路保护	
接触器 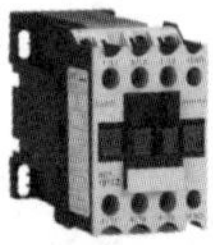	1	通断主电路	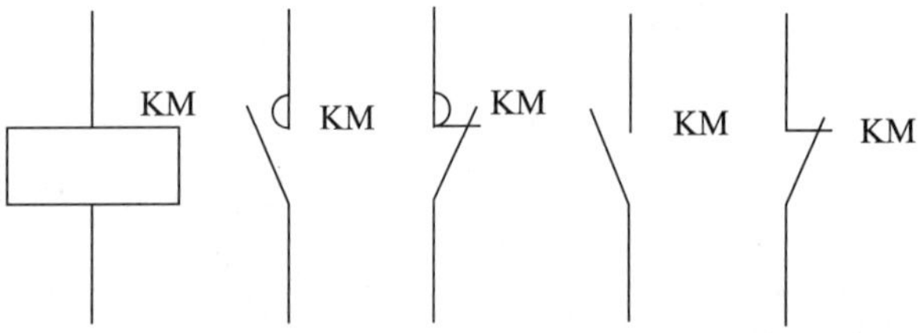
热继电器 	1	过载保护	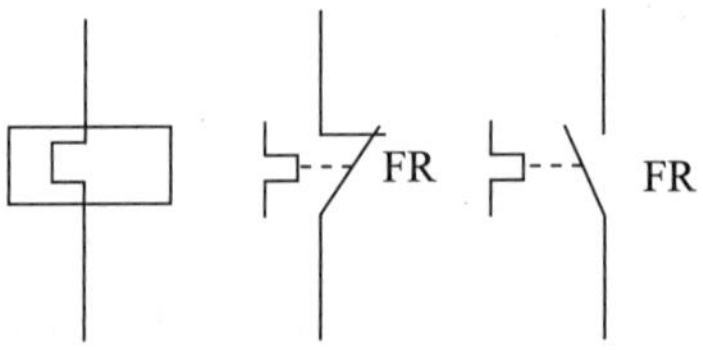

2. 接线工具准备清单

名称	数量	备注
导线 	若干	BVR 铜线，截面积为 1.5mm^2

续表

名称	数量	备注
十字螺丝刀 	2 只	
剥线钳 	2 只	
压线钳 	2 只	
打标机 	1 台	
号码管 	若干	

二、任务实施

1. 问题回答

（1）查询接触器铭牌，其线圈电压为（　　）V。

（2）查询电动机铭牌，电动机的额定电流为（　　）A，额定电压为（　　）V。

（3）通过网络查询相关资料，判断导线（BVR 铜线）截面积为 $1.5mm^2$ 是否符合要求。

2. 安装与调试

电气元件布置图绘制	**绘制原则：** （1）体积大或重的电气元件安装在电气板的下方，热继电器置于电气板下部，热继电器的输出端直接与电动机连接，便于引出线，输入端直接与接触器连接，接线方便，接线短，且便于散热。 （2）电气元件的布置要考虑防护间隙，做到整齐、美观、对称。可以将尺寸、结构相似的电气元件放在一起，便于安装、接线。 （3）若采用线槽式接线方式，应适当增加每排电气元件之间的距离，以便接线和维修。

续表

接线步骤及工艺要求	（1）逐个检验电气设备和元件的规格和质量是否合格。 （2）根据电气元件布置图在电气板上安装电气元件。 （3）按照控制板内布线的工艺要求进行布线和套编码套管。 （4）进行外部布线，并在导线线头上套装与电路相同线号的编码套管。 （5）按“先主后控，先串后并；从上到下，从左到右；上进下出，左进右出”的原则进行接线。 （6）按“横平竖直，弯成直角，少用导线少交叉，多线并拢一起走”的原则进行接线。 （7）检查热继电器的整定值是否符合要求。 （8）检查电动机的安装是否牢固，与生产机械传动装置的连接是否可靠。
线路检查	（1）主电路检查。 1）万用表选择欧姆挡，测量电动机的定子绕组的电阻值并记录。 2）万用表选择欧姆挡，将红黑表笔放在 QF 出线端，起动接触器 KM，组合测量三次的显示值和记录值相等，表明主电路接线正确，否则主电路线路有故障。 （2）控制电路检查。 1）万用表选择欧姆挡，直接测量接触器 KM 线圈的电阻值并记录。 2）万用表选择欧姆挡，将红黑表笔放在 FU2 出线端。 当按下按钮 SB1，显示值和 KM 线圈的电阻值相等，松开按钮 SB1，显示值无穷大，表明控制线路接线正确，否则控制线路有故障。
通电测试	（1）接通设备电源，闭合断路器 QF，按下点动按钮 SB1，观察电动机运行情况。 （2）点动运行时观察电动机的转向是否符合正转要求，如果转向相反，对电路进行修改。 （3）如有异常应迅速断开断路器 QF，关闭设备总电源。
注意事项	（1）三相电动机不要漏接地线。 （2）仔细检查线路是否有导线外露，禁止在通电状态下接线。 （3）在安装、调试过程中，工具、仪表的使用应符合要求。 （4）通电操作时，必须严格遵守安全操作规程。

三、任务评价

成果展示	各小组派代表总结完成任务的过程中掌握了哪些技能、技巧，以及发现错误后如何改正，并展示接好的电路，通电试验，展示电动机的转动情况。
小组评价与总结	
教师评价与总结	
小组“6S”管理	在小组和教师都完成总结以后，各小组须按“6S”标准对工位进行整理；归还所用的实训器材。

四、评价表

<table>
<tr><td colspan="2">班　　级：__________
学生姓名：__________
小组编号：__________</td><td colspan="5">指导教师：__________

日　　期：__________</td></tr>
<tr><td rowspan="2">评价项目</td><td rowspan="2">评价标准</td><td colspan="3">评价方式</td><td rowspan="2">权重</td><td rowspan="2">小计</td></tr>
<tr><td>学生自评
（20%）</td><td>小组互评
（30%）</td><td>教师评价
（50%）</td></tr>
<tr><td>职业素养</td><td>（1）遵守实训室规章制度。
（2）按时保质完成工作任务。
（3）团队协作能力。
（4）人身安全与设备安全。
（5）工作岗位“6S”完成情况。</td><td></td><td></td><td></td><td>0.3</td><td></td></tr>
<tr><td>专业能力</td><td>（1）能够根据任务要求正确选型电气元件，接线操作规范，线路布局合理。
（2）能够正确使用剥线钳、压线钳、万用表等工具，学会使用打标机。
（3）掌握按钮、接触器、熔断器及热继电器等低压电气元件的安装接线方法。
（4）能够根据电气原理图完成线路的安装与调试。</td><td></td><td></td><td></td><td>0.6</td><td></td></tr>
<tr><td>创新能力</td><td>通过本任务的实施，提出不同于传统方法的解决方案。</td><td></td><td></td><td></td><td>0.1</td><td></td></tr>
<tr><td>合计</td><td colspan="6"></td></tr>
</table>

任务工单 2　三相异步电动机的连续正转控制

<table>
<tr><td>班级</td><td></td><td>姓名</td><td></td><td>小组编号</td><td></td></tr>
<tr><td>实训地点</td><td></td><td>日期</td><td></td><td>任务成绩</td><td></td></tr>
<tr><td>任务名称</td><td colspan="3">三相异步电动机的连续正转控制</td><td>学时</td><td>4</td></tr>
<tr><td>相关器材</td><td colspan="5">按钮、接触器、熔断器、热继电器、低压断路器、三相异步电动机、导线、接线工具等</td></tr>
<tr><td>任务目标</td><td colspan="5">（1）能够正确识读电动机的铭牌信息，并能根据铭牌信息正确选型低压电器。
（2）能够识读电气原理图，根据现场情况合理绘制电气元件布置图。
（3）能够按规范要求，正确完成主电路和控制电路的线路接线。
（4）能够根据故障现象，分析故障原因并找出故障点。</td></tr>
<tr><td>任务要求及电气原理图</td><td colspan="5">1. 任务要求
（1）设备通电，闭合断路器 QF，按下按钮 SB1，电动机 M 正转运行。松开按钮 SB1 时，电动机 M 保持运行状态。按下按钮 SB2，电动机 M 停止运行。
（2）电路具有短路、过载保护功能。
2. 电气原理图
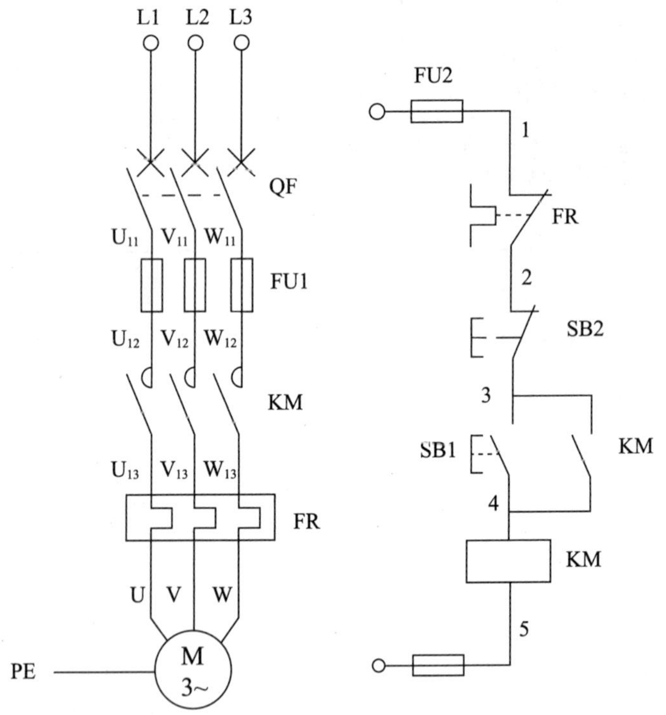
</td></tr>
</table>

一、任务准备

1. 低压电气元件准备清单

低压电器	数量	功能	电气符号
起停按钮 	2	起动停止控制	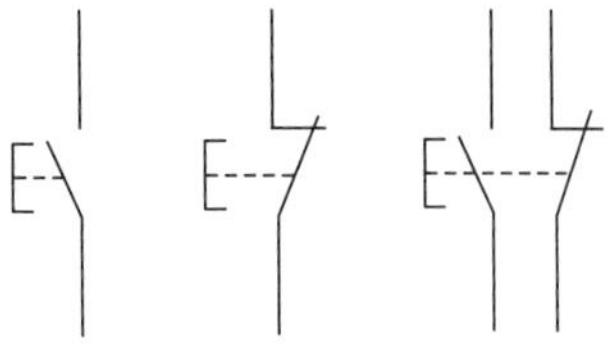
微型断路器 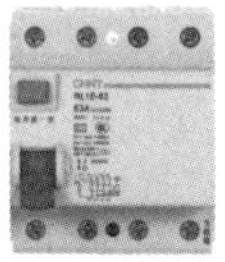	1	电源引入及保护	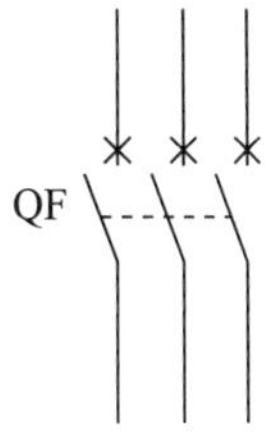
熔断器 	5	短路保护	
接触器 	1	通断主电路	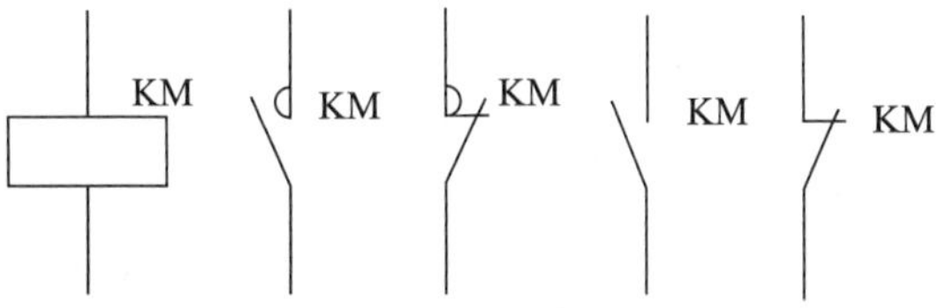
热继电器 	1	过载保护	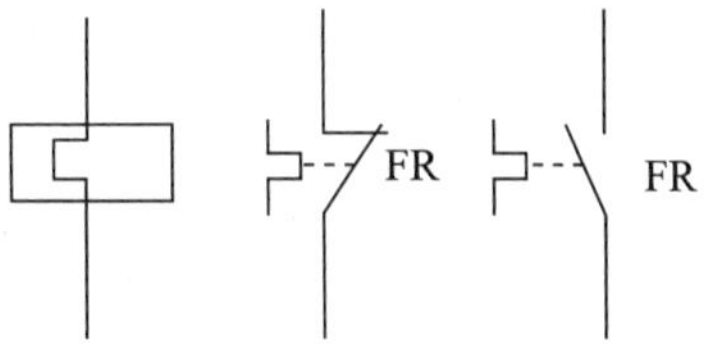

2. 接线工具准备清单

参照“项目 1　任务工单 1”接线工具准备清单。

二、任务实施

1. 问题回答

（1）何为“自锁”?“自锁”的优点是什么?

（2）查询电动机铭牌，根据电动机的额定转速，计算该三相电动机的转差率 s。

2. 安装与调试

电气元件布置图绘制	**绘制原则：** （1）体积大或重的电气元件安装在电气板的下方，热继电器置于电气板下部，热继电器的输出端直接与电动机连接，便于引出线，输入端直接与接触器连接，接线方便，接线短，且便于散热。 （2）电气元件的布置要考虑防护间隙，做到整齐、美观、对称。可以将尺寸、结构相似的电气元件放在一起，便于安装、接线。 （3）若采用线槽式接线方式，应适当增加每排电气元件之间的距离，便于接线和维修。
接线步骤及工艺要求	（1）逐个检验电气设备和元件的规格和质量是否合格。 （2）根据电气布置图在电气板上安装电气元件。 （3）按照控制板内布线的工艺要求进行布线和套编码套管。 （4）进行外部布线，并在导线线头上套装与电路相同线号的编码套管。 （5）按“先主后控，先串后并；从上到下，从左到右；上进下出，左进右出”的原则进行接线。 （6）按“横平竖直，弯成直角，少用导线少交叉，多线并拢一起走”的原则进行接线。 （7）检查热继电器的整定值是否符合要求。 （8）检查电动机的安装是否牢固，与生产机械传动装置的连接是否可靠。
线路检查	（1）主电路检查。 1）万用表选择欧姆挡，测量电动机的定子绕组的电阻值并记录。 2）万用表选择欧姆挡，将红黑表笔放在 QF 出线端，起动接触器 KM，组合测量三次的显示值和记录值相等，表明主电路接线正确，否则主电路线路有故障。 （2）控制电路检查。 1）万用表选择欧姆挡，直接测量接触器 KM 线圈的电阻值并记录。 2）万用表选择欧姆挡，将红黑表笔放在 FU2 出线端。 ● 单独按下按钮 SB1，显示值和 KM 线圈的电阻值相等，松开按钮 SB1，显示值无穷大； ● 单独按下接触器 KM，显示值和 KM 线圈的电阻值相等，松开接触器 KM，显示值无穷大。 满足上述两个条件，表明控制线路接线正确，否则控制线路有故障。
通电测试	（1）接通设备电源，闭合断路器 QF，按下起动按钮 SB1，观察电动机是否正转运行，松开按钮 SB2，电动机是否仍然正转运行。按下按钮 SB1，观察电动机是否停止运行。 （2）运行时观察电动机的转向是否符合正转要求，如果转向相反，对电路进行修改。 （3）如有异常应迅速断开断路器 QF，关闭设备总电源。
注意事项	（1）三相电动机不要漏接地线。 （2）仔细检查线路是否有导线外露，禁止在通电状态下接线。 （3）在安装、调试过程中，工具、仪表的使用应符合要求。 （4）通电操作时，必须严格遵守安全操作规程。

三、任务评价

成果展示	各小组派代表总结完成任务的过程中掌握了哪些技能、技巧，以及发现错误后如何改正，并展示接好的电路，通电试验，展示电动机的转动情况。
小组评价与总结	
教师评价与总结	
小组“6S”管理	在小组和教师都完成总结以后，各小组须按“6S”标准对工位进行整理；归还所用的实训器材。

四、评价表

<table>
<tr><td colspan="2">班　　级：__________
学生姓名：__________
小组编号：__________</td><td colspan="5">指导教师：__________

日　　期：__________</td></tr>
<tr><td rowspan="2">评价项目</td><td rowspan="2">评价标准</td><td colspan="3">评价方式</td><td rowspan="2">权重</td><td rowspan="2">小计</td></tr>
<tr><td>学生自评（20%）</td><td>小组互评（30%）</td><td>教师评价（50%）</td></tr>
<tr><td>职业素养</td><td>（1）遵守实训室规章制度。
（2）按时保质完成工作任务。
（3）团队协作能力。
（4）人身安全与设备安全。
（5）工作岗位“6S”完成情况。</td><td></td><td></td><td></td><td>0.3</td><td></td></tr>
<tr><td>专业能力</td><td>（1）能够根据任务要求正确选型电气元件，接线操作规范，线路布局合理。
（2）能够正确使用剥线钳、压线钳、万用表等工具，学会使用打标机。
（3）掌握按钮、接触器、熔断器及热继电器等低压电气元件的安装接线方法。
（4）能够根据电气原理图完成线路的安装与调试。</td><td></td><td></td><td></td><td>0.6</td><td></td></tr>
<tr><td>创新能力</td><td>通过本任务的实施，提出不同于传统方法的解决方案。</td><td></td><td></td><td></td><td>0.1</td><td></td></tr>
<tr><td>合计</td><td colspan="6"></td></tr>
</table>

任务工单 3　三相异步电动机的正反转控制

<table>
<tr><td>班级</td><td></td><td>姓名</td><td></td><td>小组编号</td><td></td></tr>
<tr><td>实训地点</td><td></td><td>日期</td><td></td><td>任务成绩</td><td></td></tr>
<tr><td>任务名称</td><td colspan="3">三相异步电动机的正反转控制</td><td>学时</td><td>4</td></tr>
<tr><td>相关器材</td><td colspan="5">按钮、接触器、熔断器、热继电器、低压断路器、三相异步电动机、导线、接线工具等</td></tr>
<tr><td>任务目标</td><td colspan="5">（1）能够正确识读电动机的铭牌信息，并能根据铭牌信息正确选型低压电器。
（2）能够识读电气原理图，能够根据现场情况合理绘制电气元件布置图。
（3）能够按规范要求，正确完成主电路和控制电路的线路接线。
（4）能够根据故障现象，分析故障原因并找出故障点。</td></tr>
<tr><td>任务要求及电气原理图</td><td colspan="5">1. 任务要求
（1）设备通电，闭合断路器 QF，按下按钮 SB2，电动机 M 正转运行。松开按钮 SB2 时，电动机 M 保持正转运行。按下按钮 SB3，电动机 M 反转运行。松开按钮 SB3 时，电动机 M 保持反转运行。按下按钮 SB1，电动机停止运行。
（2）电路具有短路、过载保护功能。
2. 电气原理图
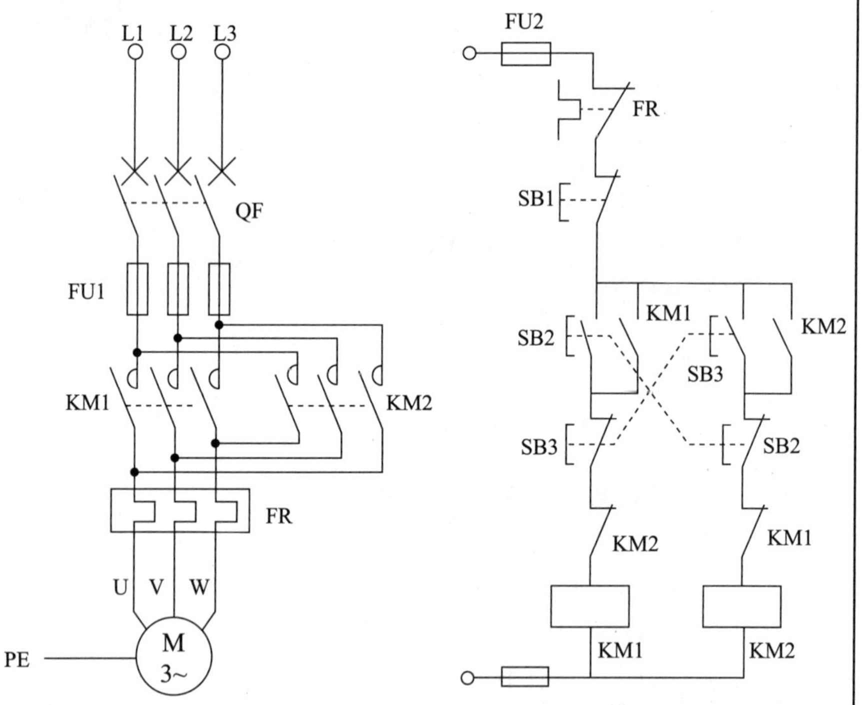
</td></tr>
</table>

一、任务准备

1. 低压电气元件准备清单

低压电器	数量	功能	电气符号
起停按钮 	3	正反起动及停止控制	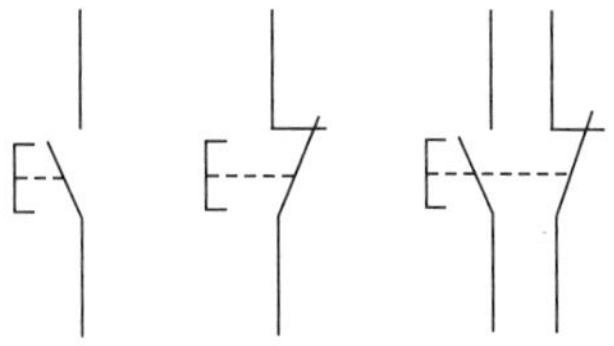
微型断路器 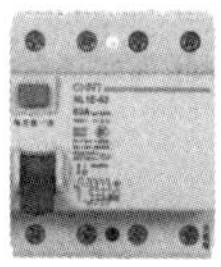	1	电源引入及保护	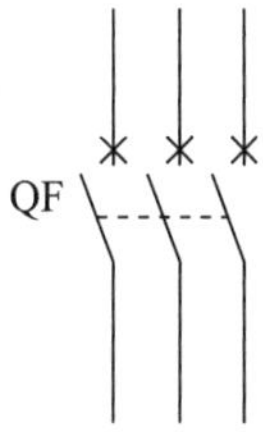
熔断器 	5	短路保护	
接触器 	2	通断主电路	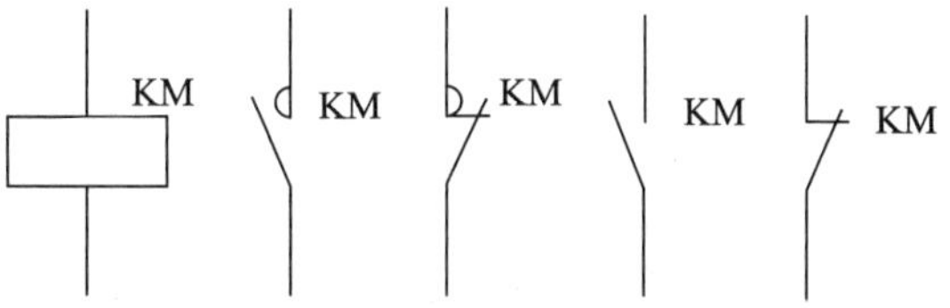
热继电器 	1	过载保护	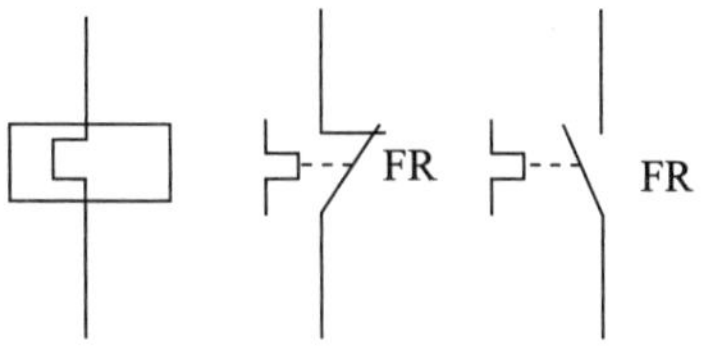

2. 接线工具准备清单

参照“项目 1　任务工单 1”接线工具准备清单。

二、任务实施

1. 问题回答

（1）何为“电气自锁”？

（2）何为“双重自锁”？

2. 安装与调试

电气元件布置图绘制	**绘制原则：** （1）体积大或重的电气元件安装在电气板的下方，热继电器置于电气板下部，热继电器的输出端直接与电动机连接，便于引出线，输入端直接与接触器连接，接线方便，接线短，且便于散热。 （2）电气元件的布置要考虑防护间隙，做到整齐、美观、对称。可以将尺寸、结构相似的电气元件放在一起，便于安装、接线。 （3）若采用线槽式接线方式，应适当增加每排电气元件之间的距离，以便接线和维修。
接线步骤及工艺要求	（1）逐个检验电气设备和元件的规格和质量是否合格。 （2）根据电气元件布置图在电气板上安装电气元件。 （3）按照控制板内布线的工艺要求进行布线和套编码套管。 （4）进行外部布线，并在导线线头上套装与电路相同线号的编码套管。 （5）按“先主后控，先串后并；从上到下，从左到右；上进下出，左进右出”的原则进行接线。 （6）按“横平竖直，弯成直角，少用导线少交叉，多线并拢一起走”的原则进行接线。 （7）检查热继电器的整定值是否符合要求。 （8）检查电动机的安装是否牢固，与生产机械传动装置的连接是否可靠。
线路检查	（1）主电路检查。 1）万用表选择欧姆挡，测量电动机的定子绕组的电阻值并记录。 2）万用表选择欧姆挡，将红黑表笔放在 QF 出线端，分别起动接触器 KM1 和 KM2，若各自组合测三次的显示值和记录值相等，表明主电路接线正确，否则主电路线路有故障。 （2）控制电路检查。 1）万用表选择欧姆挡，直接测量接触器 KM1 和 KM2 线圈的电阻值并记录。 2）万用表选择欧姆挡，将红黑表笔放在 FU2 出线端。 ● 分别按下按钮 SB2 和 KM1，测量值和 KM1 线圈电阻值相等，同时按下按钮 SB1，测量值无穷大。 ● 分别按下按钮 SB3 和 KM2，测量值和 KM2 线圈电阻值相等，同时按下按钮 SB1，测量值无穷大。 满足上述两个条件，表明控制线路接线正确，否则控制线路有故障。
通电测试	（1）接通设备电源，闭合断路器 QF。 （2）单独正反转测试：按下正转起动按钮 SB2，电动机正转运行，按下停止按钮 SB1，电动机停止运行。按下反转起动按钮 SB3，电动机反转运行，按下停止按钮 SB2，电动机停止运行。 （3）直接正反转测试：按下正转起动按钮 SB2，电动机正转，稳定运行后，直接按下反转起动按钮 SB3，电动机直接反转运行，按下停止按钮 SB1，电动机停止运行。 （4）运行时观察电动机的转向是否符合正转要求，如果转向相反，对电路进行修改。 （5）如有异常应迅速断开断路器 QF，关闭设备总电源。
注意事项	（1）三相电动机不要漏接地线。 （2）仔细检查线路是否有导线外露，禁止在通电状态下接线。 （3）在安装、调试过程中，工具、仪表的使用应符合要求。 （4）通电操作时，必须严格遵守安全操作规程。

三、任务评价

成果展示	各小组派代表总结完成任务的过程中掌握了哪些技能、技巧，以及发现错误后如何改正，并展示接好的电路，通电试验，展示电动机的转动情况。
小组评价与总结	
教师评价与总结	
小组“6S”管理	在小组和教师都完成总结以后，各小组须按“6S”标准对工位进行整理；归还所用的实训器材。

四、评价表

班　　级：__________ 学生姓名：__________ 小组编号：__________		指导教师：__________ 日　　期：__________				
评价项目	评价标准	评价方式			权重	小计
		学生自评（20%）	小组互评（30%）	教师评价（50%）		
职业素养	（1）遵守实训室规章制度。 （2）按时保质完成工作任务。 （3）团队协作能力。 （4）人身安全与设备安全。 （5）工作岗位“6S”完成情况。				0.3	
专业能力	（1）能够根据任务要求正确选型电气元件，接线操作规范，线路布局合理。 （2）能够正确使用剥线钳、压线钳、万用表等工具，学会使用打标机。 （3）掌握按钮、接触器、熔断器及热继电器等低压电气元件的安装接线方法。 （4）能够根据电气原理图完成线路的安装与调试。				0.6	
创新能力	通过本任务的实施，提出不同于传统方法的解决方案。				0.1	
合计						

任务工单 1　变频器的多段速运行控制

班级		姓名		小组编号	
实训地点		日期		任务成绩	
任务名称	变频器的多段速运行控制			学时	4
相关器材	三菱 FR－E700 变频器、三相异步电动机				
任务目标	（1）能够正确识读变频器及三相电动机的铭牌信息。 （2）能够按规范要求，正确完成变频器主电路和控制电路的线路接线。 （3）能够根据要求正确设置变频器多段速调速的参数。 （4）熟练掌握变频器的多段速调速操作过程。				
任务要求及电气原理图	**1. 任务要求** （1）设备通电，闭合断路器 QF，按下正转运行按钮 SB1 时：单独按下“1 速”按钮 SB3，变频器输出频率 35Hz；单独按下“2 速”按钮 SB4，变频器输出频率 25Hz；单独按下“3 速”按钮 SB5，变频器输出频率 15Hz。再次按下正转运行按钮 SB1，变频器停止运行，电动机停止运行。 （2）所有按钮复位后，按下反转运行按钮 SB2，重复上述步骤，变频器输出对应的频率，电动机反转运行。 注：线路中的按钮选择复位式按钮或用旋转开关代替。 （3）三相电源或单相电源通过断路器对变频器供电。 **2. 电气原理图** 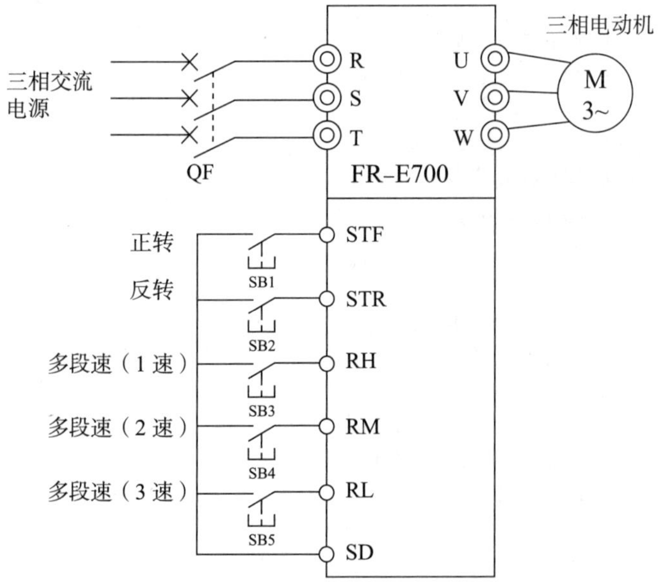 				

一、任务准备

1. 低压电气元件准备清单

低压电器	数量	功能	电气符号
自锁式按钮或旋转开关 	5	正反转起动及多段速调节	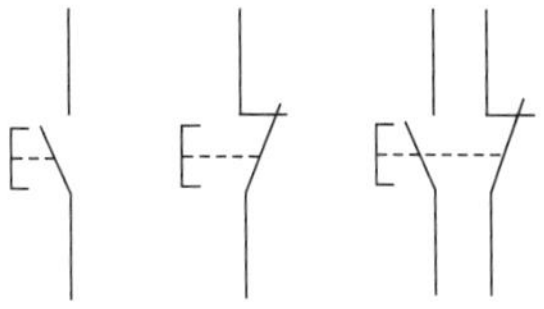
微型断路器 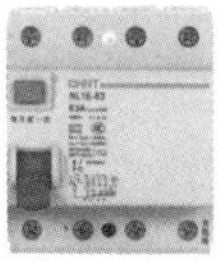	1	电源引入及保护	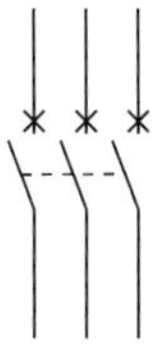

2. 接线工具准备清单

参照“项目 1　任务工单 1”接线工具准备清单。

二、任务实施

1. 问题回答

（1）查询三相异步电动机的铭牌，所驱动的三相异步电动机的功率为（　　）瓦。

（2）查询变频器的铭牌，该款变频器的功率为（　　）瓦，供电电压为（　　）相（　　）V，变频器的功率和三相电动机的功率是否匹配？

2. 安装与调试

电气元件布置图绘制	**绘制原则：** （1）体积大或重的电气元件安装在电气板的下方。 （2）电气元件的布置要考虑防护间隙，做到整齐、美观、对称。可以将尺寸、结构相似的电气元件放在一起，便于安装、接线。 （3）若采用线槽式接线方式，应适当增加每排电气元件之间的距离，以便接线和维修。
接线步骤及工艺要求	（1）逐个检验电气设备和元件的规格和质量是否合格。 （2）根据电气元件布置图在电气板上安装电气元件。 （3）按照控制板内布线的工艺要求进行布线和套编码套管。 （4）进行外部布线，并在导线线头上套装与电路相同线号的编码套管。 （5）按“横平竖直，弯成直角，少用导线少交叉，多线并拢一起走”的原则接线。 （6）检查电动机的安装是否牢固，与生产机械传动装置的连接是否可靠。

续表

参数设置	（1）将变频器参数恢复出厂设置。 （2）根据电气原理图和任务要求设置变频器参数。 运行模式选择：Pr. 79=2（外部模式）。 多段速设定：Pr. 4=35（1 速）；Pr. 5=25（2 速）；Pr. 6=15（3 速）。 上下限频率设定：Pr. 1=50（上限频率）；Pr. 2=0（下限频率）。
通电测试	（1）闭合断路器 QF，观察变频器是否报警，若无报警，根据任务要求，按下相关按钮完成多段速测试。 （2）运行时观察电动机的转向是否符合正转要求，如果转向相反，对电路进行修改。
注意事项	（1）三相电动机不要漏接地线。 （2）仔细检查线路是否有导线外露，禁止在通电状态下接线。 （3）在安装、调试过程中，工具、仪表的使用应符合要求。 （4）通电操作时，必须严格遵守安全操作规程。

三、任务评价

成果展示	各小组派代表总结完成任务的过程中掌握了哪些技能、技巧，以及发现错误后如何改正，并展示接好的电路，通电试验，展示电动机的转动情况。
小组评价与总结	
教师评价与总结	
小组“6S”管理	在小组和教师都完成总结以后，各小组须按“6S”标准对工位进行整理；归还所用的实训器材。

四、评价表

班　　级：＿＿＿＿＿ 学生姓名：＿＿＿＿＿ 小组编号：＿＿＿＿＿		指导教师：＿＿＿＿＿ 日　　期：＿＿＿＿＿				
评价项目	评价标准	评价方式			权重	小计
		学生自评（20%）	小组互评（30%）	教师评价（50%）		
职业素养	（1）遵守实训室规章制度。 （2）按时保质完成工作任务。 （3）团队协作能力。 （4）人身安全与设备安全。 （5）工作岗位“6S”完成情况。				0.3	

续表

专业能力	(1) 能够根据任务要求正确选型电气元件，接线操作规范，线路布局合理。 (2) 能够根据要求正确完成变频器多段速控制的参数设置。 (3) 能够根据电气原理图完成线路的安装与调试。				0.6	
创新能力	通过本任务的实施，提出不同于传统方法的解决方案。				0.1	
合计						

任务工单 2　变频器的模拟量调速控制

<table>
<tr><td>班级</td><td></td><td>姓名</td><td></td><td>小组编号</td><td></td></tr>
<tr><td>实训地点</td><td></td><td>日期</td><td></td><td>任务成绩</td><td></td></tr>
<tr><td>任务名称</td><td colspan="3">变频器的模拟量调速控制</td><td>学时</td><td>2</td></tr>
<tr><td>相关器材</td><td colspan="5">三菱 FR－E700 变频器、三相异步电动机</td></tr>
<tr><td>任务目标</td><td colspan="5">(1) 能够正确识读变频器及三相电动机的铭牌信息。
(2) 能够按规范要求，正确完成变频器主电路和控制电路的线路接线。
(3) 能够根据要求正确设置模拟量调速控制的参数。
(4) 熟练掌握变频器的模拟量调速操作过程。</td></tr>
<tr><td>任务要求及电气原理图</td><td colspan="5">1. 任务要求
(1) 设备通电，闭合断路器 QF，按下正转运行按钮 SB1，STF 端子与 SD 端子接通，手动调节电位器 RP，变频器输出频率在 0～50Hz 变化，电动机正转运行，再次按下 SB1 按钮，STF 端子与 SD 端子断开，变频器输出频率为 0Hz，电动机停止运行。
(2) 所有按钮复位后，按下反转运行按钮 SB2，重复上述步骤，变频器输出对应的频率，电动机反转运行，再次按下 SB2 按钮，变频器输出频率为 0Hz，电动机停止运行。
注：线路中所有按钮采用复位式按钮或用旋转开关代替。
(3) 三相电源或单相电源通过断路器对变频器供电。
2. 电气原理图
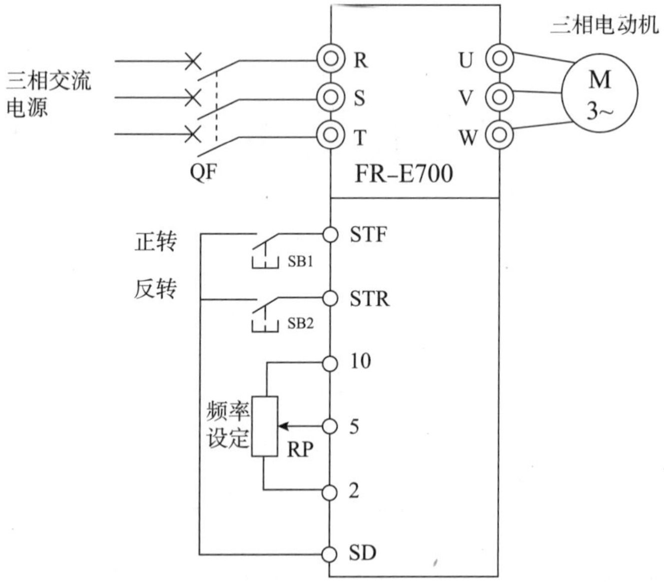
</td></tr>
</table>

一、任务准备

1. 低压电气元件准备清单

低压电器	数量	功能	电气符号
自锁式按钮或旋转开关 	2	正反转起动	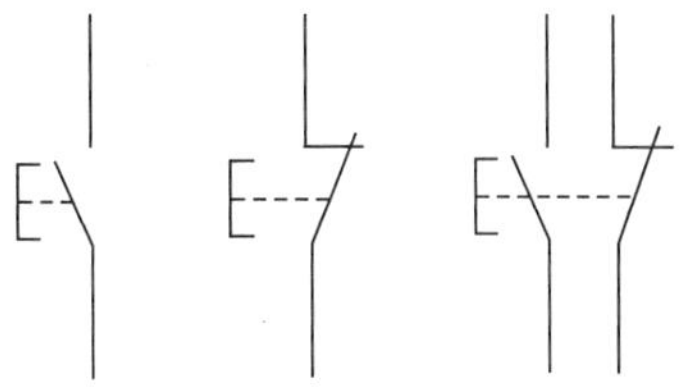
微型断路器 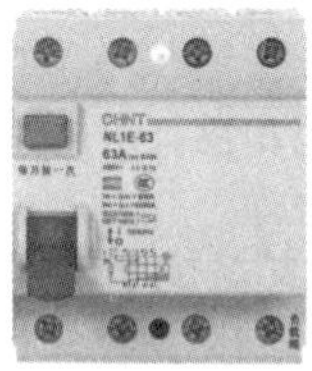	1	电源引入及保护	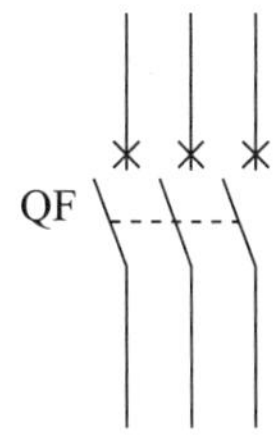
电位器 	1	调速	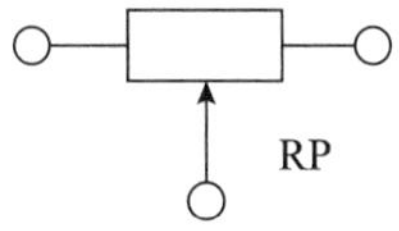

2. 接线工具准备清单

参照“项目 1　任务工单 1”接线工具准备清单。

二、任务实施

1. 问题回答

2 号端子和 4 号端子的模拟量调速有何区别?

2. 安装与调试

电气元件布置图绘制	**绘制原则：** (1) 体积大或重的电气元件安装在电气板的下方。 (2) 电气元件的布置要考虑防护间隙，做到整齐、美观、对称。可以将尺寸、结构相似的电气元件放在一起，便于安装、接线。 (3) 若采用线槽式接线方式，应适当增加每排电气元件之间的距离，以便接线和维修。

续表

接线步骤及工艺要求	（1）逐个检验电气设备和元件的规格和质量是否合格。 （2）根据电气元件布置图在电气板上安装电气元件。 （3）按照控制板内布线的工艺要求进行布线和套编码套管。 （4）进行外部布线，并在导线线头上套装与电路相同线号的编码套管。 （5）按“横平竖直，弯成直角，少用导线少交叉，多线并拢一起走”的原则接线。 （6）检查电动机的安装是否牢固，与生产机械传动装置的连接是否可靠。
参数设置	（1）将变频器参数恢复出厂设置。 （2）根据电气原理图和任务要求设置变频器参数。 运行模式选择：Pr. 79＝2（外部模式）。 多段速设定：Pr. 4＝35（1 速）。 上下限频率设定：Pr. 1＝50（上限频率）；Pr. 2＝0（下限频率）。
通电测试	（1）闭合断路器 QF，观察变频器是否报警，若无报警，根据任务要求，按下相关按钮并调节电位器，完成模拟量调速测试。 （2）运行时观察电动机的转向是否符合正转要求，如果转向相反，对电路进行修改。 （3）将按钮 SB1、SB2 复位，将变频器参数 Pr. 179 设置为“2”。按下按钮 SB1，调节电位器，观察变频器频率变化，再按下按钮 SB2，观察变频器频率变化，此时调节电位器，变频器频率是否有变化？为什么？
注意事项	（1）三相电动机不要漏接地线。 （2）仔细检查线路是否有导线外露，禁止在通电状态下接线。 （3）在安装、调试过程中，工具、仪表的使用应符合要求。 （4）通电操作时，必须严格遵守安全操作规程。

三、任务评价

成果展示	各小组派代表总结完成任务的过程中掌握了哪些技能、技巧，以及发现错误后如何改正，并展示接好的电路，通电试验，展示电动机的转动情况。
小组评价与总结	
教师评价与总结	
小组“6S”管理	在小组和教师都完成总结以后，各小组须按“6S”标准对工位进行整理；归还所用的实训器材。

四、评价表

班　　级：__________ 学生姓名：__________ 小组编号：__________		指导教师：__________ 日　　期：__________				
评价项目	评价标准	评价方式			权重	小计
		学生自评（20%）	小组互评（30%）	教师评价（50%）		
职业素养	（1）遵守实训室规章制度。 （2）按时保质完成工作任务。 （3）团队协作能力。 （4）人身安全与设备安全。 （5）工作岗位“6S”完成情况。				0.3	
专业能力	（1）能够根据任务要求正确选型电气元件，接线操作规范，线路布局合理。 （2）能够根据要求正确完成变频器模拟量调速控制的参数设置。 （3）能够根据电气原理图完成线路的安装与调试。				0.6	
创新能力	通过本任务的实施，提出不同于传统方法的解决方案。				0.1	
合计						

任务工单 3　基于 PLC 的变频器多段速运行控制

班级		姓名		小组编号	
实训地点		日期		任务成绩	
任务名称	基于 PLC 的变频器多段速运行控制			学时	4
相关器材	三菱 FR-E700 变频器、三相异步电动机、三菱 FX 系列 PLC				
任务目标	（1）能够按规范要求，正确完成变频器主电路和控制电路的线路接线。 （2）能够根据要求正确设置变频器多段速调速的参数。 （3）能够根据要求正确编写 PLC 程序。				
任务要求及电气原理图	**1. 任务要求** （1）按下起动按钮 SB1，变频器以 15Hz（低速）频率驱动电动机运行，5s 后变频器输出频率为 25Hz（中速），再过 5s 转为 35Hz（高速）频率，驱动电动机稳定运行，直至按停止按钮 SB2，电动机停止运行。 （2）三相电源或单相电源通过断路器对变频器供电，单相电源通过断路器对 PLC 供电。 **2. 电气原理图** 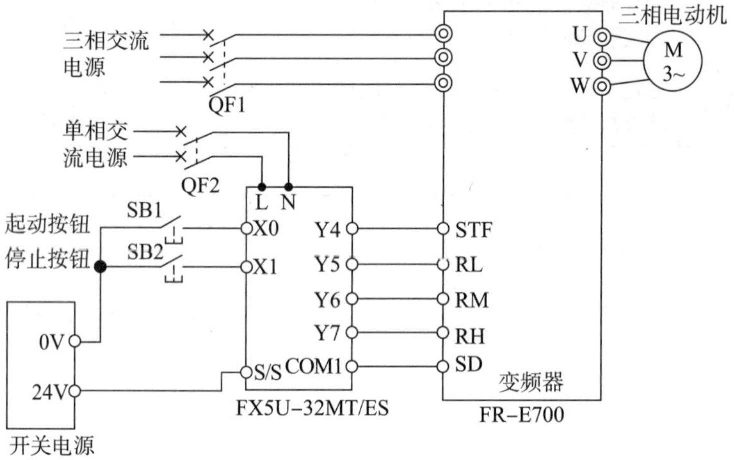				

一、任务准备

1. 低压电气元件准备清单

低压电器	数量	功能	电气符号
复位式按钮 	2	起停按钮	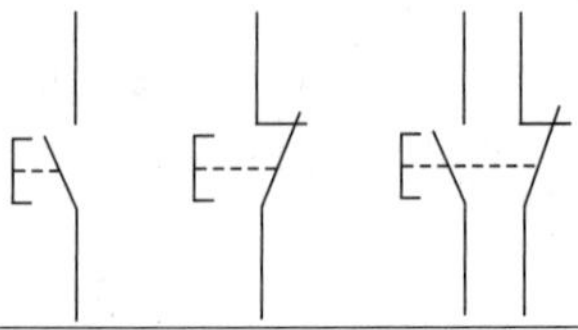

续表

低压电器	数量	功能	电气符号
微型断路器 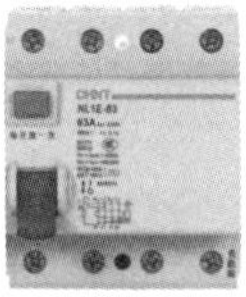	2	电源引入及保护	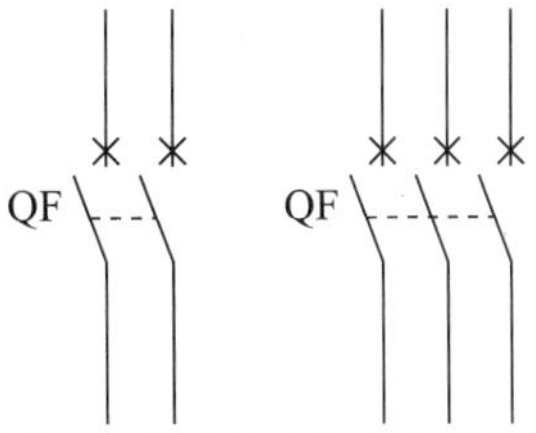

2. 接线工具准备清单

参照“项目 1　任务工单 1”接线工具准备清单。

二、任务实施

1. 问题回答

（1）用 PLC 控制变频器运行的优点有哪些？

（2）查询相关资料，说说有哪些典型的 PLC 控制变频器运行的案例。

2. 安装与调试

电气元件布置图绘制	**绘制原则：** （1）体积大或重的电气元件安装在电气板的下方。 （2）电气元件的布置要考虑防护间隙，做到整齐、美观、对称。可以将尺寸、结构相似的电气元件放在一起，便于安装、接线。 （3）若采用线槽式接线方式，应适当增加每排电气元件之间的距离，以便接线和维修。
接线步骤及工艺要求	（1）逐个检验电气设备和元件的规格和质量是否合格。 （2）根据电气元件布置图在电气板上安装电气元件。 （3）按照控制板内布线的工艺要求进行布线和套编码套管。 （4）进行外部布线，并在导线线头上套装与电路相同线号的编码套管。 （5）按“横平竖直，弯成直角，少用导线少交叉，多线并拢一起走”的原则接线。 （6）检查电动机的安装是否牢固，与生产机械传动装置的连接是否可靠。
参数设置	（1）将变频器参数恢复出厂设置。 （2）根据电气原理图和任务要求设置变频器参数。 运行模式选择：Pr. 79＝2（外部模式）。 多段速设定：Pr. 4＝35（1 速）；Pr. 5＝25（2 速）；Pr. 6＝15（3 速）。 上下限频率设定：Pr. 1＝50（上限频率）；Pr. 2＝0（下限频率）。
编写程序	根据任务要求编写 PLC 程序。
通电测试	（1）闭合断路器 QF1，观察变频器是否报警，若无报警，按下起动按钮 SB1，按任务要求实现三相电动机的起动运行，按下停止按钮 SB2，电动机停止。 （2）运行时观察电动机的转向是否符合正转要求，如果转向相反，对电路进行修改。

续表

注意事项	（1）三相电动机不要漏接地线。 （2）仔细检查线路是否有导线外露，禁止在通电状态下接线。 （3）在安装、调试过程中，工具、仪表的使用应符合要求。 （4）通电操作时，必须严格遵守安全操作规程。

三、任务评价

成果展示	各小组派代表总结完成任务的过程中掌握了哪些技能、技巧，以及发现错误后如何改正，并展示接好的电路，通电试验，展示电动机的转动情况。
小组评价与总结	
教师评价与总结	
小组“6S”管理	在小组和教师都完成总结以后，各小组须按“6S”标准对工位进行整理；归还所用的实训器材。

四、评价表

班　　级：＿＿＿＿＿ 学生姓名：＿＿＿＿＿ 小组编号：＿＿＿＿＿		指导教师：＿＿＿＿＿ 日　　期：＿＿＿＿＿				
评价项目	评价标准	评价方式			权重	小计
		学生自评（20%）	小组互评（30%）	教师评价（50%）		
职业素养	（1）遵守实训室规章制度。 （2）按时保质完成工作任务。 （3）团队协作能力。 （4）人身安全与设备安全。 （5）工作岗位“6S”完成情况。				0.3	
专业能力	（1）能够根据任务要求正确选型电气元件，接线操作规范，线路布局合理。 （2）能够根据要求正确完成变频器的参数设置。 （3）能够根据任务要求正确完成PLC程序的编写。 （4）能够根据电气原理图完成线路的安装与调试。				0.6	
创新能力	通过本任务的实施，提出不同于传统方法的解决方案。				0.1	
合计						

任务工单 1　串励直流电动机正反转控制

<table>
<tr><td>班级</td><td></td><td>姓名</td><td></td><td>小组编号</td><td></td></tr>
<tr><td>实训地点</td><td></td><td>日期</td><td></td><td>任务成绩</td><td></td></tr>
<tr><td>任务名称</td><td colspan="3">串励直流电动机正反转控制</td><td>学时</td><td>4</td></tr>
<tr><td>相关器材</td><td colspan="5">按钮、接触器、熔断器、低压断路器、串励直流电动机、导线、接线工具等</td></tr>
<tr><td>任务目标</td><td colspan="5">(1) 能够正确识读电动机的铭牌信息，并能根据铭牌信息正确选型低压电器。
(2) 采用励磁绕组反接法实现串励直流电动机的正反转控制。
(3) 能够识读电气原理图，根据现场情况合理绘制电气元件布置图。
(4) 能够按规范要求，正确完成主电路和控制电路的线路接线。</td></tr>
<tr><td>任务要求及电气原理图</td><td colspan="5">1. 任务要求
(1) 正转运行：合上断路器开关 QF1 和 QF2，分别接通主电路和控制电路电源。按下正转起动按钮 SB2，电动机 M 正转起动。当时间继电器 KT 定时时间到，起动电阻 R 被短路切除，正转起动过程结束，进入正转运行阶段。
(2) 反转运行：按下停止按钮 SB1，电动机 M 失电停转。按下反转起动按钮 SB3，电动机反转起动。当时间继电器 KT 定时时间到，起动电阻 R 被短路切除，反转起动过程结束，进入反转运行阶段。
2. 电气原理图
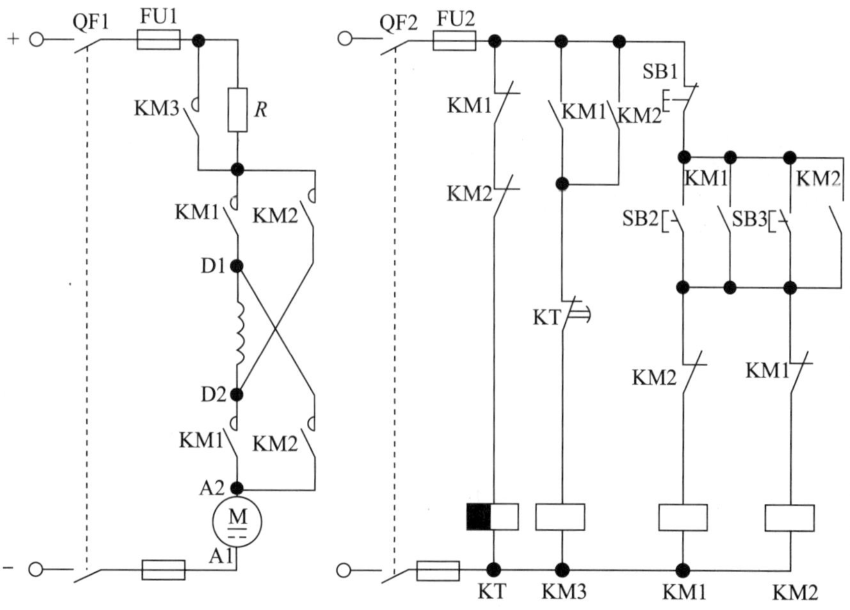
</td></tr>
</table>

一、任务准备

1. 低压电气元件准备清单

低压电器	数量	功能	电气符号
复位式按钮 	3	正反停止按钮	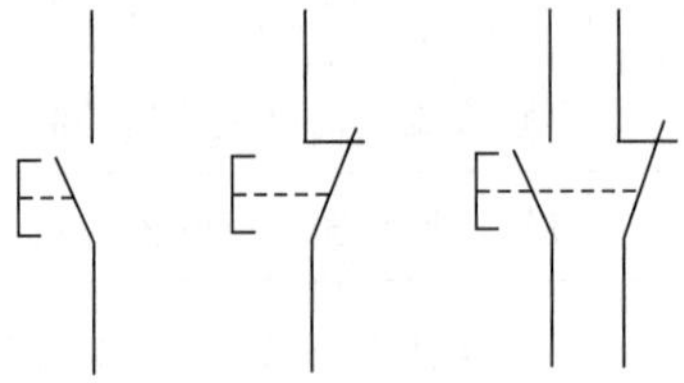
微型断路器 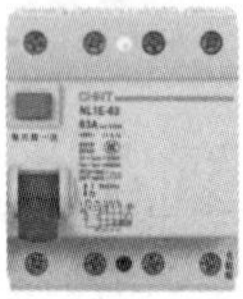	2	电源引入及保护	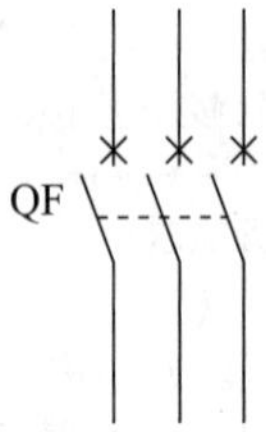
熔断器 	4	短路保护	
接触器 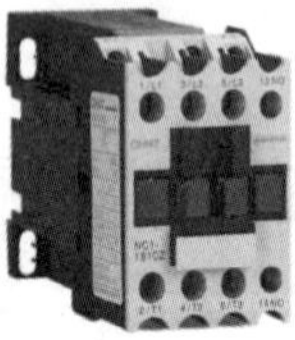	3	正反控制及起动电阻的切除	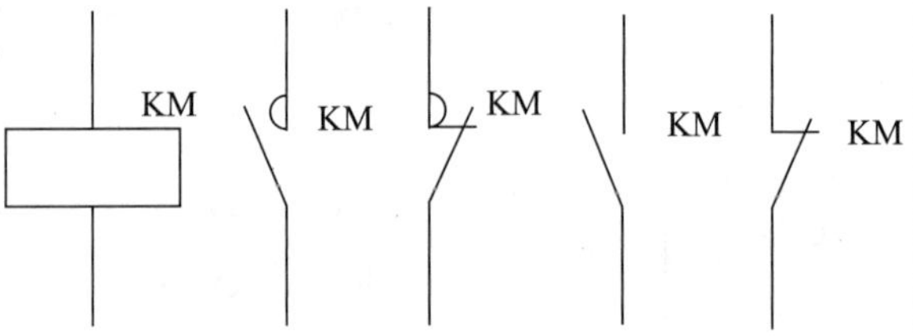
时间继电器 	1	控制切除起动电阻的时间	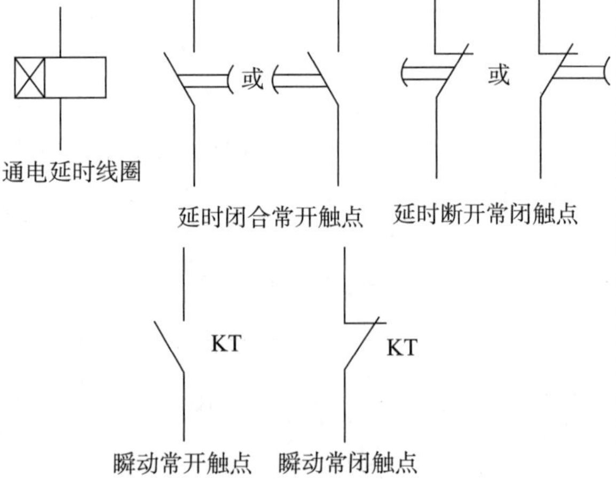

续表

低压电器	数量	功能	电气符号
			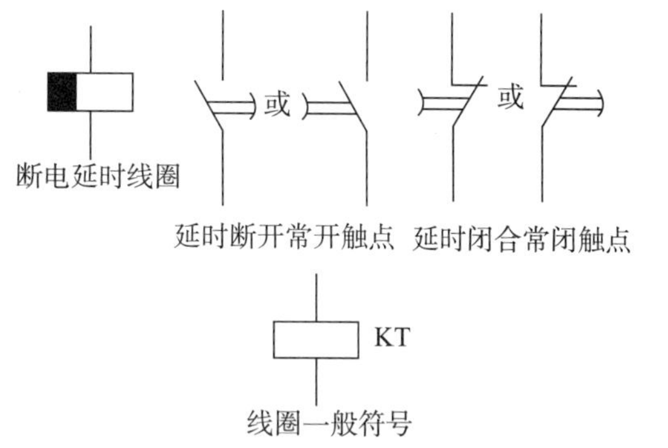

2. 接线工具准备清单

参照“项目 1　任务工单 1”接线工具准备清单。

二、任务实施

1. 问题回答

直流电动机正反转实现的方法有哪两种？本次任务采用的是哪种方法？

2. 安装与调试

电气元件布置图绘制	**绘制原则：** （1）体积大或重的电气元件安装在电气板的下方。 （2）电气元件的布置要考虑防护间隙，做到整齐、美观、对称。可以将尺寸、结构相似的电气元件放在一起，便于安装、接线。 （3）若采用线槽式接线方式，应适当增加每排电气元件之间的距离，以便接线和维修。
接线步骤及工艺要求	（1）逐个检验电气设备和元件的规格和质量是否合格。 （2）根据电气元件布置图在电气板上安装电气元件。 （3）按照控制板内布线的工艺要求进行布线和套编码套管。 （4）进行外部布线，并在导线线头上套装与电路相同线号的编码套管。 （5）按“横平竖直，弯成直角，少用导线少交叉，多线并拢一起走”的原则接线。 （6）检查电动机的安装是否牢固，与生产机械传动装置的连接是否可靠。
通电测试	（1）闭合断路器 QF1 和 QF2，按下正转起动按钮 SB2，观察直流电动机是否正转起动运行。如果正转运行正常，按下停止按钮 SB1，直流电动机停止运行，按下反转起动按钮 SB3，观察电动机是否反转起动运行，如果反转运行正常，按下停止按钮 SB1，直流电动机停止运行。 （2）如有异常应迅速断开断路器 QF1 和 QF2，关闭设备总电源。
注意事项	（1）直流电动机不要漏接地线。 （2）仔细检查线路是否有导线外露，禁止在通电状态下接线。 （3）在安装、调试过程中，工具、仪表的使用应符合要求。 （4）通电操作时，必须严格遵守安全操作规程。

三、任务评价

成果展示	各小组派代表总结完成任务的过程中掌握了哪些技能、技巧，以及发现错误后如何改正，并展示接好的电路，通电试验，展示电动机的转动情况。
小组评价与总结	
教师评价与总结	
小组“6S”管理	在小组和教师都完成总结以后，各小组须按“6S”标准对工位进行整理；归还所用的实训器材。

四、评价表

<table>
<tr><td colspan="2">班　　级：__________
学生姓名：__________
小组编号：__________</td><td colspan="5">指导教师：__________

日　　期：__________</td></tr>
<tr><td rowspan="2">评价项目</td><td rowspan="2">评价标准</td><td colspan="3">评价方式</td><td rowspan="2">权重</td><td rowspan="2">小计</td></tr>
<tr><td>学生自评（20%）</td><td>小组互评（30%）</td><td>教师评价（50%）</td></tr>
<tr><td>职业素养</td><td>（1）遵守实训室规章制度。
（2）按时保质完成工作任务。
（3）团队协作能力。
（4）人身安全与设备安全。
（5）工作岗位“6S”完成情况。</td><td></td><td></td><td></td><td>0.3</td><td></td></tr>
<tr><td>专业能力</td><td>（1）能够根据任务要求正确选型电气元件，接线操作规范，线路布局合理。
（2）能够正确使用剥线钳、压线钳、万用表等工具，学会使用打标机。
（3）掌握按钮、接触器、熔断器及时间继电器等低压电气元件的安装接线方法。
（4）能够根据电气原理图完成线路的安装与调试。</td><td></td><td></td><td></td><td>0.6</td><td></td></tr>
<tr><td>创新能力</td><td>通过本任务的实施，提出不同于传统方法的解决方案。</td><td></td><td></td><td></td><td>0.1</td><td></td></tr>
<tr><td>合计</td><td colspan="6"></td></tr>
</table>

任务工单 2　并励直流电动机正反转控制

<table>
<tr><td>班级</td><td></td><td>姓名</td><td></td><td>小组编号</td><td></td></tr>
<tr><td>实训地点</td><td></td><td>日期</td><td></td><td>任务成绩</td><td></td></tr>
<tr><td>任务名称</td><td colspan="3">并励直流电动机正反转控制</td><td>学时</td><td>4</td></tr>
<tr><td>相关器材</td><td colspan="5">按钮、接触器、熔断器、低压断路器、欠流继电器、并励直流电动机、导线、接线工具等</td></tr>
<tr><td>任务目标</td><td colspan="5">（1）能够正确识读电动机的铭牌信息，并能根据铭牌信息正确选型低压电器。
（2）采用电枢绕组反接法实现并励直流电动机的正反转控制。
（3）能够识读电气原理图，根据现场情况合理绘制电气元件布置图。
（4）能够按规范要求，正确完成主电路和控制电路的线路接线。</td></tr>
<tr><td>任务要求及电气原理图</td><td colspan="5">

1. 任务要求

（1）正转运行：合上断路器开关 QF1 和 QF2，分别接通主电路和控制电路电源。按下正转起动按钮 SB2，电动机 M 正转起动。当时间继电器 KT 定时时间到，起动电阻 *R* 被短路切除，正转起动过程结束，进入正转运行阶段。

（2）反转运行：按下停止按钮 SB1，电动机 M 失电停转。按下反转起动按钮 SB3，电动机反转起动。当时间继电器 KT 定时时间到，起动电阻 *R* 被短路切除，反转起动过程结束，进入反转运行阶段。

（3）利用欠流继电器 KA 实现对励磁绕组的“弱磁”保护，防止“飞车”事故发生。

2. 电气原理图

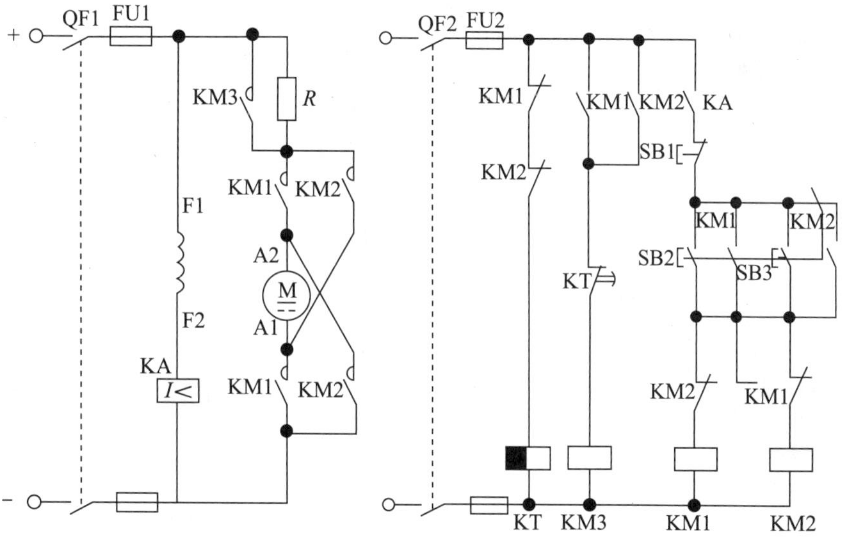

</td></tr>
</table>

一、任务准备

1. 低压电气元件准备清单

低压电器	数量	功能	电气符号
复位式按钮 	3	正反停止按钮	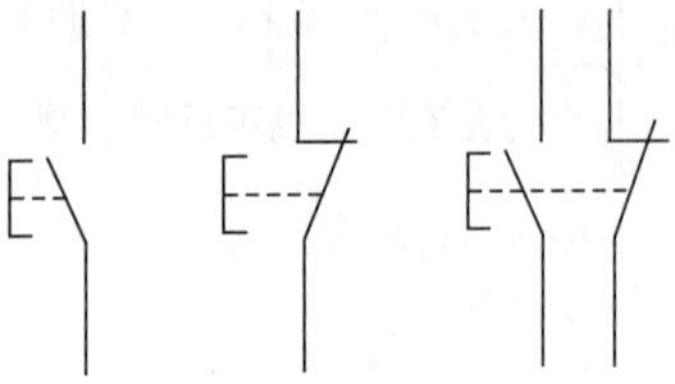
微型断路器 	2	电源引入及保护	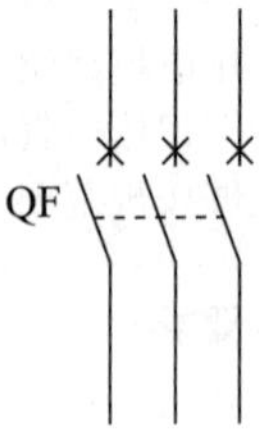
熔断器 	4	短路保护	
接触器 	3	正反控制及起动电阻的切除	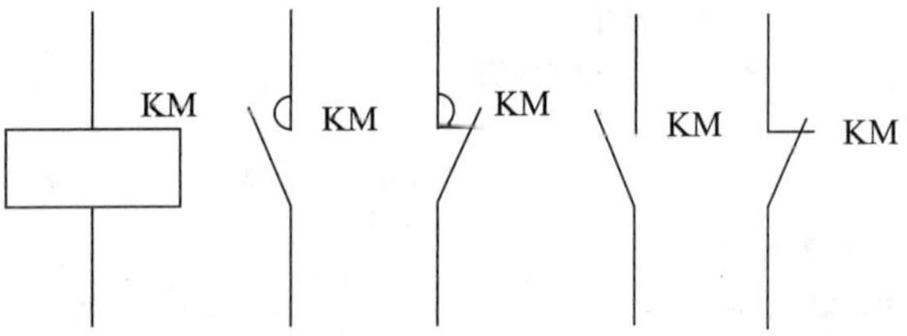
时间继电器 	1	控制切除起动电阻的时间	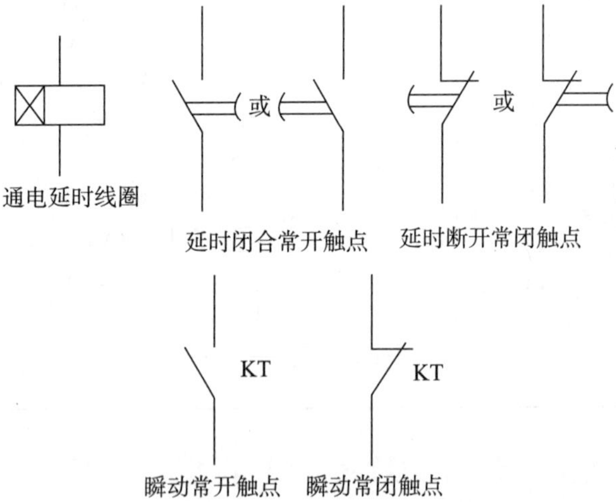

续表

低压电器	数量	功能	电气符号
			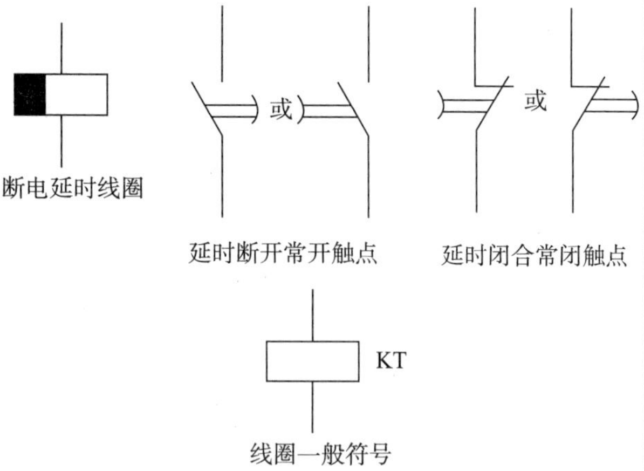
欠流继电器 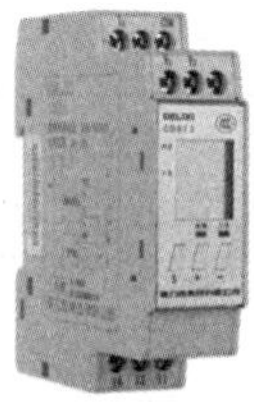	1	弱磁保护	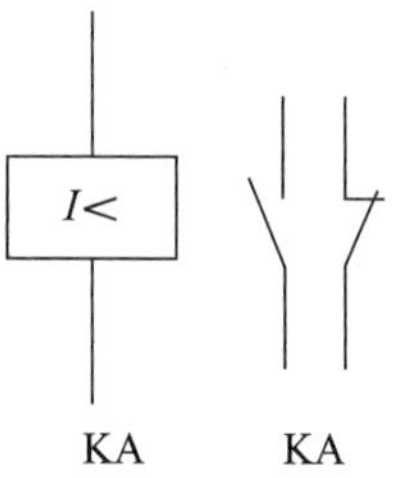

2. 接线工具准备清单

参照“项目 1 任务工单 1”接线工具准备清单。

二、任务实施

1. 问题回答

并励或他励直流电动机为什么要进行弱磁保护?

2. 安装与调试

电气元件布置图绘制	**绘制原则:** (1) 体积大或重的电气元件安装在电气板的下方。 (2) 电气元件的布置要考虑防护间隙，做到整齐、美观、对称。可以将尺寸、结构相似的电气元件放在一起，便于安装、接线。 (3) 若采用线槽式接线方式，应适当增加每排电气元件之间的距离，以便接线和维修。

续表

接线步骤及工艺要求	（1）逐个检验电气设备和元件的规格和质量是否合格。 （2）根据电气元件布置图在电气板上安装电气元件。 （3）按照控制板内布线的工艺要求进行布线和套编码套管。 （4）进行外部布线，并在导线线头上套装与电路相同线号的编码套管。 （5）按“横平竖直，弯成直角，少用导线少交叉，多线并拢一起走”的原则接线。 （6）检查电动机的安装是否牢固，与生产机械传动装置的连接是否可靠。
通电测试	（1）闭合断路器 QF1 和 QF2，按下正转起动按钮 SB2，观察直流电动机是否正转起动运行。如果正转运行正常，按下停止按钮 SB1，直流电动机停止运行，按下反转起动按钮 SB3，观察电动机是否反转起动运行，如果反转运行正常，按下停止按钮 SB1，直流电动机停止运行。 （2）如有异常应迅速断开断路器 QF1 和 QF2，关闭设备总电源。
注意事项	（1）直流电动机不要漏接地线。 （2）仔细检查线路是否有导线外露，禁止在通电状态下接线。 （3）在安装、调试过程中，工具、仪表的使用应符合要求。 （4）通电操作时，必须严格遵守安全操作规程。

三、任务评价

成果展示	各小组派代表总结完成任务的过程中掌握了哪些技能、技巧，以及发现错误后如何改正，并展示接好的电路，通电试验，展示电动机的转动情况。
小组评价与总结	
教师评价与总结	
小组“6S”管理	在小组和教师都完成总结以后，各小组须按“6S”标准对工位进行整理；归还所用的实训器材。

四、评价表

班　　级：__________ 学生姓名：__________ 小组编号：__________		指导教师：__________ 日　　期：__________				
评价项目	评价标准	评价方式			权重	小计
		学生自评（20%）	小组互评（30%）	教师评价（50%）		
职业素养	（1）遵守实训室规章制度。 （2）按时保质完成工作任务。 （3）团队协作能力。 （4）人身安全与设备安全。 （5）工作岗位“6S”完成情况。				0.3	

续表

专业能力	(1) 能够根据任务要求正确选型电气元件，接线操作规范，线路布局合理。 (2) 能够正确使用剥线钳、压线钳、万用表等工具，学会使用打标机。 (3) 掌握按钮、接触器、熔断器、时间继电器及欠流继电器等低压电气元件的安装接线方法。 (4) 能够根据电气原理图完成线路的安装与调试。				0.6	
创新能力	通过本任务的实施，提出不同于传统方法的解决方案。				0.1	
合计						

任务工单 1　伺服电动机手动控制

<table>
<tr><td>班级</td><td></td><td>姓名</td><td></td><td>小组编号</td><td></td></tr>
<tr><td>实训地点</td><td></td><td>日期</td><td></td><td>任务成绩</td><td></td></tr>
<tr><td>任务名称</td><td colspan="3">伺服电动机手动控制</td><td>学时</td><td>4</td></tr>
<tr><td>相关器材</td><td colspan="5">按钮、导线、接线工具、伺服电动机、伺服放大器及 PLC 等</td></tr>
<tr><td>任务目标</td><td colspan="5">（1）能够正确识读伺服电动机和伺服放大器的铭牌信息。
（2）掌握三菱 J4 系列伺服放大器参数的设置方法。
（3）能够根据要求，正确设置伺服参数和 QD75 定位模块参数。
（4）能够按规范要求，正确完成伺服放大器电源电路的接线。
（5）能够按规范要求，正确完成 QD75 定位模块与伺服放大器之间的接线。
（6）能够按规范要求，正确完成原点传感器、限位传感器与 QD75 之间的线路接线。
（7）实现伺服电动机的手动（JOG）运行控制。</td></tr>
<tr><td>任务要求及电气原理图</td><td colspan="5">1. 任务要求
（1）按下正转按钮 SB1 或反转按钮 SB2，伺服电动机正向或反向运行，松开按钮 SB1 或按钮 SB2，伺服电动机停止运行，实现伺服电动机的手动（JOG）运行。
（2）正向运行时，触发正限位传感器，伺服电动机自动停止运行；反向运行时，触发负限位传感器，伺服电动机自动停止运行。
2. 电路连接图
（1）单相 200V 级伺服放大器电源电路（简单接法）。
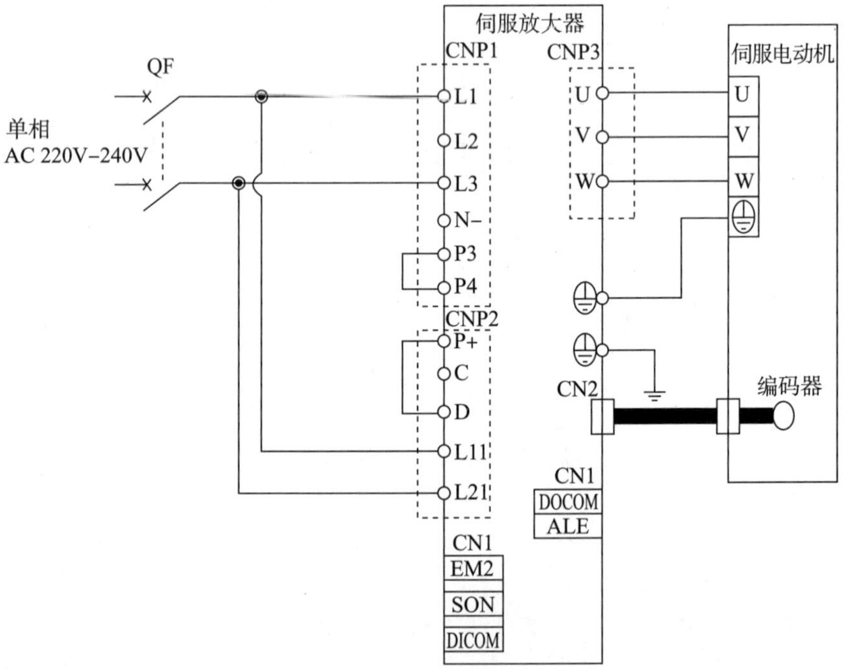
</td></tr>
</table>

续表

	（2）控制信号线路连接。 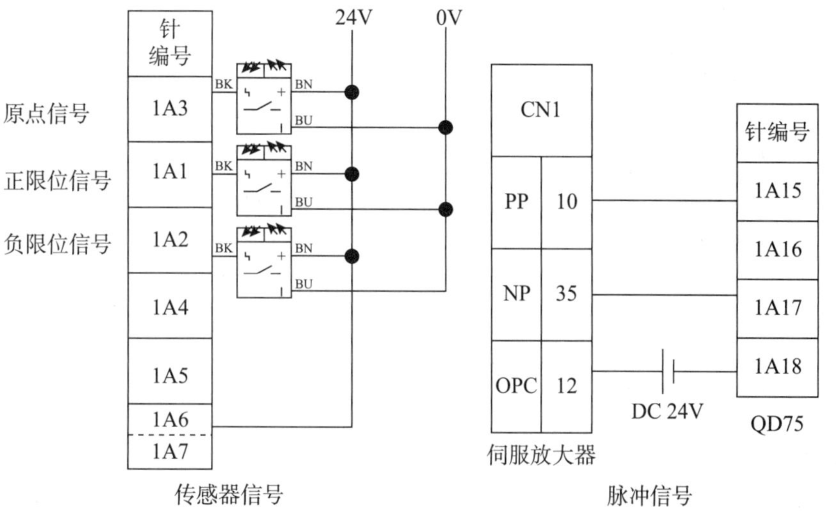 注：1）QD75 的驱动器模块就绪信号为 1A11 和 1A12，可根据现场需求选择接线，当驱动器就绪信号逻辑选择为“正逻辑”时，1A11 和 1A12 可以不接电源。 2）请根据现场情况自行分配按钮的 PLC 地址并接线。

一、任务准备

1. 低压电器及传感器准备清单

低压电器	数量	功能	电气符号
复位式按钮 	2	伺服正反手动	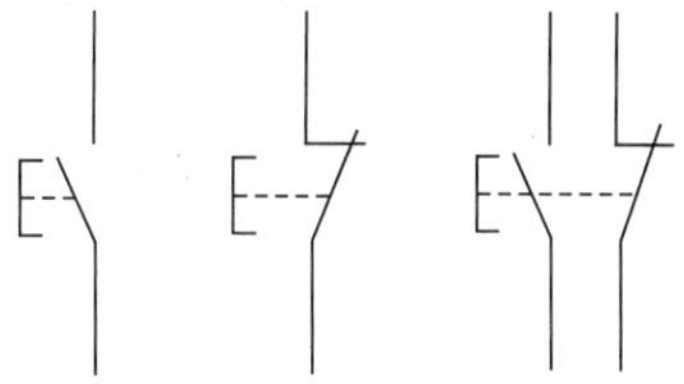
微型断路器 	1	电源引入及保护	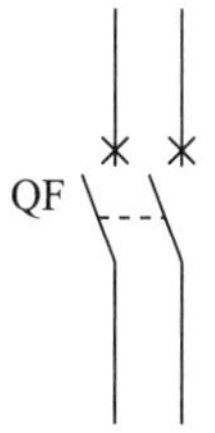
光电开关 	3	限位及原点传感器	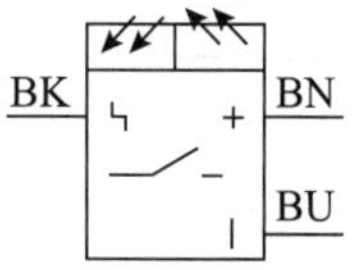

2. 接线工具准备清单

参照“项目 1　任务工单 1”接线工具准备清单。

二、任务实施

1. 问题回答

（1）查询伺服放大器的铭牌，伺服放大器的型号为（　　），可知该放大器的功率为（　　）瓦。

（2）查询伺服电动机的铭牌，伺服电动机的型号为（　　），伺服电动机的额定转速为（　　）。

2. 安装与调试

<table>
<tr><td>电气元件布置图绘制</td><td>绘制原则：
（1）体积大或重的电气元件安装在电气板的下方。
（2）电气元件的布置要考虑防护间隙，做到整齐、美观、对称。可以将尺寸、结构相似的电气元件放在一起，便于安装、接线。
（3）若采用线槽式接线方式，应适当增加每排电气元件之间的距离，以便接线和维修。</td></tr>
<tr><td>接线步骤及工艺要求</td><td>（1）逐个检验电气设备和元件的规格和质量是否合格。
（2）根据电气元件布置图在电气板上安装电气元件。
（3）按照控制板内布线的工艺要求进行布线和套编码套管。
（4）进行外部布线，并在导线线头上套装与电路相同线号的编码套管。
（5）按“横平竖直，弯成直角，少用导线少交叉，多线并拢一起走”的原则接线。
（6）检查电动机的安装是否牢固，与生产机械传动装置的连接是否可靠。</td></tr>
<tr><td>参数设置</td><td>（1）伺服放大器的参数设置（参考）。
<table>
<tr><th>参数名称</th><th>设定值</th><th>说明</th></tr>
<tr><td>PA01</td><td>1000</td><td>位置控制模式</td></tr>
<tr><td>PA13</td><td>0311</td><td>指令脉冲频率 200Kpulses/s 以下、负逻辑、带符号脉冲串</td></tr>
<tr><td>PD01</td><td>1C04</td><td>不启用所有 PD01 参数相关端子的功能</td></tr>
<tr><td>PA21</td><td>0001</td><td>电子齿轮的分子为 PA06、分母为 PA07</td></tr>
<tr><td>PA06</td><td>4194304</td><td>电子齿轮分子</td></tr>
<tr><td>PA07</td><td>1000</td><td>电子齿轮分母</td></tr>
</table>
</td></tr>
</table>

续表

<table>
<tr><td></td><td>(2) QD75参数设置（参考）。
<table>
<tr><td colspan="2">基本参数1（轴1）</td></tr>
<tr><td>单位设置</td><td>0：mm</td></tr>
<tr><td>每转的脉冲数</td><td>5 000 pulse</td></tr>
<tr><td>每转的移动量</td><td>5 000.0um</td></tr>
<tr><td>单位倍率</td><td>1：x1倍</td></tr>
<tr><td>脉冲输出模式</td><td>0：PULSE/SIGN模式</td></tr>
<tr><td>旋转方向设置</td><td>1：通过反转脉冲输出增加当前值</td></tr>
<tr><td colspan="2">详细参数1（轴1）</td></tr>
<tr><td>输入输出信号逻辑选择：下限限位</td><td>1：正逻辑</td></tr>
<tr><td>输入输出信号逻辑选择：上限限位</td><td>1：正逻辑</td></tr>
<tr><td>输入输出信号逻辑选择：驱动器模块就绪</td><td>1：正逻辑</td></tr>
<tr><td>输入输出信号逻辑选择：近点信号</td><td>0：负逻辑</td></tr>
<tr><td>输入输出信号逻辑选择：指令脉冲信号</td><td>0：负逻辑</td></tr>
</table></td></tr>
<tr><td>编写程序</td><td>根据任务要求编写PLC程序</td></tr>
<tr><td>功能测试</td><td>(1) 按下按钮SB1或按钮SB2，伺服电动机按一定速度正向或反向运行，松开按钮SB1或按钮SB2，伺服电动机停止运行，实现伺服电动机的手动（JOG）运行。
(2) 正向运行时，触发正限位传感器，伺服电动机自动停止运行；反向运行时，触发负限位传感器，伺服电动机自动停止运行。</td></tr>
<tr><td>注意事项</td><td>(1) 伺服放大器不要漏接地线。
(2) 仔细检查线路是否有导线外露，禁止在通电状态下接线。
(3) 在安装、调试过程中，工具、仪表的使用应符合要求。
(4) 通电操作时，必须严格遵守安全操作规程。</td></tr>
</table>

三、任务评价

成果展示	各小组派代表总结完成任务的过程中掌握了哪些技能、技巧，以及发现错误后如何改正，并展示接好的电路及PLC程序，通电试验，展示伺服电动机的手动控制。
小组评价与总结	
教师评价与总结	
小组“6S”管理	在小组和教师都完成总结以后，各小组须按“6S”标准对工位进行整理；归还所用的实训器材。

四、评价表

<table>
<tr><td colspan="2">班　　级：__________
学生姓名：__________
小组编号：__________</td><td colspan="5">指导教师：__________

日　　期：__________</td></tr>
<tr><td rowspan="2">评价项目</td><td rowspan="2">评价标准</td><td colspan="3">评价方式</td><td rowspan="2">权重</td><td rowspan="2">小计</td></tr>
<tr><td>学生自评（20%）</td><td>小组互评（30%）</td><td>教师评价（50%）</td></tr>
<tr><td>职业素养</td><td>（1）遵守实训室规章制度。
（2）按时保质完成工作任务。
（3）团队协作能力。
（4）人身安全与设备安全。
（5）工作岗位“6S”完成情况。</td><td></td><td></td><td></td><td>0.3</td><td></td></tr>
<tr><td>专业能力</td><td>（1）能够根据任务要求正确选型电气元件，接线操作规范，线路布局合理。
（2）能够根据电气原理图正确完成线路的连接。
（3）能够根据要求正确设置 QD75 定位模块及 MR－J4 系列伺服放大器的参数。
（4）能够根据要求正确编写手动控制 PLC 程序且功能验证有效。</td><td></td><td></td><td></td><td>0.6</td><td></td></tr>
<tr><td>创新能力</td><td>通过本任务的实施，提出不同于传统方法的解决方案。</td><td></td><td></td><td></td><td>0.1</td><td></td></tr>
<tr><td>合计</td><td colspan="6"></td></tr>
</table>

任务工单 2　伺服电动机定位控制

班级		姓名		小组编号	
实训地点		日期		任务成绩	
任务名称	伺服电动机定位控制			学时	4
相关器材	按钮、导线、接线工具、伺服电动机、伺服放大器及 PLC 等				
任务目标	（1）能够根据要求正确设置 QD75 定位模块原点回归参数。 （2）正确选择并应用原点回归指令，实现伺服电动机的原点回归控制。 （3）正确选择并应用定位控制指令，实现伺服电动机的定位控制。				
任务要求及电气原理图	**1. 任务要求** （1）按下按钮 SB3，起动原点回归，通过 PLC 监控所在轴的“进给当前值”变化，观察原点回归完成后该值是否为零。 （2）手动控制伺服电动机，驱动负载至合适的位置，验证 QD75 定位模块的“原点回归重试”功能的有效性。 （3）原点回归完成后，按下按钮 SB4，伺服电动机驱动负载向示教点所在方向运行，并准确停留在示教点所在位置。 **2. 电路连接图** （1）单相 200V 级伺服放大器电源电路（简单接法）。 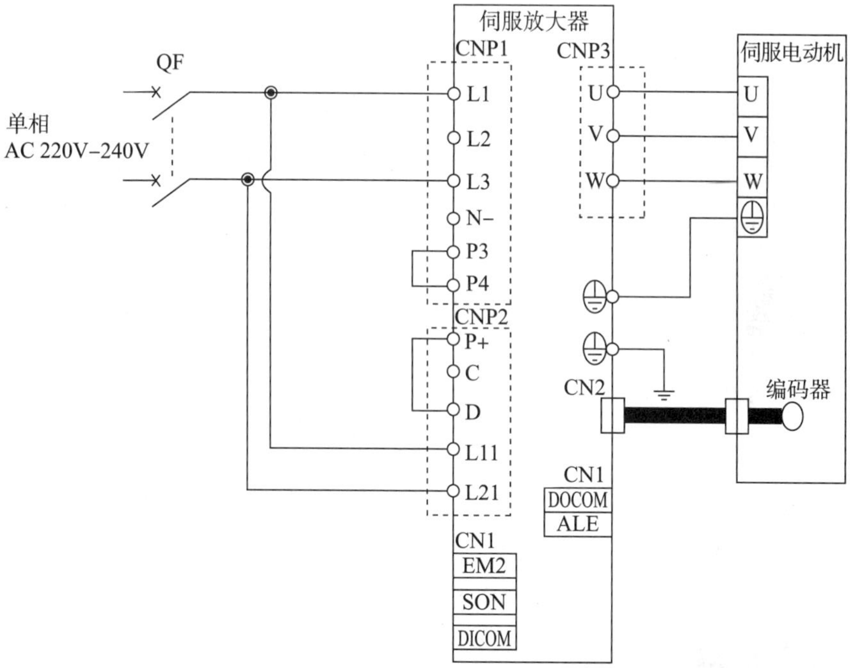				

续表

	（2）控制信号线路连接。 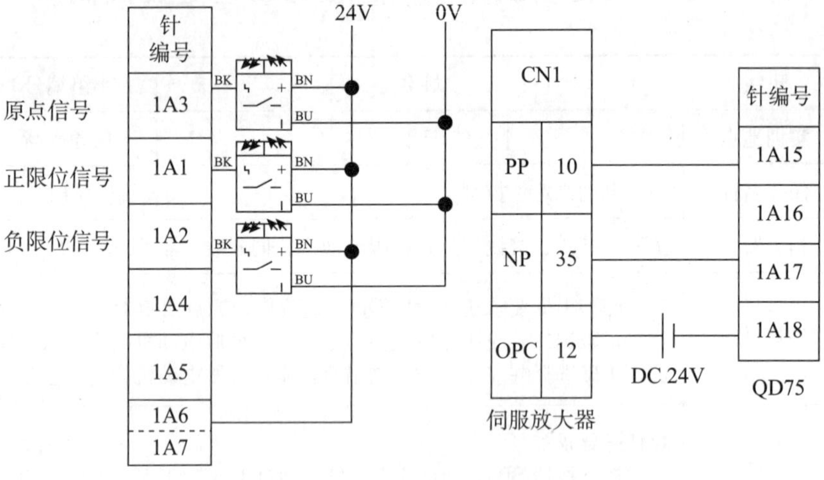 传感器信号　　　　脉冲信号 注：1）QD75 的驱动器模块就绪信号为 1A11 和 1A12，可根据现场需求选择接线，当驱动器就绪信号逻辑选择为“正逻辑”时，1A11 和 1A12 可以不接电源。 2）请根据现场情况自行分配按钮的 PLC 地址并接线。

一、任务准备

1. 低压电器及传感器准备清单

低压电器	数量	功能	电气符号
复位式按钮 	4	伺服正反手动、原点回归及定位起动	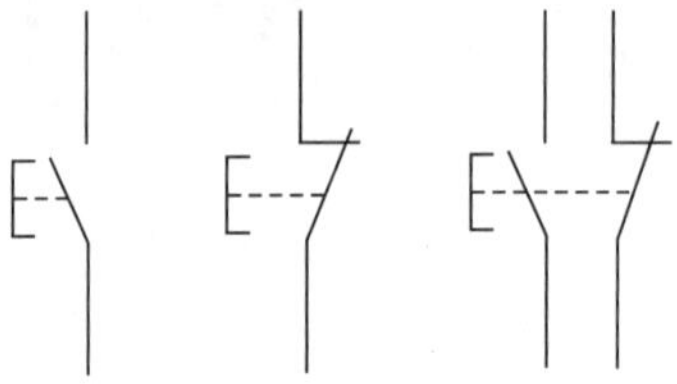
微型断路器  	1	电源引入及保护	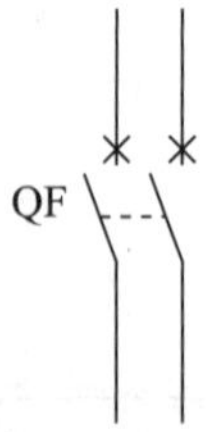

续表

低压电器	数量	功能	电气符号
光电开关 	3	限位及原点传感器	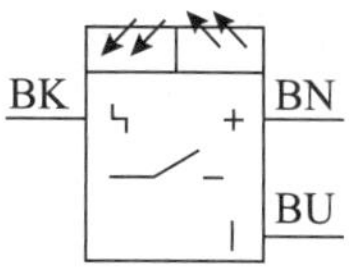

2. 接线工具准备清单

参照“项目1　任务工单1”接线工具准备清单。

二、任务实施

<table>
<tr><td>电气元件布置图绘制</td><td>绘制原则：
(1) 体积大或重的电气元件安装在电气板的下方。
(2) 电气元件的布置要考虑防护间隙，做到整齐、美观、对称。可以将尺寸、结构相似的电气元件放在一起，便于安装、接线。
(3) 若采用线槽式接线方式，应适当增加每排电气元件之间的距离，以便接线和维修。</td></tr>
<tr><td>接线步骤及工艺要求</td><td>(1) 逐个检验电气设备和元件的规格和质量是否合格。
(2) 根据电气元件布置图在电气板上安装电气元件。
(3) 按照控制板内布线的工艺要求进行布线和套编码套管。
(4) 进行外部布线，并在导线线头上套装与电路相同线号的编码套管。
(5) 按“横平竖直，弯成直角，少用导线少交叉，多线并拢一起走”的原则接线。
(6) 检查电动机的安装是否牢固，与生产机械传动装置的连接是否可靠。</td></tr>
<tr><td>参数设置</td><td>(1) 伺服放大器的参数设置（参考）。
<table>
<tr><th>参数名称</th><th>设定值</th><th>说明</th></tr>
<tr><td>PA01</td><td>1000</td><td>位置控制模式</td></tr>
<tr><td>PA13</td><td>0311</td><td>指令脉冲频率 200Kpulses/s 以下、负逻辑、带符号脉冲串</td></tr>
<tr><td>PD01</td><td>1C04</td><td>不启用所有 PD01 参数相关端子的功能</td></tr>
<tr><td>PA21</td><td>0001</td><td>电子齿轮的分子为 PA06、分母为 PA07</td></tr>
<tr><td>PA06</td><td>4194304</td><td>电子齿轮分子</td></tr>
<tr><td>PA07</td><td>1000</td><td>电子齿轮分母</td></tr>
</table></td></tr>
</table>

续表

(2) QD75 参数设置（参考）。

基本参数 1（轴 1）	
单位设置	0：mm
每转的脉冲数	5 000pulse
每转的移动量	5 000. 0um
单位倍率	1：x1 倍
脉冲输出模式	0：PULSE/SIGN 模式
旋转方向设置	1：通过反转脉冲输出增加当前值
详细参数 1（轴 1）	
输入输出信号逻辑选择：下限限位	1：正逻辑
输入输出信号逻辑选择：上限限位	1：正逻辑
输入输出信号逻辑选择：驱动器模块就绪	1：正逻辑
输入输出信号逻辑选择：近点信号	0：负逻辑
输入输出信号逻辑选择：指令脉冲信号	0：负逻辑
原点回归基本参数（轴 1）	
原点回归方式	5：计数型②
原点回归方向	1：负方向（地址减少方向）
原点地址	0pulse
原点回归速度	5 000pulse/s
爬行速度	2 000pulse/s
原点回归重试	1：通过限位开关进行原点回归

编写程序	根据任务要求编写 PLC 程序
功能测试	(1) 按下正转按钮 SB1 及反转按钮 SB2，检验伺服电动机的手动（JOG）运行是否正常。 (2) 按下原点回归按钮 SB3，观察原点回归方向是否正常，如果方向不符合要求，应修改定位模块的相关参数。 (3) 原点回归正常后，按下定位起动按钮 SB4，观察伺服电动机是否驱动负载向示教点所在方向运行，并准确停留在示教点所在位置。

三、任务评价

成果展示	各小组派代表总结完成任务的过程中掌握了哪些技能、技巧，以及发现错误后如何改正，并展示接好的电路及 PLC 程序、展示伺服电动机的原点回归控制和定位控制。
小组评价与总结	
教师评价与总结	
小组“6S”管理	在小组和教师都完成总结以后，各小组须按“6S”标准对工位进行整理；归还所用的实训器材。

四、评价表

<table>
<tr><td colspan="2">班　　级：__________
学生姓名：__________
小组编号：__________</td><td colspan="5">指导教师：__________

日　　期：__________</td></tr>
<tr><td rowspan="2">评价项目</td><td rowspan="2">评价标准</td><td colspan="3">评价方式</td><td rowspan="2">权重</td><td rowspan="2">小计</td></tr>
<tr><td>学生自评
（20%）</td><td>小组互评
（30%）</td><td>教师评价
（50%）</td></tr>
<tr><td>职业素养</td><td>（1）遵守实训室规章制度。
（2）按时保质完成工作任务。
（3）团队协作能力。
（4）人身安全与设备安全。
（5）工作岗位“6S”完成情况。</td><td></td><td></td><td></td><td>0.3</td><td></td></tr>
<tr><td>专业能力</td><td>（1）能够根据任务要求正确选型电气元件，接线操作规范，线路布局合理。
（2）能够根据电气原理图正确完成线路的连接。
（3）能够根据要求正确设置 QD75 定位模块及 MR－J4 系列伺服放大器的参数。
（4）在手动控制 PLC 程序的基础上，能够正确编写原点回归程序和定位程序且功能验证有效。</td><td></td><td></td><td></td><td>0.6</td><td></td></tr>
<tr><td>创新能力</td><td>通过本任务的实施，提出不同于传统方法的解决方案。</td><td></td><td></td><td></td><td>0.1</td><td></td></tr>
<tr><td>合计</td><td colspan="6"></td></tr>
</table>

任务工单 1　步进电动机手动控制

<table>
<tr><td>班级</td><td></td><td>姓名</td><td></td><td>小组编号</td><td></td></tr>
<tr><td>实训地点</td><td></td><td>日期</td><td></td><td>任务成绩</td><td></td></tr>
<tr><td>任务名称</td><td colspan="3">步进电动机手动控制</td><td>学时</td><td>4</td></tr>
<tr><td>相关器材</td><td colspan="5">按钮、导线、接线工具、步进电动机、步进电动机驱动器及 PLC 等</td></tr>
<tr><td>任务目标</td><td colspan="5">（1）能够正确识读步进电动机的铭牌信息。
（2）掌握 DM542 步进电动机驱动器参数的设置方法。
（3）能够根据要求，正确设置步进电动机驱动器和 QD75 定位模块参数。
（4）能够按规范要求，正确完成 QD75 定位模块与步进电动机驱动器之间的接线。
（5）能够按规范要求，正确完成原点传感器、限位传感器与 QD75 之间的线路接线。
（6）实现步进电动机的手动（JOG）运行控制。</td></tr>
<tr><td>任务要求及电气原理图</td><td colspan="5">

1. 任务要求

（1）按下正转按钮 SB1 或反转按钮 SB2，步进电动机正向或反向运行，松开按钮 SB1 或按钮 SB2，伺服电动机停止运行，实现步进电动机的手动（JOG）运行。

（2）正向运行时，触发正限位传感器，步进电动机自动停止运行；反向运行时，触发负限位传感器，步进电动机自动停止运行。

2. 电路连接图

（1）DM542 步进电动机驱动器电源电路。

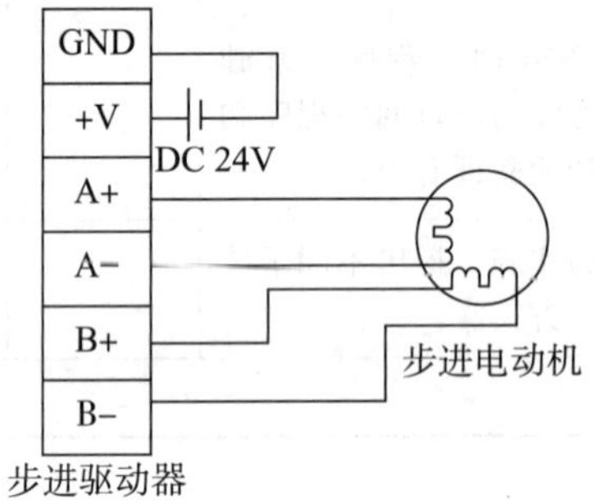

（2）控制信号线路连接。

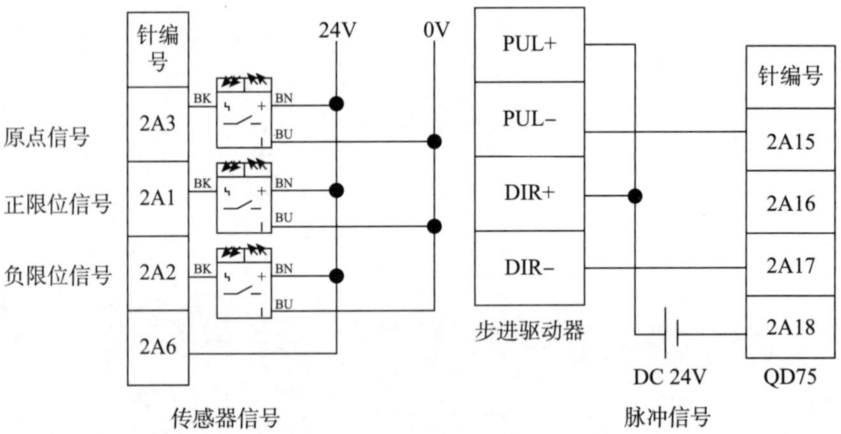

</td></tr>
</table>

续表

	注：1）QD75 的驱动器模块就绪信号为 2A11 和 2A12，可根据现场需求选择接线，当驱动器就绪信号逻辑选择为“正逻辑”时，2A11 和 2A12 可以不接电源。 2）请根据现场情况自行分配按钮的 PLC 地址并接线。

二、任务实施

1. 问题回答

观察步进电动机铭牌，步进电动机的固有步距角是（　　）°，额定电流是（　　）A，最大静转矩为（　　）N。

2. 安装与调试

<table>
<tr><td>电气元件布置图绘制</td><td>绘制原则：
（1）体积大或重的电气元件安装在电气板的下方。
（2）电气元件的布置要考虑防护间隙，做到整齐、美观、对称。可以将尺寸、结构相似的电气元件放在一起，便于安装、接线。
（3）若采用线槽式接线方式，应适当增加每排电气元件之间的距离，以便接线和维修。</td></tr>
<tr><td>接线步骤及工艺要求</td><td>（1）逐个检验电气设备和元件的规格和质量是否合格。
（2）根据电气元件布置图在电气板上安装电气元件。
（3）按照控制板内布线的工艺要求进行布线和套编码套管。
（4）进行外部布线，并在导线线头上套装与电路相同线号的编码套管。
（5）按“横平竖直，弯成直角，少用导线少交叉，多线并拢一起走”的原则接线。
（6）检查电动机的安装是否牢固，与生产机械传动装置的连接是否可靠。</td></tr>
<tr><td>参数设置</td><td>（1）DM542 步进电动机驱动器的参数设置。
参数要求：电动机电流——3A　每转脉冲数——1 000
<table>
<tr><th>电流设置</th><th>设定值</th><th>细分设置</th><th>设定值</th></tr>
<tr><td>SW1</td><td>ON</td><td>SW5</td><td>ON</td></tr>
<tr><td>SW2</td><td>ON</td><td>SW6</td><td>ON</td></tr>
<tr><td>SW3</td><td>OFF</td><td>SW7</td><td>ON</td></tr>
<tr><td></td><td></td><td>SW8</td><td>OFF</td></tr>
</table>
（2）QD75 参数设置（参考）。
<table>
<tr><th colspan="2">基本参数 1（轴 3）</th></tr>
<tr><td>单位设置</td><td>0：mm</td></tr>
<tr><td>每转的脉冲数</td><td>5 000pulse</td></tr>
<tr><td>每转的移动量</td><td>5 000.0um</td></tr>
<tr><td>单位倍率</td><td>1：x1 倍</td></tr>
<tr><td>脉冲输出模式</td><td>0：PULSE/SIGN 模式</td></tr>
<tr><td>旋转方向设置</td><td>1：通过反转脉冲输出增加当前值</td></tr>
</table></td></tr>
</table>

续表

	详细参数1（轴3） 输入输出信号逻辑选择：下限限位 — 1：正逻辑 输入输出信号逻辑选择：上限限位 — 1：正逻辑 输入输出信号逻辑选择：驱动器模块就绪 — 1：正逻辑 输入输出信号逻辑选择：近点信号 — 0：负逻辑 输入输出信号逻辑选择：指令脉冲信号 — 0：负逻辑
编写程序	根据任务要求编写PLC程序
功能测试	(1) 按下正转按钮SB1或反转按钮SB2，步进电动机按一定速度正向或反向运行，松开按钮SB1或按钮SB2，步进电动机停止运行，实现步进电动机的手动（JOG）运行。 (2) 正向运行时，触发正限位传感器，步进电动机自动停止运行；反向运行时，触发负限位传感器，步进电动机自动停止运行。
注意事项	(1) 仔细检查线路是否有导线外露，禁止在通电状态下接线。 (2) 在安装、调试过程中，工具、仪表的使用应符合要求。 (3) 通电操作时，必须严格遵守安全操作规程。

三、任务评价

成果展示	各小组派代表总结完成任务的过程中掌握了哪些技能、技巧，以及发现错误后如何改正，并展示接好的电路及PLC程序，通电试验，展示步进电动机的手动控制。
小组评价与总结	
教师评价与总结	
小组“6S”管理	在小组和教师都完成总结以后，各小组须按“6S”标准对工位进行整理；归还所用的实训器材。

四、评价表

班级：________ 学生姓名：________ 小组编号：________		指导教师：________ 日期：________				
评价项目	评价标准	评价方式			权重	小计
		学生自评（20%）	小组互评（30%）	教师评价（50%）		
职业素养	(1) 遵守实训室规章制度。 (2) 按时保质完成工作任务。 (3) 团队协作能力。 (4) 人身安全与设备安全。 (5) 工作岗位“6S”完成情况。				0.3	

续表

专业能力	(1) 能够根据任务要求正确选型电气元件，接线操作规范，线路布局合理。 (2) 能够根据电气原理图正确完成线路的连接。 (3) 能够根据要求正确设置 QD75 的定位模块及 DM542 步进驱动器的参数。 (4) 能够根据要求正确编写手动控制 PLC 程序且功能验证有效。				0.6	
创新能力	通过本任务的实施，提出不同于传统方法的解决方案。				0.1	
合计						

任务工单 2　步进电动机定位控制

<table>
<tr><td>班级</td><td></td><td>姓名</td><td></td><td>小组编号</td><td></td></tr>
<tr><td>实训地点</td><td></td><td>日期</td><td></td><td>任务成绩</td><td></td></tr>
<tr><td>任务名称</td><td colspan="3">步进电动机定位控制</td><td>学时</td><td>4</td></tr>
<tr><td>相关器材</td><td colspan="5">按钮、导线、接线工具、步进电动机、步进电动机驱动器及 PLC 等</td></tr>
<tr><td>任务目标</td><td colspan="5">（1）能够根据要求正确设置 QD75 定位模块的原点回归参数。
（2）正确选择并应用原点回归指令，实现步进电动机的原点回归控制。
（3）正确选择并应用定位控制指令，实现步进电动机的定位控制。</td></tr>
<tr><td>任务要求及电气原理图</td><td colspan="5">

1. 任务要求

（1）按下按钮 SB3，起动原点回归，通过 PLC 监控所在轴的“进给当前值”的变化，观察原点回归完成后该值是否为零。

（2）手动控制步进电动机，驱动负载至合适的位置，验证 QD75 定位模块的“原点回归重试”功能的有效性。

（3）原点回归完成后，按下按钮 SB4，步进电动机驱动负载向示教点所在方向运行，并准确停留在示教点所在位置。

2. 电路连接图

（1）DM542 步进电动机驱动器电源电路。

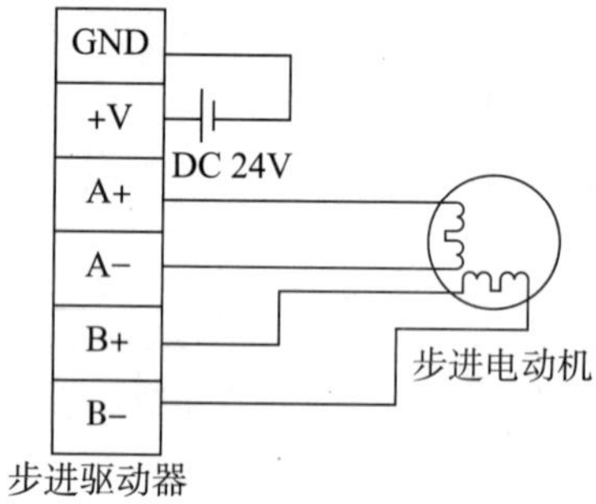

（2）控制信号线路连接。

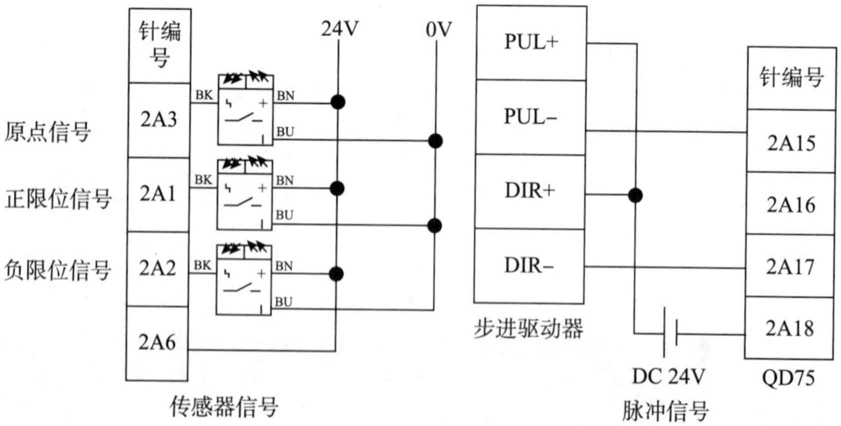

</td></tr>
</table>

续表

	注：1）QD75的驱动器模块就绪信号为2A11和2A12，可根据现场需求选择接线，当驱动器就绪信号逻辑选择为“正逻辑”时，2A11和2A12可以不接电源。 2）请根据现场情况自行分配按钮的PLC地址并接线。

一、任务准备

1. 按钮及传感器准备清单

低压电器	数量	功能	电气符号
复位式按钮 	4	步进正反手动、原点回归及定位起动	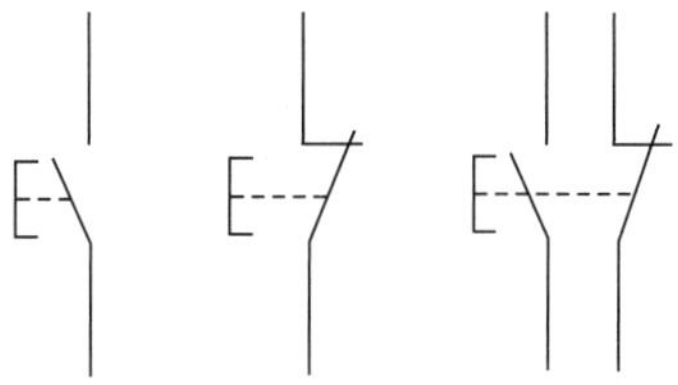
光电开关 	3	限位及原点传感器	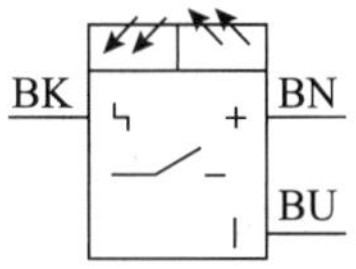

2. 接线工具准备清单

参照“项目1　任务工单1”接线工具准备清单。

二、任务实施

电气元件布置图绘制	**绘制原则：** （1）体积大或重的电气元件安装在电气板的下方。 （2）电气元件的布置要考虑防护间隙，做到整齐、美观、对称。可以将尺寸、结构相似的电气元件放在一起，便于安装、接线。 （3）若采用线槽式接线方式，应适当增加每排电气元件之间的距离，以便接线和维修。
接线步骤及工艺要求	（1）逐个检验电气设备和元件的规格和质量是否合格。 （2）根据电气元件布置图在电气板上安装电气元件。 （3）按照控制板内布线的工艺要求进行布线和套编码套管。 （4）进行外部布线，并在导线线头上套装与电路相同线号的编码套管。 （5）按“横平竖直，弯成直角，少用导线少交叉，多线并拢一起走”的原则接线。 （6）检查电动机的安装是否牢固，与生产机械传动装置的连接是否可靠。

续表

<table>
<tr>
<td>参数设置</td>
<td>
（1）DM542 步进电动机驱动器的参数设置。
参数要求：电动机电流——3A　每转脉冲数——1 000
<table>
<tr><th>电流设置</th><th>设定值</th><th>细分设置</th><th>设定值</th></tr>
<tr><td>SW1</td><td>ON</td><td>SW5</td><td>ON</td></tr>
<tr><td>SW2</td><td>ON</td><td>SW6</td><td>ON</td></tr>
<tr><td>SW3</td><td>OFF</td><td>SW7</td><td>ON</td></tr>
<tr><td></td><td></td><td>SW8</td><td>OFF</td></tr>
</table>
（2）QD75 参数设置（参考）。
<table>
<tr><th colspan="2">基本参数 1（轴 3）</th></tr>
<tr><td>单位设置</td><td>0：mm</td></tr>
<tr><td>每转的脉冲数</td><td>5 000pulse</td></tr>
<tr><td>每转的移动量</td><td>5 000.0um</td></tr>
<tr><td>单位倍率</td><td>1：x1 倍</td></tr>
<tr><td>脉冲输出模式</td><td>0：PULSE/SIGN 模式</td></tr>
<tr><td>旋转方向设置</td><td>1：通过反转脉冲输出增加当前值</td></tr>
<tr><th colspan="2">详细参数 1（轴 3）</th></tr>
<tr><td>输入输出信号逻辑选择：下限限位</td><td>1：正逻辑</td></tr>
<tr><td>输入输出信号逻辑选择：上限限位</td><td>1：正逻辑</td></tr>
<tr><td>输入输出信号逻辑选择：驱动器模块就绪</td><td>1：正逻辑</td></tr>
<tr><td>输入输出信号逻辑选择：近点信号</td><td>0：负逻辑</td></tr>
<tr><td>输入输出信号逻辑选择：指令脉冲信号</td><td>0：负逻辑</td></tr>
<tr><th colspan="2">原点回归基本参数（轴 3）</th></tr>
<tr><td>原点回归方式</td><td>5：计数型②</td></tr>
<tr><td>原点回归方向</td><td>1：负方向（地址减少方向）</td></tr>
<tr><td>原点地址</td><td>0pulse</td></tr>
<tr><td>原点回归速度</td><td>5 000pulse/s</td></tr>
<tr><td>爬行速度</td><td>2 000pulse/s</td></tr>
<tr><td>原点回归重试</td><td>1：通过限位开关进行原点回归</td></tr>
</table>
</td>
</tr>
<tr>
<td>编写程序</td>
<td>根据任务要求编写 PLC 程序</td>
</tr>
<tr>
<td>功能测试</td>
<td>（1）按下正转按钮 SB1 及反转按钮 SB2，检验步进电动机的手动（JOG）运行是否正常。
（2）按下原点回归按钮 SB3，观察原点回归方向是否正常，如果方向不符合要求，应修改定位模块的相关参数。
（3）原点回归正常后，按下定位起动按钮 SB4，观察步进电动机是否驱动负载向示教点所在方向运行，并准确停留在示教点所在位置。</td>
</tr>
</table>

三、任务评价

成果展示	各小组派代表总结完成任务的过程中掌握了哪些技能、技巧，以及发现错误后如何改正，并展示接好的电路及 PLC 程序、展示步进电动机的原点回归控制和定位控制。
小组评价与总结	
教师评价与总结	
小组“6S”管理	在小组和教师都完成总结以后，各小组须按“6S”标准对工位进行整理；归还所用的实训器材。

四、评价表

<table>
<tr><td colspan="2">班　　级：__________
学生姓名：__________
小组编号：__________</td><td colspan="5">指导教师：__________

日　　期：__________</td></tr>
<tr><td rowspan="2">评价项目</td><td rowspan="2">评价标准</td><td colspan="3">评价方式</td><td rowspan="2">权重</td><td rowspan="2">小计</td></tr>
<tr><td>学生自评（20%）</td><td>小组互评（30%）</td><td>教师评价（50%）</td></tr>
<tr><td>职业素养</td><td>（1）遵守实训室规章制度。
（2）按时保质完成工作任务。
（3）团队协作能力。
（4）人身安全与设备安全。
（5）工作岗位“6S”完成情况。</td><td></td><td></td><td></td><td>0.3</td><td></td></tr>
<tr><td>专业能力</td><td>（1）能够根据任务要求正确选型电气元件，接线操作规范，线路布局合理。
（2）能够根据电气原理图正确完成线路的连接。
（3）能够根据要求正确设置 QD75 定位模块及 DM542 步进驱动器的参数。
（4）在手动控制 PLC 程序的基础上，能够正确编写原点回归程序和定位程序且功能验证有效。</td><td></td><td></td><td></td><td>0.6</td><td></td></tr>
<tr><td>创新能力</td><td>通过本任务的实施，提出不同于传统方法的解决方案。</td><td></td><td></td><td></td><td>0.1</td><td></td></tr>
<tr><td>合计</td><td colspan="6"></td></tr>
</table>